AF243033

ZOOLOGIE

DE

LA LORRAINE

OU

CATALOGUE DES ANIMAUX SAUVAGES

OBSERVÉS JUSQU'ICI DANS CETTE ANCIENNE PROVINCE

PAR

D.-A. GODRON

Docteur en Médecine et Docteur ès Sciences
Doyen de la Faculté des Sciences de Nancy, Directeur du Jardin des Plantes
Chevalier de la Légion d'honneur
Correspondant du Ministère de l'Instruction publique
Directeur de l'Ecole de Médecine de Nancy, Ancien Recteur à Montpellier
et à Besançon

PARIS

J. B. BAILLIÈRE ET FILS
LIBRAIRE
Rue Hautefeuille, 19

NANCY

ANCIENNE MAISON GRIMBLOT ET COMP.
Nicolas GROSJEAN
Place Stanislas, 7

1863

ZOOLOGIE

DE

LA LORRAINE

(*Extrait des Mémoires de l'Académie de Stanislas, 1862.*)

C.

Nancy, imprimerie de v^e Raybois, rue du faubourg Stanislas, 5.

ZOOLOGIE

DE

LA LORRAINE

OU

CATALOGUE DES ANIMAUX SAUVAGES

OBSERVÉS JUSQU'ICI DANS CETTE ANCIENNE PROVINCE

PAR

D.-A. GODRON

Docteur en Médecine et Docteur ès Sciences
Doyen de la Faculté des Sciences de Nancy, Directeur du Jardin des Plantes
Chevalier de la Légion d'honneur
Correspondant du Ministère de l'Instruction publique
Ancien Directeur de l'École de Médecine de Nancy, Ancien Recteur à Montpellier
et à Besançon

NANCY

Vᶜ RAYBOIS, IMPRIMEUR DE L'ACADÉMIE DE STANISLAS
Rue du faubourg Stanislas, 3.

1863

AVANT-PROPOS

—

Je ne songeais en aucune façon à dresser le Catalogue des animaux sauvages de notre contrée. Mais l'Académie de Stanislas a désiré répondre aux vues éclairées de S. E. M. le Ministre de l'Instruction publique, qui a invité les Sociétés académiques des départements à recueillir des documents destinés à une description scientifique de la France; elle a voulu apporter son contingent de matériaux pour l'édification de ce monument patriotique et m'a confié le présent travail. Attaché à cette Société savante depuis plus de vingt ans, j'ai dû accepter cet honneur; l'impossibilité de recueillir des renseignements suffisamment complets et surtout exacts aurait pu seule m'engager à le décliner ; mais je fus bientôt rassuré sous ce rapport. L'appel, que je dus faire immédiatement au concours de tous les hommes éclairés, qui se sont occupés sérieusement d'une des branches de la Zoologie, dans la circonscription des quatre départements formés aux dépens de l'ancienne province de Lorraine, a été entendu et, de tous côtés, les éléments de ce catalogue ont été mis à ma disposition avec un empressement et une bienveillance dont j'ai été vivement touché. Ce travail est donc en réalité l'œuvre d'autrui ; je n'y ai mis que la façon.

Le musée d'histoire naturelle de la Faculté des Sciences de Nancy, celui de la ville de Metz, enfin les travaux si consciencieux de M. Holandre m'ont fourni des renseignements complets sur les Vertébrés.

Les Annelés ont été, en Lorraine, l'objet de bien des recherches, surtout pour certains groupes naturels.

Les Coléoptères ont été étudiés sur presque tous les points de notre territoire. M. Mathieu, professeur à l'École forestière de Nancy a recueilli, avec le plus grand soin, ces Insectes dans les environs de cette ville ; il a mis à ma disposition sa précieuse collection et m'a prêté son concours direct. M. Roubalet, placé sur le même terrain, y a découvert plusieurs espèces rares et nous a fait connaître la riche localité de l'étang de Champigneules. MM. Moye et Leprieur ont exploré les environs de Dieuze ; le capitaine Gaubil la région de Phalsbourg et de Bitche ; M. Gayllot la contrée de Sarreguemines ; MM. Fournel, Géhin, Bellevoie et de

Saulcy le territoire de Metz, de Boulay et de Briey ; M. Liénard les environs de Verdun, d'Etain, de Varennes et de Clermont-en-Argonne ; M. le Docteur Berher ceux d'Epinal ; M. le Docteur Puton nous a fourni de nombreux et précieux documents sur Remiremont et les Hautes-Vosges ; enfin M. Le Paige qui, depuis cinquante années, exploite avec ardeur la contrée de Darney, n'a pas hésité, à l'âge de 83 ans, à dresser la liste des espèces de sa riche collection locale.

Les Hémiptères n'ont été étudiés avec soin, qu'à Nancy par M. Mathieu, à Metz par M. Bellevoie (1), à Epinal par M. Berher.

Pour les Lépidoptères nous avons mis en œuvre les travaux de Cantener pour les localités de Nancy, de Lunéville, de Metz et de Sainte-Marie-aux-Mines ; ceux de M. de Saint-Florent pour Nancy, de M. Holandre pour Metz, de M. Liénard pour Verdun, de M. Berher pour Epinal et nous y avons ajouté les recherches inédites de M. Le Paige sur Darney et de M. Lebrun sur Lunéville.

Les Orthoptères, les Névroptères, les Hyménoptères, les Diptères ont été étudiés sur quelques points seulement de notre ancienne province et d'une manière bien moins complète, sans aucun doute faute de livres à la portée des ressources financières du simple travailleur. J'en dirai autant des Arachnides, des Crustacés, des Anoplures, des Thysanoures et des Vers qui ont été

(1) Les espèces recueillies dans la Moselle par M. Bellevoie ont été déterminées par M. Signoret.

cependant l'objet de recherches de la part de M. Fournel et de l'auteur de ce travail. J'ai dû pour ces ordres et ces classes me contenter d'établir la liste des espèces observées jusqu'ici, et de poser ainsi un jalon pour l'avenir.

Nous aurions désiré fournir pour chaque espèce d'Insectes des indications précises sur l'habitation de leurs larves et sur l'époque de l'année où, dans notre région, apparaît l'Insecte parfait. Mais n'ayant pu recueillir à cet égard de renseignements suffisamment précis, nous avons préféré nous abstenir, plutôt que de copier les auteurs, auxquels chacun peut recourir.

Les Mollusques ont été chez nous l'objet de nombreuses recherches. Dès 1811, mon ami M. Soyer-Willemet s'occupait de recueillir les espèces des environs de Nancy. En 1836, M. Holandre publiait un travail sur les Mollusques terrestres et fluviatiles du département de la Moselle. Le rédacteur de ce catalogue (1) et M. Mathieu (2) ont complété l'exploration des environs de Nancy, et MM. Fournel, Joba et de Saulcy celle des environs de Metz. M. Buvignier nous a donné un bon catalogue des Mollusques du département de la Meuse et M. Puton père, dans un travail beaucoup plus important, nous a fourni l'indication

(1) J'ai publié, en 1843, le catalogue des Mollusques du département de la Meurthe, dans la Statistique de ce département par M. H. Lepage ; t. I, p, 237.

(2) M. Mathieu vient de donner sa collection de Mollusques du pays au musée d'histoire naturelle de Nancy.

d'un grand nombre de localités lorraines et de beaucoup de nouvelles espèces, qui avaient échappé à l'œil de ses devanciers. Il est vraisemblable qu'on n'aura plus à ajouter qu'un petit nombre d'espèces au catalogue des Mollusques de notre ancienne province.

Les études entomologiques, faites en Lorraine, donnent lieu à quelques observations générales que je ne puis négliger, dans l'espoir qu'elles attireront l'attention de nos explorateurs sur la Géographie zoologique de nos contrées.

S'il est, en effet, des Insectes qu'on rencontre partout, depuis les parties les plus déclives de la plaine de Lorraine jusqu'aux sommets les plus élevés des Hautes Vosges, il en est d'autres qui n'habitent qu'une région déterminée et même des stations spéciales. Ainsi certaines espèces ne se trouvent que sur nos coteaux calcaires, d'autres que dans notre région granitique. Les plantes spéciales, calcicoles ou silicicoles, sur lesquelles vivent, à l'état de larve, les Insectes phythophages expliquent sans doute, pour beaucoup d'entre eux, la circonscription de leur *habitat ;* mais il en est aussi qui sont propres aux terrains calcaires et qui trouveraient les mêmes végétaux dont ils se nourrissent sur un sol d'une nature différente, et qui n'y ont pas néanmoins choisi leur domicile. Il y a donc ici une autre influence qui entre en action et nous pensons que les propriétés calorifiques du sol ne sont pas étrangères à cette délimitation de l'aire d'extension des espèces. Chacun sait que les terrains calcaires sont plus chauds que les terres siliceuses, et cette circonstance nous explique comment certains Insectes méridionaux viennent s'égarer exclusivement sur notre formation jurassique, à des expositions favorables et quelques-uns seulement dans les années très-chaudes.

Nos Hautes Vosges nous offrent aussi quelques Insectes qui ne se voient pas dans la plaine, si ce n'est peut-être à la suite des inondations, et qui ne se retrouvent que dans les Alpes et sur les autres chaînes de montagnes de l'Europe. L'altitude a donc aussi une influence sur la distribution des Insectes à la surface de la terre.

Enfin, il est en Lorraine une station très-remarquable au point de vue entomologique, c'est celle de nos marais salants, qui nourrissent quelques espèces qu'on ne rencontre ailleurs que sur les côtes de l'Océan.

Nous trouvons donc là des faits semblables à ceux que nous offre la Géographie botanique, et une preuve nouvelle de l'analogie des lois qui régissent les deux règnes organiques.

EMBRANCHEMENT I. — VERTÉBRÉS.

CLASSE I. — MAMMIFÈRES.

Ordre 1. — Chéiroptères.

Rhinolophus *Et. Geoffr. et Fr. Cuv.*

unihastatus *Geoff.* Fer-à-cheval. Dans les souterrains. Nancy; galeries du fort Bellecroix et de la citadelle à Metz; cassemates du fort de Bitche et probablement dans toute la Lorraine.

Vespertilio *L.*

murinus *L.* Chauve-Souris ordinaire. Assez rare. Dans les combles des édifices élevés. Nancy, sous les toits de la caserne Sainte-Catherine; Metz, Thionville.

Beschsteinii *Leisl.* Chauve-Souris de Beschstein. Très-rare : dans le creux des vieux arbres. Vergers de Saulny, près de Metz (*Holandre*).

Nattereri *Kuhl.* Chauve-Souris de Natterer. Rare : habite les arbres creux. Environs de Nancy et de Metz.

noctula *L.* Noctule. Rare : vieilles tours et combles des maisons. Metz (*Holandre*).

serotinus *L.* Serotine. Assez rare : habite les arbres creux. Nancy où elle a été prise au jardin des plantes ; Metz (*Holandre*).

Leisleri *Kuhl.* Chauve-Souris de Leisler. Très-rare : habite les arbres creux. Nancy (*Collections de la Faculté des Sciences*).

Pipistrellus *L.* Pipistrelle. Très-commune partout, dans les tours et dans les greniers des maisons.

emarginatus *Geoff.* Chauve-Souris à oreilles échancrées. Très-rare : souterrains. M. Holandre l'a observée sous les voûtes du moulin de la Scille à Metz.

mystacinus *Leisl.* Chauve-Souris à moustaches. Très-rare : a été trouvée une fois dans les souterrains du fort Bellecroix à Metz (*Holandre*).

Plecotus *Et. Geoffr.*

auritus *Lesson*. Oreillard. Commun : habite les vieux bâtiments et les arbres creux ; je l'ai trouvé aussi dans les souterrains du fort Bellecroix à Metz.

Barbastellus *Geoffr.* Barbastelle. Assez commune dans les souterrains du fort Bellecroix à Metz ; mais je ne l'ai pas vue ailleurs.

Ordre 2. — Insectivores.

Erinaceus *L.*

europæus *L.* Hérisson. Assez commun dans nos bois.

Sorex *L.*

araneus *L.* Musette. Assez commune : prairies et jardins ; se réfugie pendant l'hiver dans les habitations.

leucodon *Herm.* Musaraigne leucode. Très-rare : jardins et chènevières. Saulny et Féy près de Metz (*Holandre*).

fodiens *L.* Musaraigne d'eau. Bords des ruisseaux. Nancy ; Metz.

tetragonurus *Herm.* Carrelet. Peu commun : jardins. Nancy, Clevant ; Féy près de Metz (*Holandre*).

Hermanni *Duv.* Musaraigne d'hermann. Rare : prairies. Féy près de Metz (*Holandre*).

Talpa *L.*

europæa *L.* Taupe d'Europe. Très-commune dans les prairies et dans les jardins.

Ordre 3. — Carnivores.

Ursus *L.*

Arctos *L.* Ours brun. Cette espèce existait encore dans les forêts des Hautes Vosges, au commencement du dernier siècle. On ne l'y a plus revue dans ces montagnes depuis 1709.

Meles *L.*

Taxus *Schreb.* Blaireau. Dans nos grandes forêts. Nancy, Lunéville, Toul ; Metz.

Mustela *G. Cuv.*

Martes *L.* Marte. Assez rare :

grands bois. Environs de Nancy, de Toul, de Metz, de Remiremont. — On en trouve, dans les environs de Nancy, une variété qui a le dessous du cou parfaitement blanc (et non jaunâtre et tacheté) et qui est cependant bien distincte de la Fouine.

Foïna *L.* Fouine. Assez commune : dans les greniers à foin et dans les granges.

Putorius *G. Cuv.*

fœtidus *Cuv.* Putois. Assez commun dans les habitations rurales, surtout au voisinage des bois.

vulgaris *Cuv.* Belette. Commune autour des habitations et se réfugie en hiver dans les granges et dans les greniers.

Erminea *Cuv.* Hermine. Commune au bord des bois, et le long des routes où elle se réfugie dans les tas de pierres.

Lutra *L.*

vulgaris *Cuv.* Loutre. Devient rare : sur le bord de nos rivières et de nos étangs.

Canis *L.*

Lupus *L.* Loup. Moins commun qu'autrefois dans nos forêts.

Vulpes *H. Smith.*

vulgaris *Briss.* Renard. Commun, surtout dans les forêts qui couronnent les coteaux du calcaire jurassique.

Felis *L.*

Catus *L.* Chat ordinaire. Animal domestique, qui est redevenu sauvage dans nos forêts.

Ordre 4. — Rongeurs.

Sciurus *L.*

vulgaris *L.* Ecureuil. Très-commun dans nos bois. On en trouve chez nous une variété dont le pelage est plus ou moins noir. On rencontre aussi, mais rarement, en hiver, des individus à pelage complétement blanc et qui ne sont pas des albinos ; car leurs yeux ne sont pas rouges. La Faculté des Sciences de Nancy possède un de ces Ecureuils blancs, qui a été tué dans les forêts de Bitche et j'en ai vu également un autre, à l'état frais, provenant des environs de Nancy, sur lequel j'ai pu constater que ses yeux étaient de couleur ordinaire.

Myoxus *Schreb.*

Glis *Gmel.* Loir. Assez rare. Nancy, à la forêt de Haie ; environs de Metz dans les bois de Vaux et de Moyeuvre.

Nitela *Gmel.* Lérot. Dans les jardins. Très-commun à Nancy et à Metz.

avellanarius *Gmel.* Muscardin. Commun dans les bois des environs de Nancy ; dans les forêts d'Hayange et de Moyeuvre, plus rare près de Metz.

Mus *L.*

Rattus *L.* Rat noir. Habite nos maisons ; mais il devient de plus en plus rare, en raison de la guerre d'extermination que lui fait l'espèce suivante. Il existe cependant encore dans quelques anciennes maisons de Nancy.

decumanus *Pall.* Surmulot. Trop commun : dans les égouts. Il n'est arrivé en France qu'au XVIIIᵉ siècle et Buffon a constaté sa première apparition.

Musculus *L.* Souris. Très-commune dans les habitations.

sylvaticus *L.* Mulot. Commun dans les bois.

campestris *F. Cuv.* Petit Mulot. Trop commun dans les champs.

minutus *Pall.* Rat nain. Dans les moissons. Il a été observé près de Metz et dans la plaine de la Woëvre, par M. Holandre.

Arvicola *Lacép.*

vulgaris *Desm.* Campagnol des champs. Très-commun dans les champs.

amphibius *Desm.* Rat d'eau. Au bord des eaux. Commun sur les bords de la Seille.

rufescens *De Selys.* Campagnol roussâtre. A été observé à Féy près de Metz par M. Holandre.

subterraneus *Sélys.* Campagnol souterrain. Très-rare : prairies humides. Féy près de Metz (*Holandre*).

Lepus *L.*

timidus *L.* Lièvre commun. N'est pas rare en Lorraine.

Ordre 5. — Pachydermes.

Sus *L.*

Scropha *L.* Sanglier. Assez commun dans nos grandes forêts.

Ordre 6. — Ruminants.

Cervus *L.*

Elaphus *L.* Cerf. Il était autrefois assez commun dans la chaîne des Vosges et s'étendait même en deçà ; car, il y a 25 ans, on en tuait dans la forêt de Mondon près de Lunéville et dans les bois de la Meuse. Il existe cependant encore dans les forêts des environs de Cirey et de Saint-Quirin.

Capreolus *L.* Chevreuil. Assez commun dans nos grandes forêts, principalement dans celles du calcaire jurassique.

CLASSE II. — OISEAUX.

Ordre 1. — Oiseaux de proie.

FAM. 1. DIURNES.

Vultur *L.*

fulvus *L.* Vautour Griffon. Très-rare. A été tué près de Remilly en 1842 (*Holandre*).

Aquila *Briss.*

fulva *Sav.* Aigle royal. Très-rare et accidentellement chez nous. Il a été tué près de Nancy (*Collection de la Faculté des Sciences*), et dans le département de la Moselle (*Holandre*).

nævia *Briss.* Aigle criard. A été tué aux environs de Puttelange (*Holandre*).

Haliætus *Sav.*

albicilla *Ch. Bonap.* Pygargue ordinaire. Très-rare. Il a été tué près de Nancy et, suivant M. Holandre, à Moyeuvre, à Aumetz et à Etain.

Pandion *Sav.*

Haliætus *Keys.* Balbusard fluviatile. Très-rare. A été tué près de Nancy et de Metz.

Circaëtus *Vieill.*

gallicus *Ch. Bonap.* Circaète Jeanle-Blanc. On le voit accidentellement près Nancy et près Metz.

Buteo *G. Cuv.*

vulgaris *Ch. Bonap.* Buse vulgaire. Assez commune dans nos bois.

var. mutans *Vieill.* assez commune.

Lagopus *Vieill.* Buse patue. Assez rare et de passage en automne.

Pernis *G. Cuv.*

apivorus *Cuv.* Bondrée commune, Se montre à de longs intervalles en Lorraine. On l'y tue quelquefois.

Milvus *G. Cuv.*

regalis *Briss.* Milan royal. Sédentaire et assez commun dans nos bois.

niger *Briss.* Milan noir. Assez rare et cependant niche quelquefois dans nos bois.

Circus *Sav.*

rufus *Briss.* Busard ordinaire. Assez rare : vit au bord des eaux.

cyaneus *Keys.* Busard Saint-Martin. Assez rare et de passage en automne.

cinerascens *Keys.* Busard montagu. Se montre accidentellement en Lorraine, où il a été tué quelquefois.

Astur *Dum.*

Nisus *Keys.* Epervier ordinaire. Sédentaire et très-commun dans nos bois.

palumbarius *Ch. Bonap.* Epervier autour. Rare et de passage en automne.

Falco *L.*

peregrinus *Briss.* Faucon pèlerin. Rare et de passage en automne.

Subbuteo *L.* Faucon Hobereau. De passage en septembre.

Lithofalco *Gmel.* Faucon Emérillon. Assez rare. De passage au printemps et à l'automne.

Tinnunculus *L.* Faucon Cresserelle. Sédentaire et assez commun dans nos bois.

vespertinus *L.* Faucon Kobez. Rare et de passage. A été tué aux environs de Nancy.

FAM. 2. NOCTURNES.

Strix *L.*

funerea *Gmel.* Chouette Caparacooh. Très-rare et de passage. On l'a tuée dans le voisinage de Metz (*Holandre*).

Aluco *Mey*. Chouette Hulotte. Sédentaire, mais assez rare dans nos forêts montagneuses.

Tengmalmi *Gmel*. Chouette Tengmalm. Rare et de passage ; quelques individus restent et nichent dans les Vosges.

passerina *L*. Chouette Chevéchette. Sédentaire , mais assez rare. Elle habite les arbres creux et les trous des vieilles murailles.

flammea *L*. Chouette Effraie. Sédentaire et très-commune. Elle habite les tours, les vieux bâtiments et surtout les granges, qu'elle débarrasse d'un grand nombre de Souris.

brachyotos *Forst*. Hibou Brachyote. Assez commun et de passage en automne.

Bubo *L*. Hibou Grand-Duc. Assez rare et de passage. On l'a tué assez souvent à la forêt de Haie, près de Nancy et dans les bois des environs de Metz. Un couple a niché pendant plusieurs années sur les rochers de la vallée de l'Orne au-dessus de Moyeuvre (*Holandre*).

Otus *L*. Hibou Moyen-Duc. Sédentaire et commun dans nos bois.

Scops *L*. Hibou Petit-Duc. Rare et de passage. On l'a pris quelquefois dans les environs de Nancy.

Ordre 2. — Oiseaux sylvains.

Picus *L*.

martius *L*. Pic noir. Rare. Dans les bois des environs de Nancy ; à Bitche (*Malherbe*); plus commun dans les Vosges.

viridis *L*. Pic vert. Sédentaire et commun dans les bois et dans les vergers.

canus *Gmel*. Pic cendré. De passage en automne et se montre de loin en loin dans nos bois.

major *L*. Pic Epeiche. Sédentaire et assez commun dans les vergers et dans les bois.

medius *L*. Pic mar. Assez commun dans les bois de la chaîne des Vosges et plus rare dans le reste de la Lorraine.

minor *L*. Pic Epeichette. Assez rare dans les bois et dans les vergers.

Yunx *L*.

Torquilla *L*. Torcol verticille. Assez commun dans les vergers, où il arrive au printemps pour repartir en automne.

Cuculus *L*.

canorus *L*. Coucou gris. Commun

dans les bois, où il arrive au printemps, pour les quitter en automne.

Loxia *Briss.*

Curvirostra *L.* Bec-croisé ordinaire. Passe chez nous, mais irrégulièrement et quelquefois en grand nombre.

Phyrrhula *Briss.*

europæa *Vieill.* Bouvreuil vulgaire. Assez commun et de passage; mais quelques-uns nichent en Lorraine, dans les bois d'Hayange et de Saint-Avold.

Enucleator *Temm.* Bouvreuil Durbec. Rare et se montre accidentellement.

Serinus *Keys.* Bouvreuil Cini. De passage au printemps. Quelques individus nichent dans les bois de nos coteaux calcaires.

Coccotraustes *Briss.*

vulgaris *Vieill.* Gros-bec ordinaire. Sédentaire et commun dans les bois et dans les vergers.

Chlorospiza *Ch. Bonaparte.*

Chloris *Ch. Bonap.* Verdier ordinaire. Sédentaire et commun dans les bois et dans les vergers.

Passer *Briss.*

domesticus *Briss.* Moineau domestique. Sédentaire et très-commun dans le voisinage des habitations.

montanus *Keys.* Moineau Friquet. Commun au bord des bois et dans les jardins.

Petronia *Degl.* Moineau Soulcie. Rare et de passage en automne et en hiver.

Fringilla *L.*

cælebs *L.* Pinson ordinaire. En partie sédentaire et commun dans les jardins, les vergers et les bois.

Montifringilla *L.* Pinson d'Ardennes. Arrive en automne et part au printemps en troupes nombreuses.

nivalis *L.* Pinson niverolle. Rare et accidentellement de passage, aux environs de Nancy.

Carduelis *Briss.*

elegans *Steph.* Chardonneret élégant. Sédentaire et très-commun dans les vergers et dans les jardins.

Spinus *L.* Chardonneret Tarin. Très-commun et de passage en automne.

Cannabina *Brehm.*

Linota *Gray.* Linotte ordinaire.

Sédentaire et très-commune dans les vignes et dans les buissons.

flavirostris *Degl.* Linotte montagnarde. Très-rare et de passage.

Citrinella *Degl.* Linotte Venturon. Sédentaire et très-commune dans les bois et dans les buissons.

Linaria *Vieill.*

borealis *Vieill.* Sizerin boréal. Rare ; passe quelquefois en automne et presque toujours en grandes troupes.

rufescens *Vieill.* Sizerin Cabaret. Rare et de passage en automne.

Emberiza *L.*

Citrinella *L.* Bruant jaune. Sédentaire et très-commun au bord des bois, dans les buissons et les jardins.

Cirlus *L.* Bruant zizi. Très-rare. M. Holandre l'a observé en été dans les environs de Metz.

Cia *L.* Bruant fou. Rare et de passage en automne.

Hortulana *L.* Bruant Ortolan. Quelques-uns passent en automne dans nos contrées.

Schœniculus *L.* Bruant des roseaux. Assez commun le long des eaux. Arrive au printemps et part en automne ; quelques individus toutefois passent l'hiver chez nous.

Miliaria *L.* Bruant Proyer. Commun dans les prairies, du printemps à l'automne.

nivalis *L.* Bruant de neige. Très-rare. Se montre quelquefois en hiver.

lapponica *L.* Bruant montain. Se montre quelquefois en hiver ; on en a tué près de Metz et de Thionville (*Holandre*).

Parus *L.*

major *L.* Mésange charbonnière. Sédentaire et commune dans les bois et dans les jardins.

ater *L.* Mésange noire. Assez rare et de passage en automne, où on la prend dans les bois.

cæruleus *L.* Mésange bleue. Sédentaire et commune dans les bois et dans les vergers.

cristatus *L.* Mésange huppée. Assez rare dans les bois du printemps à l'automne.

palustris *L.* Mésange nonnette. Sédentaire et assez commune dans les forêts humides de la chaîne des Vosges et du nord de la Lorraine près de Merten et de Saint-Avold (*Holandre*).

caudatus *L.* Mésange à longue queue. Sédentaire et commune dans les bois.

biarmicus *L.* Mésange moustache. Rare et de passage en automne.

Pendulinus *L.* Mésange penduline. Se montre très-rarement chez nous. M. Holandre l'a tuée à Metz.

Regulus *G. Cuv.*

cristatus *Briss.* Roitelet huppé. Très-commun dans les bois du printemps à l'automne ; quelques-uns passent l'hiver chez nous.

ignicapillus *Naum.* Roitelet moustache. Commun dans les bois, du printemps à l'automne.

Corvus *L.*

Corax *L.* Corbeau ordinaire. Habite spécialement chez nous les montagnes des Vosges ; mais a été vu aussi à Sierck et à Gorze (*Holandre*).

Corone *L.* Corbeau Corneille. Sédentaire et très-commun dans les bois.

Cornix *L.* Corbeau mantelé. Commun en automne et en hiver dans nos campagnes.

frugilegus *L.* Corbeau freux. Assez commun et de passage en automne.

Monedula *L.* Corbeau Choucas. Arrive au printemps et part en automne. Il niche dans les clochers et notamment sur les tours de la cathédrale de Metz.

Pica *Briss.*

caudata *L.* Pic ordinaire. Séden-

taire et commune dans les bois et dans les vergers.

Garrulus *Briss.*

glandarius *Vieill.* Geai ordinaire. Sédentaire et très-commun dans les bois et dans les vergers.

Nucifraga *Briss.*

caryocatactes *Degl.* Casse-noix vulgaire. Passe en automne à de longs intervalles et quelquefois en grand nombre.

Sturnus *L.*

vulgaris *L.* Etourneau vulgaire. Très-commun, du printemps à l'automne.

Pastor *Temm.*

roseus *Temm.* Martin Roselin. Très-rare et de passage. A été tué une fois dans les environs de Metz, en 1794 (*Holandre*).

Bombycilla *Briss.*

garrula *Vieill.* Grand Jaseur. Paraît de loin en loin dans les hivers rigoureux. A été tué plusieurs fois, depuis quelques années, dans les environs de Nancy.

Hirundo *L.*

rustica *L.* Hirondelle de cheminée.

Commune du printemps à l'automne.

urbica *L*. Hirondelle de fenêtre. Très-commune du printemps à l'automne.

riparia *L*. Hirondelle de rivage. Assez rare. Du printemps à l'automne sur les bords de la Meurthe, de la Moselle et de la Meuse.

Cypselus *Iliger*.

Apus *Ill*. Martinet noir. Commun en été sur les habitations élevées.

Caprimulgus *L*.

europæus *L*. Engoulevent vulgaire. Rare et de passage en automne, époque où on le voit le soir sur le bord de nos bois montagneux.

Muscicapa *L*.

Grisola *L*. Gobe-mouche gris. Assez commun du printemps à l'automne, dans les vergers et dans les jardins.

albicollis *Temm*. Gobe-mouche à collier. Commun du printemps à l'automne dans nos bois de chênes, où cette espèce niche en grand nombre.

atricapilla *L*. Gobe-mouche noir. De passage au printemps et en automne et se montre dans les jardins.

Lanius *L*.

excubitor *L*. Pie-grièche grise. Commune du printemps à l'automne dans les buissons et au bord des bois.

minor *Gmel*. Pie-grièche d'Italie. Rare. De passage au printemps et à l'automne. A été tuée près de Nancy et à Metz.

rufus *Briss*. Pie-grièche rousse. Commune dans les vergers du printemps à l'automne.

Collurio *L*. Pie-grièche écorcheur. Assez commune au bord des bois, du printemps à l'automne.

Alauda *L*.

arvensis *Naum*. Alouette des champs. Très-commune dans les champs et en partie sédentaire.

alpestris *L*. Alouette Hausse-col. Très-rare. A été tuée une fois, en hiver, dans les environs de Metz (*Holandre*).

cristata *L*. Alouette Cochevis. Rare et accidentellement en Lorraine.

arborea *L*. Alouette Lulu. Assez rare et de passage. On la voit sur nos coteaux calcaires, au bord des bois.

brachydactyla *Leisl*. Alouette Calendrelle. Très-rare. A été tuée près de Metz (*Holandre*).

Anthus *Bechst*.

Richardi *Vieill*. (*A. longipes Hol.*).

2

Pipi Richard. A été tué deux fois sur les coteaux des environs de Metz (*Holandre*).

campestris *Bechst.* Pipi Rousseline. Rare, du printemps à l'automne, sur nos coteaux secs.

pratensis *Bechst.* Pipi des prés. De passage en automne ; on le voit alors dans les prairies humides et dans les lieux marécageux.

arboreus *Bechst.* Pipi des arbres. Du printemps à l'automne. Niche sur le bord des bois.

Spinoletta *Bechst.* Pipi spioncelle. Rare, et seulement en automne ou en hiver, le long des ruisseaux.

Motacilla *L.*

alba *L.* Bergeronnette grise. Commune du printemps à l'automne sur le bord des eaux.

boarula *Gmel.* Bergeronnette jaune. Assez commune sur le bord des ruisseaux.

flava *L.* Bergeronnette printanière. Commune du printemps à l'automne, dans les prairies humides et au bord des eaux.

Cinclus *Bechst.*

aquaticus *Bechst.* Cincle plongeur. Assez rare dans les ruisseaux et spécialement dans les montagnes des Vosges et dans le nord de la Lorraine. Il niche aux bords de la Crune et de la Chiers (*Holandre*).

Oriolus *L.*

Galbula *L.* Loriot jaune. Commun du printemps à l'automne dans les bois et dans les vergers.

Tardus *L.*

Merula *L.* Merle noir. Commun du printemps à l'automne dans les bois et dans les vergers. Quelques-uns passent l'hiver en Lorraine.

torquatus *L.* Merle à plastron. Passe au printemps et à l'automne et se voit surtout dans la chaîne des Vosges.

musicus *L.* Grive chanteuse. Commune et en partie sédentaire dans les bois et dans les vergers.

viscivorus *L.* Grive Draine. De passage en automne et alors assez commune.

pilaris *L.* Grive Litorne. Commune en automne et en hiver dans les bois, où elle vit en troupes.

aureus *Holandre.* Grive dorée. A été tuée, en 1788, dans les environs de Metz et se trouve au musée d'histoire naturelle de cette ville.

iliacus *L.* Merle Mauvis. Passe au printemps et en automne.

Petrocincla *Vigors.*

saxatilis *Vig.* Merle de roche. Très-rare et de passage à de longs intervalles. Il a été tué à Nancy et à Metz.

Saxicola *Bechst.*

OEnanthe *Mey.* Traquet motteux. Commun du printemps à l'automne sur nos coteaux calcaires.

Rubicola *Mey.* Traquet rubicole. Rare et de passage en automne, où on l'observe sur les buissons et dans les lieux arides de nos coteaux.

Rubetra *Mey.* Traquet tarier. Au printemps et à l'automne dans les prairies.

Erithacus *G. Cuv.*

Luscinia *Degl.* Rubiette Rossignol. Commun du printemps à l'automne dans les bois et dans les jardins.

Phœnicurus *Degl.* Rubiette Rouge-queue. Commune du printemps à l'automne dans les bois et dans les vergers.

Tithys *Degl.* Rubiette Tithys. Du printemps à l'automne. Il niche sur les bâtiments élevés.

Rubecula *Degl.* Rubiette Rouge-gorge. Commune dans les bois à son passage en automne, mais en partie sédentaire et niche alors chez nous.

Cyanecula *Degl.* Rubiette Gorge-bleue. Rare ; passe au printemps et à l'automne.

Accentor *Bechst.*

alpinus *Bechst.* Accenteur alpin. Très-rare et de passage accidentel. A été tué à Nancy.

modularis *Temm.* Accenteur Mouchet. Assez commun en été dans les haies et dans les bois ; en partie sédentaire.

Sylvia *Scop.*

atricapilla *L.* Fauvette à tête noire. Commune du printemps à l'automne dans les bois et dans les vergers.

melanocephala *Lath.* Fauvette mélanocéphale. Rare et accidentellement aux environs de Metz et de Montmédy (*Holandre*). .

hortensis *Mey.* Fauvette des jardins. Commune du printemps à l'automne dans les vergers et les jardins.

Corruca *Lath.* Fauvette babillarde. Assez rare. Se voit de mai en août, au bord des bois et dans les vergers.

Orphea *Temm.* Fauvette Orphée Rare. Du printemps à l'automne dans les haies et dans les buissons.

cinerea *Lath.* Fauvette grisette. Commune dans les jardins, les haies, les bois, du printemps à l'automne.

Phyllopneuste *Mey.*

Trochilus *Ch. Bonap.* Pouillot fitis. Commun dans les bois, les vergers, les jardins, du printemps à l'automne.

rufa *Ch. Bonap.* Pouillot véloce. De passage en automne et alors commun dans les grands bois.

sylvicola *Degl.* Pouillot sylvicole. Assez commun dans les bois, du printemps à l'automne.

Bonelli *Ch. Bonap.* Pouillot Bonelli. Assez rare dans nos bois du calcaire jurassique, depuis le printemps jusqu'au mois d'août.

Hippolaïs *Brehm.*

polyglotta *Selys.* Hippolaïs lusciniole. Commun en été dans les jardins et les vergers.

Calamoherpe *Ch. Bonaparte.*

turdoïdes *Boie.* Rousserole turdoïde. Assez commune, d'avril en août, dans les saussaies et dans les roseaux au bord des rivières.

arundinacea *Boie.* Rousserole effarvatte. Assez commune en été dans les roseaux au bord des eaux.

Calamodyta *Ch. Bonaparte.*

Phragmitis *Ch. Bonap.* Phragmite des joncs. Très-commun en été dans les saussaies et dans les roseaux au bord des eaux.

aquatica *Degl.* Phragmite aquatique. Très-rare et de passage accidentel. A été tué à Metz (*Holandre*).

Locustella *Kaup.*

nœvia *Degl.* Locustelle tachetée. Passe au printemps, mais est rare ; on la voit au bord de nos bois montagneux, dans les environs de Nancy et de Metz.

Troglodytes *Vieill.*

europæus *L. Cuv.* Troglodyte d'Europe. Sédentaire et commun dans les jardins, les vergers et les bois.

Sitta *L.*

europæa *L.* Sittelle Torche-pot. Sédentaire et commune dans nos bois.

Certhia *L.*

familiaris *L.* Grimpereau familier. Sédentaire et commun dans les vergers et dans les bois.

Tichodroma *Illiger*.

muraria *Ch. Bonap.* Trichoderme échelette. Rare et paraît de loin en loin dans les départements de la Meurthe et de la Meuse.

Upupa *L.*

Epops *L.* Huppe vulgaire. Commune du printemps à l'automne dans les bois et dans les vergers.

Coracias *L.*

Garrula *L.* Rollier commun. Paraît accidentellement et de loin en loin en Lorraine. A été tué dans les environs de Nancy, de Metz, de Longwy.

Merops *L.*

Apiaster *L.* Guêpier vulgaire. Très-rare et accidentellement. A été tué dans les environs de Nancy.

Alcedo *L.*

Ispida *L.* Martin-pêcheur vulgaire. Sédentaire et assez commun le long des rivières et des ruisseaux.

Ordre 3. — Colombinés.

Columba *L.*

Palumbus *L.* Pigeon Ramier. Peu commun. Dans nos grands bois, du printemps à l'automne.
livia *Briss.* Pigeon Biset. Vit sauvage dans les clochers et dans les vieilles tours ; il est la souche des diverses races de nos Pigeons domestiques.
OEnas *L.* Pigeon Colombin. Passe au printemps et se trouve en été dans la chaîne des Vosges.
Turtur *L.* Tourterelle des bois. Commune dans les bois, du printemps à l'automne.

Ordre 4. — Gallinacés.

Tetrao *L.*

Urogallus *L.* Grand Coq de Bruyères. Assez commun dans les forêts de la chaîne des Vosges, depuis Bitche jusqu'à Giromagni.
Bonasia *L.* Gélinotte. Très-rare. Dans les forêts de la chaîne des Vosges et dans les bois de Longwy.

Perdrix *Briss.*

rubra *Briss.* Perdrix rouge. Très-
rare et accidentellement. A été
tué à Conflans dans le département de la Moselle (*Holandre*.)
cinerea *Briss.* Perdrix grise. Sédentaire et commune dans les
bois et dans les champs.

Coturnix *Mœhring.*

dactylisonaus *Temm.* Caille vulgaire. Commune dans les champs,
du printemps à l'automne.

Ordre 5. — Échassiers.

Otis *L.*

Tarda *L.* Outarde barbue ou Grande
Outarde. Apparaît quelquefois en
automne et en hiver. On en a
tué un bon nombre à Nancy et à
Vézelise pendant l'hiver de 1860
à 1861 et antérieurement dans
les environs de Metz.
Tetrax *L.* Outarde Canepétière ou
Petite Outarde. Très-rare. Dans
les champs des environs de
Neufchâteau, de St-Mihiel et a
été tuée aussi dans la plaine d'U-
ckange (Moselle).

Cursorius *Lath.*

europæus *Lath.* Coure-vite isa-
belle. Très-rare et accidentellement. On en a tué un près de
Metz (*Holandre*).

Œdicnemus *Temm.*

crepitans *Temm.* OEdicnème criard.
Très-rare et accidentellement. A
été tué dans la vallée de la Meuse
près de Commercy.

Charadrius *L.*

Pluvialis *L.* Pluvier doré. De passage au printemps et en automne
presque tous les ans.
Morinellus *L.* Pluvier Guignard.
Rare et de passage en automne.
Hiaticula *L.* Grand Pluvier à collier. Rare. Du printemps à l'automne, sur les grèves de nos rivières.
minor *Mey.* Petit Pluvier à collier.
Commun du printemps à l'automne sur le bord de nos rivières.
cantianus *Lath.* Pluvier à collier
interrompu. Rare et accidentellement. A été tué dans les environs de Nancy (*Collections de la
Faculté des Sciences*).

Hæmatopus *L.*

Ostralegus *L.* Huitrier pie. Très-rare. A été tué près de Nancy (*Collect. de la faculté des scien-ces*); aux environs de Briey (*Ho-landre*).

Vanellus *L.*

cristatus *Mey*. Vanneau huppé. De passage au printemps et en au-tomne; on le voit souvent en grandes troupes dans les prairies des bords de la Meurthe, de la Moselle et de la Meuse.

Grus *L.*

cinerea *Mey*. Grue cendrée. De passage au printemps et en au-tomne, en troupes nombreuses.

Ardea *L.*

cinerea *L.* Héron cendré. Commun et de passage. On en a tué beau-coup près de Nancy pendant l'hi-ver de 1860 à 1861.

purpurea *L.* Héron pourpré. Rare et accidentellement. Il a été tué à l'étang de Lindres et à celui de Luppy.

alba *L.* Héron aigrette. Très-rare. A été tué à l'étang de Lindres et sur la Nied.

Garzetta *L.* Héron Garzette. Très-rare. A été tué en 1842, à l'é-tang de Lindres (*Collections de la Faculté des Sciences*).

comata *Pall*. Héron Crabier. A été

tué plusieurs fois à l'étang de Lindres et aussi aux environs de Metz.

stellaris *L.* Héron Butor. Assez commun et de passage en au-tomne.

minuta *L.* Héron Blongios. Assez commun sur le bord des eaux du printemps à l'automne.

Nycticorax *L.* Héron Biboreau. Rare et de passage. A été tué à l'étang de Lindres. (*Collect. de la Faculté des Sciences*) et près de Logne (*Holandre*).

Ciconia *L.*

alba *Briss*. Cigogné blanche. Elle niche à Phalsbourg et se voit dans d'autres parties de la Lor-raine à son passage d'automne et de printemps.

nigra *Bechst*. Cigogne noire. Passe quelquefois en automne. On en a tué à Nancy, à Toul, à Metz, à Briey.

Ibis *G. Cuv.*

Falcinellus *Vieill*. Ibis Falcinelle. Très-rare et accidentellement. On en a tué près de Metz et dans la plaine d'Etain (*Holandre*).

Numenius *L.*

arquata *L.* Courlis cendré. Rare et

de passage. Environs de Nancy et de Metz.

Phæopus *Lath*. Petit Courlis. Rare et de passage.

Limosa *Temm.*

Ægocephala *Degl.* Barge commune. Rare et de passage.

frua *Briss.* Barge rousse. Rare et de passage en automne, dans les environs de Nancy et de Metz.

Totanus *Temm.*

Glottis *Temm.* Chevalier aboyeur. Rare et de passage. On le rencontre sur le bord de nos rivières.

fuscus *Mey*. Chevalier Arlequin. Rare et de passage. A été tué plusieurs fois aux environs de Nancy et de Metz.

Calidris *Bechst.* Chevalier Gambette. Rare et de passage en automne sur les bords de la Moselle.

Glareola *Temm.* Chevalier sylvain. Rare et de passage sur les bords de nos grandes rivières.

ocropus *L.* Chevalier cul-blanc. Passe au printemps et à l'automne et se montre sur les bords de la Meurthe et de la Moselle.

hypoleucos *Temm.* Chevalier Guignette. Assez commun au printemps et à l'automne sur le bord de nos rivières.

Machetes *G. Cuv.*

pugnax *Cuv.* Combattant ordinaire. Rare et de passage. On le voit quelquefois près de Nancy et de Metz.

Scolopax *L.*

Gallinago *L.* Bécasse Bécassine. Assez commune et de passage au printemps et à l'automne.

Gallinula *L.* Bécasse sourde. Assez rare et accidentellement de passage. A été tuée dans les environs de Nancy (*Collect. de la Faculté des Sciences*).

Rusticola *L.* Bécasse ordinaire. Très-commune et de passage au printemps et à l'automne, dans les bois.

Tringa *Mey. et Wolff.*

canutus *L.* Bécasseau Maubèche. Rare et de passage. A été tué près de Nancy et de Metz.

subarcuata *Temm.* Bécasseau Cocorli. De passage au printemps et à l'automne, mais très-irrégulièrement.

Cinclus *Keys.* Bécassine Cincle. De passage et se voit assez souvent dans la vallée de la Moselle, surtout au voisinage de Thionville (*Holandre*).

minuta *Leisl.* Bécasseau minule. Très-rare et accidentellement. A été tué près de Thionville (*Holandre*).

Temminckii *Leisl.* Bécasseau de Temminck. Rare et de passage. Se montre sur les bords de la Meurthe et de la Moselle.

Arenaria *Bechst.*

Calidris *Mey.* Sanderling des sables. Rare et de passage accidentel. A été tué sur les bords de la Meurthe et de la Moselle.

Himantopus *Briss.*

melanopterus *Mey.* Echasse ordinaire. Rare et de passage sur les bords de nos rivières. On l'a observé à Nancy, à Malroy, à Thionville.

Phalaropus *Briss.*

fulicarius *Ch. Bonap.* Phalarope dentelé. Très-rare. A été tué à Remilly et à Uckange (*Malherbe*).

Recurvirostra *L.*

Avocetta *L.* Avocette. Rare et de passage. Sa présence a été cons-

tatée chez nous, à Toul et à Thionville.

Rallus *Briss.*

aquaticus *L.* Rale d'eau. Commun dans les prés humides et dans les marais.

Crex *L.* Rale de Genêt. Commun dans les bois humides et dans les hautes herbes.

Porzana *L.* Petit Rale d'eau. Peu commun. Dans les marais, près de Nancy, de Dieuze, de Metz.

pusillus *Pall.* Rale Poussin. Rare et accidentellement. A été pris aux environs de Nancy et de Metz.

Baillonii *Vieill.* Rale Baillon. Très-rare et accidentellement. A été tué près de Nancy (*Collect. de la Faculté des Sciences*).

Gallinula *Lath.*

chloropus *Lath.* Poule d'eau ordinaire. Très-commune dans les marais et dans les étangs.

Fulica *L.*

atra *Brünn.* Foulque Morelle. Commune dans les grands étangs.

Ordre 6. — Palmipèdes.

Stercorarius *Briss.*

Pomarinus *Vieill.* Stercoraire Po-

marin. Pendant les ouragans il est quelquefois poussé jusqu'en Lorraine. On l'a tué

près de Thionville (*Holandre*).
Cepphus *Bris.*. Stercoraire des rochers. Très-rare et accidentellement. A été tué près de Nancy.

Larus *L.*

marinus *L.* Goëland à manteau noir. Remonte quelquefois la vallée de la Moselle par les gros temps. A été tué près de Metz (*Holandre*).
fuscus *L.* Goëland brun. Très-rare et accidentellement. A été tué près de Nancy et de Metz.
argentatus *Brünn.* Goëland argenté. Accidentellement près de Metz (*Holandre*).
canus *L.* Goëland cendré. Rare et se montre accidentellement dans la vallée de la Moselle (*Holandre*).
tridactylus *L.* Goëland tridactyle. Se voit accidentellement à la suite des ouragans. Il a été tué à Nancy, à Vézelise et à Metz.
ridibundus *L.* Mouette rieuse. Se montre quelquefois, au moment des équinoxes, dans les vallées de la Meurthe et de la Moselle.

Sterna *L.*

Hirundo *L.* Sterne pierre-garin. Quelquefois dans les vallées de la Meurthe et de la Moselle, à la suite des tempêtes.

macrura *Naum.* Sterne arctique. Paraît accidentellement en Lorraine. A été tué près de Saint-Avold et de Sarreguemines (*Holandre*).
leucoptera *Meissn.* Sterne leucoptère. Rare et de passage. Sur l'étang de Lindres et dans les environs de Metz.
fissipes *L.* Sterne épouvantail. On le voit de loin en loin sur la Moselle (*Holandre*).

Thalassiodroma *Vigors.*

pelagica *Vig.* Thalassiodrome tempête. A été tué une fois sur un étang près de Thionville (*Holandre*).

Phalacrocorax *Dum.*

Carbo *Briss.* Cormoran ordinaire. Rare et accidentellement dans les vallées de la Meurthe et de la Moselle.

Sula *Dum.*

Bassana *Briss.* Fou de Bassan. A été tué dans les environs de Toul.

Pelecanus *L.*

Onocrotalus *L.* Pélican blanc. A été tué une fois sur l'étang de

Fouligny près de Metz (*Holandre*).

Anser *Briss.*

ferus *L.* Oie cendrée. De passage en hiver et c'est d'elle que proviennent nos races domestiques.

sylvestris *Briss.* Oie vulgaire. Très-commune au commencement et à la fin de l'hiver.

albifrons *Mey.* Oie rieuse. Assez régulièrement de passage au printemps et à l'automne.

Bernicla *Temm.* Oie cravant. Rare et de passage. A été tuée près de Nancy.

ægyptiacus *Briss.* Oie d'Egypte. On en a tué plusieurs sur l'étang de Remilly pendant un hiver rigoureux (*Holandre*).

Cygnus *L.*

ferus *Briss.* Cygne sauvage. On en a tué plusieurs près de Nancy pendant l'hiver de 1860 à 1861 et près de Metz pendant ceux de 1825 et de 1829 (*Holandre*).

Anas *Lath.*

Tadorna *L.* Canard Tadorne. A été tué quelquefois dans les vallées de la Meurthe et de la Moselle.

clypeata *L.* Canard Souchet ou Spatule. Paraît quelquefois dans les environs de Nancy et de Metz.

Boschas *L.* Canard sauvage. Assez commun, surtout en hiver, sur nos rivières et niche quelquefois au bord de nos étangs. Il est la souche des Canards domestiques.

acuta *L.* Canard Pilet. De passage au printemps et l'on en trouve quelquefois sur les marchés de Nancy et de Metz.

streptera *L.* Canard Riderne. Rare et accidentellement de passage.

Penelope *L.* Canard siffleur. Commun et de passage au printemps.

Querquedula *L.* Sarcelle ordinaire. Assez commune sur nos rivières au printemps.

Crecca *L.* Petite Sarcelle. Assez rare. De passage au printemps et à l'automne.

Somateria *Leach.*

mollissima *Leach.* Eider. A été tué à Remilly (*Malherbe*).

Fuligula *Keys.*

Clangula *Degl.* Canard Garrot. Assez commun et de passage au printemps et à l'automne.

Marila *Ch. Bonap.* Canard Milouinan. Rare et de passage. A été tué de loin en loin sur la Meurthe et sur la Moselle.

Nyroca *Keys.* Petit Milouin. Rare.

Accidentellement aux environs de Metz et de Nancy.

ferina *Keys.* Miloin. De passage, mais rarement, en hiver et au printemps.

cristata *Ch. Bonap.* Canard Morillon. Rare et de passage au printemps.

rufina *Keys.* Miloin huppé. Très-rare. A été tué aux environs de Metz (*Holandre*).

Mergus *L.*

Merganser *L.* Harle commun. On en voit, presque tous les ans, quelques-uns au printemps et à l'automne.

Serrator *L.* Harle huppé. Il se montre en Lorraine quelquefois en hiver.

Albellus *L.* Petit Harle. Très-rare et de passage accidentellement en hiver dans les vallées de la Meurthe et de la Moselle.

Colymbus *L.*

glacialis *L.* Plongeon imbrim. Passe de loin en loin en Lorraine. Il a été tué dans la vallée de la Moselle près de Longeville et d'Uckange (*Holandre*).

septentrionalis *L.* Plongeon Catmarin. A été tué sur la Moselle à Maizières (*Holandre*).

Podiceps *Lath.*

cristatus *Lath.* Grèbe huppé. Rare. On le voit quelquefois sur l'étang de Lindres.

cornutus *Lath.* Grèbe esclavon. Rare et accidentellement de passage dans les vallées de la Meurthe et de la Moselle.

auritus *Lath.* Grèbe oreillard. Très-rare. A été tué à l'étang de Lindres.

minor *Lath.* Grèbe castagneux. Assez commun sur nos étangs et nos rivières.

rubricollis *Lath.* Grèbe Jougris. Très-rare. A été tué près de Metz (*Holandre*).

CLASSE III. — REPTILES.

Odre 1. — Sauriens.

Lacerta *L.*

muralis *Laur.* Lézard gris. Très-commun sur les vieux murs.

stirpium *Daud.* Lézard des souches. Commun : les haies, les jardins, les vieilles murailles, les vignes et le bord des bois.

vivipara *Jacq*. Lézard vivipare. Est indiqué dans les environs de Metz par M. *Holandre*.

Anguis *L*.

fragilis *L*. Orvet. Très-commun dans les lieux secs, rocailleux, et spécialement dans nos bois du calcaire jurassique.

Nota. — L'organisation de ce genre est celle des Sauriens et non des Sphidiens.

Ordre 2. — Ophidiens.

Coluber *L*.

Natrix *L*. Couleuvre à collier. Commune dans les lieux humides des bois.

viridiflavus *Lacép*. Couleuvre verte et jaune. Très-rare : bois. Forêt de haie près de Nancy ; coteaux boisés qui dominent la vallée de l'Orne et côtes de la Woëvre (*Holandre*).

austriacus *L*. Couleuvre lisse. Assez commune sur les coteaux boisés qui environnent Nancy et notamment au bois de Laxou, aux Cinq-Tranchées, etc. ; environs de Metz, à Châtel-Saint-Germain, à Lorry et à Saulny. Elle se cache souvent sous les pierres.

Vipera *Laurenti*.

Berus *Daud*. Vipère commune. On l'observe fréquemment et exclusivement dans nos bois de la formation jurassique.

CLASSE IV. — AMPHIBIENS.

Ordre 1. — Batracides.

Rana *L*.

esculenta *L*. Grenouille verte. Très-commune dans les eaux tranquilles.

temporaria *L*. Grenouille rousse. Très-commune dans les prés et dans les lieux frais. Elle ne paraît pas très-rare sur les *Chaumes* des hautes Vosges, où je l'ai rencontrée au Ballon de Guebwiller et au Hohneck, à plus de 1300 mètres d'altitude.

Hyla *Laurenti*.

viridis *Laur*. Rainette. Assez commune dans les haies, sur les buissons, dans les jardins et dans les lieux humides.

Bufo *Laurenti.*

calamita *Daud.* Crapaud des Joncs. Commun dans les jardins, au pied des murs, dans les fossés le long des routes.

vulgaris *Daud.* Crapaud commun.

Dans les lieux obscurs, dans les trous, dans les caves.

Bombinus *Daud.* Crapaud pluvial. Très-commun dans les marais, au printemps.

Alytes *Wagn.*

obstetricans *Wagl.* Crapaud accoucheur. Très-rare. Environs de Nancy (*Mathieu*); Pont-à-Mousson (*Holandre*).

Ordre 2. — Salamandres.

Salamandra *Laurenti.*

maculosa *Laur.* Salamandre commune. Assez rare : dans les grands bois ombragés de nos coteaux calcaires, où elle se retire dans des trous ou sous les feuilles. Pompey près de Nancy ; environs de Metz, bois de Saulny et de Moyeuvre ; Remiremont.

Triton *Laurenti.*

cristatus *Laur.* Triton à crête.

Commun dans les ruisseaux et dans les mares au printemps.

punctatus *Laur.* Triton ponctué. Très-commun au printemps dans les eaux tranquilles, même dans les eaux saumâtres de Dieuze, Vic, etc.

cinctus *Laur.* Triton ceinturé. Commun dans les mêmes lieux que le précédent.

palmatus *Laur.* Triton palmipède. Commun dans les eaux stagnantes.

CLASSE V. — POISSONS.

Ordre 1. — Acanthoptérygiens.

Perca *L.*

fluviatilis *L.* Perche commune. N'est

pas rare dans presque toutes nos rivières. — On trouve dans les lacs des Vosges une petite Perche, qu'on n'a pu distinguer jusqu'ici spécifiquement de la Perche commune. On la nomme *Hurlin* à Gérardmer.

Acerina *Cuv. et Val.*

vulgaris *Cuv. et Val.* Grémille commune. Assez commune dans les eaux de la Meurthe, de la Moselle et de la Meuse.

Cottus *L.*

Gobio *L.* Chabot commun. Abonde dans les ruisseaux et les rivières.

Gasterosteus *Artédi.*

leiurus *Cuv. et Val.* Epinoche à queue nue. Très-commune dans les ruisseaux.

trachurus *Cuv. et Val.* Epinoche à queue armée. Rare. Dans la Rosselle près de Hombourg (*Holandre et Altmayer*).

Pungitius *L.* Epinochette. Commun dans les eaux de la Meuse; plus rare dans le reste de la Lorraine, où elle n'a été observée que dans la Rosselle.

Ordre 2. — Malacopterygiens abdominaux.

Cyprinus *L.*

Carpio *L.* Carpe commune. Naturalisée chez nous depuis deux siècles, elle est commune dans les étangs et se retrouve dans les eaux de la Meurthe, de la Moselle et de plusieurs autres de nos rivières.

Carassius *Bloch.* Carassin. Dans plusieurs étangs de la Lorraine, où il a été importé de Pologne par Stanislas.

Gibelio *Bloch.* Gibèle. Rare. Dans les eaux de la Moselle et dans les fossés de Metz.

Barbus *G. Cuv.*

fluviatilis *Flemm.* Barbeau commun. N'est pas rare dans les eaux de la Meurthe, de la Vezouze, de la Sarre, de la Moselle, de l'Orne, de la Meuse, etc.

Gobio *G. Cuv.*

fluviatilis *Cuv.* Goujon. Très-commun dans les rivières et les ruisseaux.

Tinca *G. Cuv.*

vulgaris *Cuv. et Val.* Tanche Assez commune dans la Meurthe et dans la Moselle, mais surtout dans les eaux tranquilles.

Rhodeus *G. Cuv.*

amarus *Ag.* (*Cyprinus amarus L.*). Bouvière. Peu commune. Dans les ruisseaux d'eau vive et quelquefois dans la Meurthe et dans la Moselle.

Abramis *G. Cuv.*

communis *Cuv. et Val.* Brème commune. Dans nos rivières, où elle n'est pas rare.

blicca *Cuv. et Val.* Bordelière. Assez commune dans les eaux tranquilles.

Buggenhagii *Cuv. et Val.* (*Cyprinus abramorutilis Hol.*). Brème de Cuggenhagen. Rare. Dans les eaux de la Moselle à Metz.

Leuciscus *Val.*

Dobula *Cuv. et Val.* Chevaine ou Meunier. Assez commun dans nos rivières.

Rutilus *Cuv. et Val.* Rosse ou Rousse. Commune dans les étangs et les rivières.

vulgaris *Flemm.* Vandoise ou Gravelet. Dans les eaux de la Meurthe, de la Moselle et de la Meuse.

Idus *Cuv. et Valenc.* Able Ide. Très-rare dans la Moselle près de Metz (*Holandre*).

erythrophthalmus *Cuv. et Val.* Rotengle ou Salougne. Commun dans nos rivières.

dolabratus *Hol.* Able hachette. Rare. Dans les eaux de la Moselle et de la Meuse.

Selysii *Heckel.* Able de Selys. Dans la Meuse à Verdun.

Alburnus *Cuv. et Val.* Ablette. Très-commune dans nos rivières.

Baldneri *Cuv. et Val.* (*Cyprinus bipunctatus Hol.*), Able de Baldner. Rare. Dans les eaux de la Meurthe, de la Moselle, de la Meuse.

Phoxinus *Cuv. et Val.* Vairon. Très-commun dans les rivières et surtout dans les ruisseaux. — Il existe une variété de cette espèce, dont la tête et le tronc se couvrent de tubercules épidermiques. Elle se rencontre dans le lac. du Ballon de Guebviller (*Voy. Cuvier et Valenciennes, Histoire naturelle des Poissons,* t. 17 (1844), p. 273).

On trouvera peut-être, chez nous, dans la Moselle, le *Leuciscus alburnoïdes*, que Selys a observé dans le cours inférieur de cette rivière.

Chondrostoma *G. Cuv.*

Nasus *Ag.* Nase ou Schiff. Très-commune dans nos rivières.

Cobitis *L.*

Barbulata *L.* Loche franche. Très-commune dans les ruisseaux d'eau vive.

spilura *Carlier*. Loche spilure. M. *Holandre* l'a observée dans la Moselle, dans la Nied et aussi dans la Meuse.

. fossilis *L*. Loche d'étang. Rare. A été prise plusieurs fois dans la Meurthe à St-Nicolas-de-Port et dans le canal de la Marne au Rhin à Nancy ; dans la Moselle à Metz et dans la Nied.

Esox *L.*

Lucius *L*. Brochet commun. N'est pas rare dans nos rivières et dans les lacs des Vosges.

Salmo *L.*

Salmo *Cuv. et Val.* Saumon commun. Rare. Remonte quelquefois dans la Moselle et dans la Meuse.

hamatus *Cuv.* Bécard. Rare. Remonte aussi quelquefois dans la Moselle et dans la Meuse.

Umbla *L*. Ombre-chevalier. M. Holandre assure qu'il a été pris une fois dans la Moselle à Metz.

Renatus *Lacép.* René. Dans la Moselle, à Epinal, Châtel, Charmes, etc.

Fario *L*. Truite vulgaire. Assez commune dans les eaux vives et claires des ruisseaux et des rivières. On la trouve assez abondante dans la haute Meurthe, dans la haute Moselle et dans la plupart des ruisseaux qui descendent des Vosges ; elle se trouve aussi dans la Sarre, dans l'Orne, la Fenche, la Crunes, la Chiers, l'Ornain, enfin dans la Meuse et dans les ruisseaux tributaires de ce fleuve.

Nota. On rencontre dans plusieurs ruisseaux des Hautes-Vosges, notamment aux environs de Gérardmer, une petite Truite, à corps allongé, à peau noirâtre et parsemée de petites taches d'un noir plus foncé ; elle constitue peut-être une espèce distincte.

argenteus *Val.* Truite argentée. Assez commune dans la Meuse et dans le lac de Gérardmer où par sa taille elle se distingue facilement de l'espèce précédente, mais de ce lac elle ne pourrait que difficilement se rendre à la mer. Cette espèce paraît-être du reste le *Salmo Trutta* de Linné.

Thymallus *G. Cuv.*

vexillifer *Ag.* (*Salmo Thymallus L.*). Ombre d'Auvergne. Rare. Dans les eaux de la Meurthe, de la Moselle, de la Chiers, de la Crunes et de la Meuse.

Alausa *G. Cuv.*

vulgaris *Cuv. et Val.* Alosse commune. Remonte dans nos rivières au printemps en assez grande abondance.

Ordre 3. — Malacoptérygiens subbranchiens.

Lota *C. Cuv.*

vulgaris *Cuv. et Val.* Lote de rivière. Dans les eaux de la Meurthe, de la Moselle, de l'Orne, de la Meuse, de la Sarre, etc. Elle n'est pas rare dans les lacs des Vosges.

Ordre 4. — Malacoptérygiens apodes.

Muræna *L.*

Anguilla *L.* Anguille commune. N'est pas rare en été dans la Meurthe, la Moselle, la Meuse, l'Orne, etc.

Ordre 5. — Chondroptérygiens à branchies libres.

Ansipenser *L.*

Sturio *L.* Esturgeon. Remonte très-rarement le cours de la Moselle; il y a été néanmoins pêché autrefois à Pont-à-Mousson (*Sonnini*) et près de Sierck (*Holandre*).

Ordre 6. — Chondroptérygiens à branchies fixes.

Petromyzon *L.*

marinus *L.* Lamproye ordinaire. Remonte quelquefois dans nos rivières. On en a pris dans la Moselle à Metz et à Bayon, et dans la Meurthe à Nancy.

fluviatilis *L.* Lamproye de rivière. Rare. Dans les eaux de la Meurthe et de la Moselle. Mais sa larve l'*Ammocetes branchialis* *Dumer,* ou *Lamproyon* est assez commune dans les ruisseaux et petites rivières tributaires de ces deux grands cours d'eau et s'attache aux pierres.

Planeri *Bloch.* Lamproye Sucet. Assez abondante dans le ruisseau de Champigneules, près de Nancy (*Mathieu*).

EMBRANCHEMENT II. — ANNELÉS.

DIVISION I. — ARTICULÉS.

CLASSE I. — INSECTES.

Ordre 1. — Coléoptères.

FAM. 1. — CICINDÉLÈTES.

Cicindela *L.*

campestris *L.* Commun dans les lieux sablonneux.

hybrida *L.* Assez commun surtout au bord des eaux. La var. *riparia Meg.* à Metz et à Darney.

sylvatica *L.* Rare : lieux secs et sablonneux des forêts. Metz (*Géhin*); Epinal (*Berher*).

germanica *L.* Peu commun : champs des terrains calcaires. Nancy à l'étang Saint-Jean; Metz; Epinal, Darney; Verdun.

FAM. 2. — CARABIQUES.

Omophron *Latr.*

limbatus *Fabr.* Assez rare : dans le sable au bord des eaux. Rives de la Meurthe et de la Moselle.

Notiophilus *Dumér.*

aquaticus *L.* Assez commun : lieux humides.

palustris *Dufts.* Rare. Metz (*Géhin*); Remiremont (*Puton*).

biguttatus *Fabr.* Commun.

quadripunctatus *Dej.* Très-rare. Remiremont (*Puton*), Darney (*Le Paige*).

punctulatus *Wesm.* Très-rare. Metz (*Bellevoie*).

Elaphrus *Fabr.*

uliginosus *Fabr.* Rare. Nancy; Metz; Darney; Verdun.

cupreus *Dufts.* Rare. Sur les rives de la Meurthe à Nancy et de la Moselle à Metz; Darney; Verdun.

riparius *L.* Rives de la Meurthe et de la Moselle; Darney; Verdun.

Loricera *Latr.*

pilicornis *Fabr.* Assez rare. Bords des eaux dans les bois. Nancy; Metz; Epinal, Darney; Verdun.

Cychrus *Fabr.*

rostratus *L.* Assez rare. Sous les Mousses ou sous les pierres dans les bois. Dieuze (*Moye*); Briey (*Géhin*); Darney (*Le Paige*). La var. *elongatus Hoppe* à Dieuze (*Moye*).

attenuatus *Fabr.* Rare. Darney (*Le Paige*).

Procrustes *Bon.*

coriaceus *L.* Assez commun : fossés, vignes.

Carabus *L.*

nodulosus *Creutz.* Rare. Insecte nocturne, qui ne se trouve que dans les sapinières, enfoncé dans la terre des berges des ruisseaux. Phalsbourg (*Gaubil*); vallée de Celles près de Raon-l'Etape (*Puton*).

intricatus *L.* Rare : dans les bois, sous les écorces et dans les Mousses. Darney (*Le Paige*); Verdun (*Liénard*).

auronitens *Fabr.* Pelouses des Hautes Vosges, au Hohneck, ballons de Giromagny et de Guebwiller, etc.; se retrouve dans la plaine, à Metz, à Darney, et à Verdun.

auratus *L.* Très-commun dans les jardins et dans les champs.

cancellatus *Ill.* Commun presque partout.

granulatus *L.* Assez commun.

monilis *Fabr.* Commun : jardins.

arvensis *Fabr.* Bois. Commun surtout sur les hautes chaumes des Vosges et s'étend au nord de la chaîne jusqu'à Bitche. Varie beaucoup.

catenulatus *Ill.* Assez commun au printemps.

nemoralis *Müll.* Commun : champs, jardins.

convexus *Fabr.* Assez commun parfois. Nancy; Metz; Epinal, Darney; Verdun.

glabratus *Fabr.* Dans les Hautes Vosges, où il n'est pas rare; se retrouve à Bitche.

purpurascens *Fabr.* Rare : bois, vignes. Nancy; Metz (*Géhin*); Darney (*Le Paige*); Verdun (*Liénard*).

Calosoma *Web.*

inquisitor *L.* Peu rare : bois, sur les arbres.

sycophanta *L.* Dans les forêts de Chênes, spécialement dans les nids du *Bombyx processionea L.*

Nebria *Latr.*

brevicollis *Fabr.* Commun : sous les décombres, les pierres, les feuilles mortes.

Leistus *Fröhl.*

spinibarbis *Fabr.* Assez rare ; sous

les pierres. Vallées de la Meurthe et de la Moselle ; Darney ;
Verdun.

fulvibarbis *Dej*. Metz (*Géhin*).

ferrugineus *L*. Assez rare : au pied
des arbres. Metz ; Epinal, Darney ; Verdun.

Clivina *Latr*.

fossor *L*. Assez commun. Lieux
sablonneux.

Dyschirius *Bon*.

chalceus *Erichs*. Marais salants de
Dieuze (*Moye*).

nitidus *Dej*. Très-rare. Nancy (*Mathieu*) ; Metz (*Géhin*).

politus *Dej*. Très-rare. Nancy (*Mathieu*) ; Metz (*Géhin*).

æneus *Dej*. Rare. Nancy (*Mathieu*) ; Metz (*Géhin*) ; montagnes des Vosges (*Puton*) ; Verdun (*Liénard*).

punctatus *Dej*. Rare. Metz (*Géhin*).

globosus *Herbst*. Nancy ; Metz ;
Darney ; Verdun.

Brachinus *Web*.

crepitans *L*. Commun : sous les
pierres et au pied des arbres.

explodens *Dufts*. Metz (*Géhin*) ;
Dompaire (*l'abbé Lallement*),
Darney (*Le Paige*) ; Verdun
(*Liénard*).

sclopeta *Fabr*. Metz (*Géhin*) ;

Darney (*Le Paige*) ; Verdun
(*Liénard*).

Drypta *Fabr*.

emarginata *Fabr*. Très-rare : bois
humides. Darney (*Le Paige*).

Polystichus *Bon*.

fasciolatus *Rossi*. Très-abondant
parfois, après les débordements,
dans les vallées de la Meurthe
et de la Moselle ; pris aussi à
Darney (*Le Paige*) et à Verdun
(*Liénard*).

Odacantha *Payk*.

melanura *L*. Commun autour de
l'étang de Champigneules, près
de Nancy (*Roubalet*).

Aëtophorus *Schm.-Gœb*.

imperialis *Germ*. Rare : bords de
l'étang de Champigneules près
de Nancy (*Mathieu*) ; Metz (*Bellevoie*).

Demetrias *Bon*.

unipunctatus *Germ*. Dans les débris
végétaux rejetés sur les rives de
l'étang de Champigneules près
de Nancy (*Mathieu*) ; montagnes
des Vosges (*Puton*) ; Verdun
(*Liénard*).

atricapillus *L*. Dans les mêmes

lieux que le précédent. La var. *elongatus Dej.* à Nancy; Metz; Epinal, Darney; Verdun.

Dromius *Bon.*

longiceps *Dej.* Très-rare. Nancy (*Roubalet*).

lincaris *Oliv.* Assez commun sur les rives de l'étang de Champigneules près de Nancy (*Mathieu*); Metz (*Géhin*); Verdun (*Liénard*).

marginellus *Fabr.* Bitche (*Géhin*).

agilis *Fabr.* Commun.

quadrimaculatus *L.* Commun.

quadrinotatus *Panz.* Nancy (*Mathieu*); Metz (*Géhin*); Darney (*Le Paige*); Verdun (*Liénard*).

quadrisignatus *Dej.* Rare. Nancy (*Mathieu*); Darney (*Le Paige*).

bifasciatus *Dej.* Rare. Nancy (*Mathieu*); Metz (*Géhin*); Vosges (*Berher*).

fasciatus *Fabr.* Très-rare. Nancy (*Roubalet*).

sigma *Rossi.* Assez commun à l'étang de Champigneules près de Nancy (*Mathieu*).

melanocephalus *Dej.* Rare. Nancy à l'étang de Champigneules; Metz; Epinal; la Harazi dans l'Argonne.

Blechrus *Motsch.*

glabratus *Dufts.* N'est pas rare, surtout dans l'Argonne.

Metabletus *Schm.-Gæb.*

obscuroguttatus *Dufts.* Commun à la pépinière de Nancy, au pied des arbres (*Mathieu*); Verdun (*Liénard*).

truncatellus *L.* Commun : sous les pierres.

foveola *Gyll.* Commun : sous les pierres.

Apristus *Chaud.*

quadrillum *Dufts.* Rare : sous les pierres. Nancy (*Mathieu*); Metz (*Gé'in*); Vosges (*Berher*). La var. *bipunctatus Heer.* à Nancy.

Amblystomus *Erichs.*

metallescens *Dej.* Très-rare : sous les pierres. Nancy (*Mathieu*).

Lebia *Latr.*

cyanocephala *L.* Assez commun : sous les écorces et les pierres dans les lieux secs.

chlorocephala *Ent. Heft.* Peu commun. Nancy; Metz; Darney; Verdun.

crux-minor *L.* Peu commun : sur les Graminées, dans les lieux secs.

quadrimaculata *Dej.* Briey (*Géhin*).

hæmorrhoidalis *Fabr.* Rare : bois, sur les Fougères. Metz (*Géhin*); Vosges (*Berher*); Verdun (*Liénard*).

Cymindis *Latr.*

humeralis *Fabr.* Assez rare : pelouses sèches, sous les pierres. Nancy sur le plateau de Malzéville (*Mathieu*); Metz (*Géhin*); Darney (*Le Paige*); Verdun (*Liénard*).

axillaris *Fabr.* Très-rare : pelouses sèches. Dans les mêmes lieux que le précédent. Varie et dans le même lieu passe à la var. *lineata Schh.*, notamment sur la côte de Malzéville.

miliaris *Fabr.* Très-rare. St-Mihiel (*Liénard*).

Panagæus *Latr.*

crux-major *L.* Assez commun : sous les pierres dans les lieux frais.

quadripustulatus *Sturm.* Rare. Nancy; Metz; Epinal, Darney.

Callistus *Bon.*

lunatus *Fabr.* Très-rare : sous les pierres dans les lieux secs. Nancy à Buthegnémont (*Mathieu*); Metz (*Géhin*); Epinal (*Berher*), Darney (*Le Paige*); Verdun et Bar-le-Duc (*Liénard*).

Chlænius *Bon.*

agrorum *Oliv.* Metz (*Géhin*); Verdun (*Liénard*).

vestitus *Fabr.* Commun.

Schrankii *Dufts.* Peu commun, mais assez répandu.

tibialis *Dej.* Rare. Metz (*Géhin*); Epinal (*Berher*); Verdun (*Liénard*).

nigricornis *Fabr.* Assez rare. Nancy; Metz; Darney; Verdun. On trouve aussi sa var. *melanocornis Dej.* à Metz et à Darney.

holosericeus *Fabr.* Rare. Sur les bords de la Moselle à Metz et à Dognéville ; de la Meuse à Verdun.

Oodes *Bon.*

helopioides *Fabr.* Assez rare : lieux humides. Rives de la Meurthe et de la Moselle ; Darney (*Le Paige*) et Verdun (*Liénard*).

Licinus *Latr.*

silphoïdes *Fabr.* Assez rare. Nancy; Metz ; Epinal, Darney ; Verdun.

cassideus *Fabr.* Rare. Nancy (*Mathieu*), Dieuze (*Moye*) ; Verdun (*Liénard*).

depressus *Payk.* Rare : bois. Nancy (*Mathieu*); Verdun (*Liénard*).

Hoffmannseggii *Panz.* Très-rare : bois. Pont-à-Mousson (*Géhin*); Remiremont (*Puton*).

Badister *Clairv.*

unipustulatus *Bon.* Briey (*Géhin*).

bipustulatus *Fabr.* Commun : au bord des eaux.

humeralis *Bon.* Rare : sous les pierres dans les lieux sablonneux. Nancy (*Mathieu*); Metz (*Géhin*); Epinal (*Berher*), Darney (*Le Paige*); Verdun (*Liénard*).

peltatus *Panz.* Dieuze (*Leprieur*) ; Metz (*Géhin*).

Broscus *Panz.*

cephalotes *L.* Assez rare : lieux sablonneux sous les pierres. Vallées de la Meurthe et de la Moselle et en outre à Darney et à Verdun.

Pogonus *Dej.*

luridipennis *Germ.* Commun dans les marais salants à Dieuze, à Vic, à Marsal (*Moye et Leprieur*).

Patrobus *Dej.*

excavatus *Payk.* Rare : sous les pierres. Darney (*Le Paige*); Verdun (*Liénard*).

Sphodrus *Clairv.*

leucophthalmus *L.* Rare : lieux obscurs. Nancy (*Mathieu*); Metz (*Géhin*); Epinal (*Berher*).

terricola *Herbst.* Commun.

Calathus *Bon.*

cisteloïdes *Ill.* Commun : dans les lieux secs, sous les pierres.

luctuosus *Dej.* Très-rare. Verdun (*Liénard*).

gallicus *Fairm. et Lab.* Très-rare. Remiremont (*Puton*).

fulvipes *Gyll.* Commun : coteaux calcaires.

fuscus *Fabr.* Commun : coteaux calcaires.

mollis *Marsh.* Très-rare. Nancy (*Mathieu*).

melanocephalus *L.* Très-commun.

micropterus *Dufts.* Rare : bois. Nancy (*Mathieu*); Metz (*Géhin.*)

piceus *Marsh.* Très-rare. Nancy (*Mathieu*); Metz (*Géhin*); Bar-le-Duc (*Liénard*).

Taphria *Bon.*

nivalis *Panz.* Assez commun dans la chaine des Vosges jusqu'au Hohneck ; beaucoup plus rare dans la plaine, à Metz, à Epinal, à Darney, à Verdun.

Dolichus *Bon.*

flavicornis *Fabr.* Très--rare. Un seul individu a été trouvé par M. Puton dans les Hautes Vosges.

Anchomenus *Erichs.*

longiventris *Mannh.* Metz (*Belle-voie*).

angusticollis *Fabr.* Assez commun : sous les pierres au bord des eaux.

prasinus *Thunb.* Commun : au pied des arbres. Ne se trouve pas sur les terrains primitifs de la chaîne des Vosges.

albipes *Fabr.* Très-commun.

oblongus *Fabr.* Assez rare. Nancy; Metz; Epinal, Darney.

marginatus *L.* Commun.

impressus *Panz.* Montagnes primitives des Vosges (*Puton*).

sexpunctatus *Fabr.* Peu commun.

parumpunctatus *Fabr.* Commun.

modestus *Sturm.* Peu commun.

lugens *Dufts.* Metz (*Géhin*).

viduus *Panz.* Assez commun. Sa var. *mœstus Dufts.* est commune à Nancy.

versutus *Sturm.* Nancy, à l'étang de Champigneules (*Mathieu*); Remiremont (*Puton*).

atratus *Dufts.* Remiremont (*Puton*).

micans *Nicolai.* Nancy, au bord de l'étang de Champigneules (*Mathieu*); montagnes des Vosges (*Puton*).

scitulus *Dej.* Nancy, au bord de l'étang de Champigneules (*Mathieu*).

piceus *L.* Nancy, au bord de l'étang de Champigneules.

gracilis *Sturm.* Nancy, au bord de l'étang de Champigneules.

uliginosus *Panz.* Nancy, au bord de l'étang de Champigneules.

Thoreyi *Dej.* Assez commun. Nancy, au bord de l'étang de Champigneules.

Olisthopus *Dej.*

rotundatus *Payk.* Commun : sous les pierres et les détritus.

Sturmii *Dufts.* Rare. Metz (*Géhin*).

Stomis *Clairv.*

pumicatus *Panz.* Commun : sous les pierres dans les lieux frais.

Platyderus *Steph.*

ruficollis *Marsh.* Metz (*Géhin*); Dompaire (*l'abbé Lallement*).

Pterostichus *Erichs.*

punctulatus *Fabr.* Rare : coteaux arides. Metz (*Géhin*).

cupreus *L.* Très-commun. Sa var. *versicolor Sturm.* dans les Vosges.

dimidiatus *Oliv.* Assez rare : coteaux boisés. Nancy; Metz; Epinal, Darney; Verdun.

Koyi *Germ.* Coteaux calcaires. Nancy (*Math.*); Verdun (*Géhin*).

lepidus *Fabr.* Commun : coteaux arides.

picimanus *Dufts.* Peu commun. Nancy; Metz; Epinal, Darney; Verdun.

vernalis *Panz.* Commun.

inæqualis *Marsh.* Commun à Nancy (*Mathieu*); Vosges (*Berher*).

niger *Schall.* Assez commun.

vulgaris *L.* Commun : jardins.

inquinatus *Sturm.* Très-rare. Verdun (*Liénard*).

nigritus *Fabr.* Assez commun.

anthracinus *Ill.* Commun.

gracilis *Dej.* Rare. Nancy (*Mathieu*); Metz (*Géhin*); Epinal (*Berher*).

minor *Gyll.* Bois et coteaux. Nancy; Metz; Remiremont, Darney.

strenuus *Panz.* Commun.

interstinctus *Sturm.* Rare. Darney (*Le Paige*); Verdun (*Liénard*).

diligens *Sturm.* Commun à Nancy et à Metz.

Sturmii *Dej.* Metz (*Géhin*).

oblongopunctatus *Fabr.* Assez commun : bois.

concinnus *Sturm.* Assez commun : bois.

æthiops *Panz.* Phalsbourg (*Gaubil*); Remiremont (*Puton*).

melas *Creutz.* Collines calcaires. Nancy (*Mathieu*); Metz (*Géhin*).

parumpunctatus *Germ.* Assez rare, mais assez répandu.

metallicus *Fabr.* Rare. Hautes Vosges, Hohneck, Ballons (*Mathieu*); Verdun (*Liénard*).

spadiceus *Dej.* Metz (*Géhin*); Vosges (*Mathieu*).

striolus *Fabr.* Commun : bois.

carinatus *Dufts.* Très-rare. Maréville près de Nancy (*Moye*); Darney (*Le Paige*).

ovalis *Dufts.* Rare : coteaux calcaires. Nancy; Metz; Epinal, Darney; Verdun.

parallelus *Dufts.* Commun : bois des coteaux calcaires.

terricola *Fabr.* Commun : bois.

Amara *Bon.*

fulva *De Geer.* Commun dans les lieux sablonneux.

apricaria *Payk.* Nancy (*Mathieu*); Vosges (*Berher*); Verdun (*Liénard*).

consularis *Dufts.* Rare : coteaux pierreux. Nancy; Metz; Epinal, Darney.

aulica *Panz.* Assez commun : jardins, bois.

eximia *Dej.* Très-rare. Darney (*Le Paige*).

glabrata *Dej.* Bitche (*Gaubil*).

ingenua *Dufts.* Peu commun. Nancy; Metz; Epinal.

fusca *Dej.* Rare. Metz (*Bellevoie*).

municipalis *Dufts.* Rare. Nancy (*Mathieu*).

monticola *Dej.* Rare. Metz (*Bellevoie*).

infima *Dufts.* Bitche (*Gaubil*).

bifrons *Gyll.* Darney (*Le Paige*).

patricia *Dufts.* Nancy (*Mathieu*); Remiremont (*Puton*).

tibialis *Payk.* Peu commun. Nancy (*Mathieu*); montagnes des Vosges (*Puton*).

lucida *Dufts.* Peu commun. Nancy (*Mathieu*); Metz (*Bellevoie*); Remiremont (*Puton*).

familiaris *Dufts.* Commun.

acuminata *Payk.* Peu commun : coteaux secs.

trivialis *Gyll.* Commun.

spreta *Dej.* Rare. Nancy.

curta *Dej.* Rare. Nancy ; Metz ; Remiremont.

lunicollis *Schiôdte.* Remiremont (*Puton*).

communis *Panz.* Assez rare. Nancy ; Metz ; Epinal, Darney ; Verdun.

nitida *Sturm.* Metz (*Bellevoie*) ; montagnes des Vosges (*Puton*).

montivaga *Sturm.* Très-commun : lieux arides.

ovata *Fabr.* Commun au bord des eaux, surtout après les inondations.

similata *Gyll.* Nancy (*Mathieu*) ; Remiremont (*Puton*), Darney (*Le Paige*).

striatopunctata *Dej.* Remiremont (*Puton*).

lepida *Zimm.* Metz (*Bellevoie*).

tricuspidata *Dej.* Rare. Metz (*Géhin*) ; Remiremont (*Puton*) ; Verdun (*Liénard*).

strenua *Erichs.* Metz (*Bellevoie*).

plebeja *Gyll.* Metz (*Géhin*).

Zabrus *Dej.*

gibbus *Fabr.* Commun : sous les pierres.

Diachromus *Erichs.*

germanus *L.* Rare : sous les pierres. Nancy au bord de la Meur-

the (*Mathieu*) ; Epinal (*Berher*), Darney (*Le Paige*).

Anisodactylus *Dej.*

signatus *Panz.* Rare. Dieuze (*Moye et Leprieur*) ; Metz (*Géhin*).

binotatus *Fabr.* Assez commun : coteaux. Sa var. *spurcatiformis Dej.* se trouve à Nancy, à Darney et à Verdun.

pseudoæneus *Dej.* Dieuze (*Moye et Leprieur*).

Harpalus *Latr.*

columbinus *Germ.* Rare. Pelouses sèches de la chaîne jurassique de la Lorraine.

sabulicola *Panz.* Rare. Dans les mêmes lieux que le précédent. Nancy (*Mathieu*) ; Darney (*Le Paige*).

punctulatus *Dufts.* Rare. Metz (*Bellevoie*).

azureus *Fabr.* Assez commun : coteaux calcaires.

rupicola *Sturm.* Peu commun : coteaux calcaires.

puncticollis *Payk.* Commun : lieux secs.

brevicollis *Dej.* Metz sur les alluvions de la Moselle (*Géhin*).

maculicornis *Dufts.* Nancy (*Mathieu*).

signaticornis *Dufts.* Metz (*Géhin*).

mendax *Rossi.* Verdun (*Liénard*).

ruficornis *Fabr.* Commun.

griseus *Panz* Commun : champs.

calceatus *Dufts*. Rare. Nancy; Metz; Epinal; Verdun.

ferrugineus *Fabr*. Rare : bois. Nancy (*Mathieu*) ; Metz (*Géhin*).

hottentota *Dufts*. Assez commun.

ignavus *Dufts*. Remiremont (*Puton*). Sa var. *honestus Dufts*. est en outre à Nancy, à Metz et à Verdun.

maxillosus *Dej*. Metz (*Bellevoie*).

distinguendus *Dufts*. Dompaire (*l'abbé Lallement*).

æneus *Fabr*. Commun, ainsi que sa var. *confusus Dej*.

discoideus *Fabr*. Metz (*Géhin*); Remiremont (*Puton*).

cupreus *Dej*. Metz (*Bellevoie*).

rubripes *Dufts*. Commun : lieux arides.

latus *L*. Nancy; Metz; Epinal; Verdun.

luteicornis *Dufts*. Commun à Nancy; plus rare dans le reste de notre circonscription.

neglectus *Dej*. Montagnes des Vosges (*Puton*).

tenebrosus *Dej*. Nancy (*Mathieu*).

melancholicus *Dej*. Metz (*Géhin*).

tardus *Panz*. Commun.

serripes *Schh*. Coteaux calcaires. Nancy; Metz; Verdun.

caspius *Steven*. Très-commun.

impiger *Dufts*. Peu commun. Nancy; Metz; Remiremont.

servus *Dufts*. Metz (*Géhin*); montagnes des Vosges (*Puton*); Verdun (*Liénard*).

anxius *Dufts*. Commun : coteaux calcaires.

flavitarsis *Dej*. Metz (*Géhin*); Remiremont (*Puton*).

picipennis *Dufts*. Nancy (*Mathieu*); Metz (*Géhin*); Verdun (*Liénard*).

Stenolophus *Dej*.

teutonus *Schrank*. Commun. Nancy; Metz; Epinal, Darney; Verdun. La variété *nigriceps Ziegl*. est à Darney (*Le Paige*).

marginatus *Dej*. Rare. Nancy (*Mathieu*).

elegans *Dej*. Dieuze (*Moye et Lepricur*); Darney (*Le Paige*).

flavicollis *Sturm*. Commun.

dorsalis *Fabr*. Nancy (*Mathieu*); Metz (*Géhin*).

exiguus *Dej*. Assez commun. Vallées de la Meurthe, de la Moselle et de la Meuse.

meridianus *L*. Très-commun : jardins.

Bradycellus *Erichs*.

harpalinus *Dej*. Lieux frais, sous les détritus. Nancy; Metz; Epinal, Darney; Verdun.

collaris *Payk*. Metz (*Géhin*); Vosges granitiques (*Puton*).

similis *Dej*. Bitche (*Gaubil*); Remiremont (*Puton*); Verdun (*Liénard*).

Trechus *Clairv.*

discus *Fabr*. Rare. Nancy (*Ma-thieu*) ; Metz (*Géhin*) ; Remire-mont (*Puton*).

micros *Herbst*. Metz (*Bellevoie*) ; montagnes des Vosges (*Puton*).

longicornis *Sturm*. Metz (*Belle-voie*) ; montagnes des Vosges (*Puton*).

paludosus *Gyll*. Commun : bords des eaux.

minutus *Fabr*. Bords des eaux. Nancy (*Mathieu*), Phalsbourg (*Gaubil*) ; Remiremont (*Puton*) ; Verdun (*Liénard*).

secalis *Payk*. Commun : bords des eaux.

Perileptus *Schaum*.

areolatus *Creutz*. Nancy ; Epinal.

Tachys *Schaum*.

quadrisignatus *Dufts*. Rare. Nancy (*Mathieu*) ; Metz (*Géhin*).

parvulus *Dej*. Rare. Nancy (*Ma-thieu* ; Remiremont (*Puton*).

nanus *Gyll*. Metz ; Epinal.

bistriatus *Dufts*. Commun.

Bembidium *Latr*.

rufescens *Dej*. Très-rare : bord des eaux. Nancy (*Mathieu*) ; Metz (*Géhin*) ; Remiremont (*Puton*).

quinquestriatum *Gyll*. Assez rare : Nancy ; Metz.

obtusum *Sturm*. Commun.

guttula *Fabr*. Commun.

biguttatum *Fabr*. Commun.

assimile *Gyll*. Peu commun. Nancy ; Metz ; Verdun.

quadrimaculatum *L*. Assez com-mun.

quadripustulatum *Dej*. Assez rare. Metz (*Géhin*) ; Epinal (*Berher*), Darney (*Le Paige*).

callosum *Küst*. Metz (*Géhin*).

quadriguttatum *Fabr*. Commun.

articulatum *Panz*. Commun : lieux sablonneux.

Sturmii *Panz*. Rare. Dieuze (*Moye*).

gilvipes *Sturm*. Nancy (*Mathieu*) ; Verdun (*Liénard*).

tenellum *Erichs*. Peu commun. Nancy (*Mathieu*).

pusillum *Gyll*. Metz (*Géhin*).

lampros *Herbst*. Très-commun, ainsi que sa var. *velox Erichs*.

modestum *Fabr*. Assez rare. Nancy ; Metz ; Epinal.

decorum *Panz*. Commun dans les vallées de la Meurthe et de la Moselle.

nitidulum *Marsh*. Commun.

fasciolatum *Dufts*. Assez commun. Nancy ; Epinal, Darney, Remi-remont ; Verdun. On trouve aussi sa var. *cœruleum Dej*.

atrocœruleum *Steph*. Remiremont (*Puton*).

tibiale *Dufts*. Remiremont (*Puton*).

obsoletum *Dej*. Vosges (*Puton*).

Andreæ *Fabr*. Vosges (*Puton*).

bruxellense *Wesm.* Bitche (*Gaubil*); Remiremont (*Puton*).

littorale *Oliv.* Nancy (*Mathieu*).

fluviatile *Dej.* Metz (*Géhin*).

pygmæum *Fabr.* Dans la vase. Dieuze.

flammulatum *Clairv.* Nancy (*Mathieu*).

varium *Oliv.* Verdun (*Liénard*).

adustum *Schaum.* Nancy; Metz.

prasinum *Dufts.* Metz (*Bellevoie*).

punctulatum *Drapiez.* Commun. Nancy (*Mathieu*).

striatum *Fabr.* Sables des rives de la Moselle à Epinal, à Frouard, à Metz.

foraminosum *Sturm.* Sables de la Moselle à Frouard (*Roubalet*).

impressum *Panz.* Metz (*Géhin*).

paludosum *Panz.* Commun.

Tachypus *Lacord.*

caraboides *Schrank.* Rives de la Moselle à Frouard (*Roubalet*) et à Metz (*Géhin*); Verdun (*Liénard*).

pallipes *Dufts.* Assez rare. Frouard (*Mathieu*); Metz (*Géhin*); Remiremont (*Puton*).

flavipes *L.* Assez commun sur les bords de la Meurthe, de la Moselle et de la Meuse; se retrouve à Darney.

FAM. 3. — DYTISCIDES.

Haliplus *Latr.*

elevatus *Panz.* Rare. Dans les eaux ainsi que les suivants. Metz (*Géhin*); Dompaire (*l'abbé Lallement*), Darney (*Le Paige*); Bourbonne-les-Bains (*Leprieur*).

obliquus *Fabr.* Rare. Metz (*Géhin*); Dompaire (*l'abbé Lallement*), Darney (*Le Paige*); Verdun (*Liénard*).

lineatus *Aubé.* Dieuze (*Moye et Leprieur*); Verdun (*Liénard*).

fulvus *Fabr.* Assez commun. Nancy; Metz; Darney.

flavicollis *Sturm.* Dompaire (*l'abbé Lallement*); Verdun (*Liénard*).

mucronatus *Steph.* Rare. Metz (*Bellevoie*).

badius *Aubé.* Bourbonne-les-Bains (*Leprieur*).

variegatus *Sturm.* Metz (*Géhin*); Vosges (*Puton*).

ruficollis *De Geer.* Commun. Nancy; Metz.

cinereus *Aubé.* Très-rare. Dieuze (*Moye et Leprieur*); Metz (*Bellevoie*).

fluviatilis *Aubé.* Peu commun. Nancy (*Mathieu*); Vosges (*Puton*); Verdun (*Liénard*).

lineatocollis *Marsh.* Assez commun. Nancy; Metz; Darney; Verdun.

Cnemidotus *Ill.*

cæsus *Dufts.* Dans les eaux. Nancy; Metz; Epinal.

rotundatus *Aubé.* Rare. Nancy (*Mathieu*).

Pelobius *Schönh.*

Hermanni *Fabr.* Dans les eaux. Metz (*Géhin*) ; Verdun (*Liénard*).

Hyphydrus *Ill.*

ferrugineus *L.* Assez commun dans les eaux. Nancy; Metz; Epinal, Darney.

Hydroporus *Clairv.*

inæqualis *Fabr.* Assez commun dans les eaux ainsi que les suivants. Nancy; Metz; Verdun.

reticulatus *Fabr.* Assez commun. Nancy; Metz; Verdun

geminus *Fabr.* Commun.

depressus *Fabr.* Rare. Metz (*Géhin*); montagnes des Vosges (*Puton*), Darney (*Le Paige*); Verdun (*Liénard*); Bourbonne-les-Bains (*Lepricur*).

assimilis *Payk.* Hautes Vosges dans les lacs de Gérardmer, de Retournemer et dans celui des Corbeaux (*Puton*).

septentrionalis *Gyll.* Remiremont

où M. Puton en a trouvé un seul individu.

rivalis *Gyll.* Verdun (*Liénard*).

halensis *Fabr.* Assez commun. Nancy, Dieuze; Metz; Darney; Verdun.

picipes *Fabr.* Assez commun. Nancy, Dieuze; Metz; Verdun.

parallelogrammus *Ahr.* Dieuze (*Moye* et *Lepricur*); Verdun (*Liénard*).

confluens *Fabr.* Dieuze; Metz; Epinal.

dorsalis *Fabr.* Assez commun.

ovatus *Sturm.* Très-rare. Darney (*Le Paige*) ; Verdun (*Liénard*).

erythrocephalus *L.* Assez commun. Nancy; Metz, Forbach; Epinal, Remiremont.

rufifrons *Dufts.* Assez rare. Nancy; Metz; Remiremont.

planus *Fabr.* Commun.

pubescens *Gyll.* Verdun (*Liénard*).

marginatus *Dufts.* Assez rare. Nancy (*Mathieu*); Metz (*Bellevoie*); Remiremont (*Puton*); Verdun (*Liénard*).

Victor *Aubé.* Très-rare. Remiremont (*Puton*).

memnonius *Nicol.* Dieuze (*Moye*) ; Remiremont (*Puton*).

incertus *Aubé.* Assez commun. Nancy, Dieuze; Remiremont.

melanarius *Sturm.* Rare. Nancy (*Mathieu*).

nigrita *Fabr.* Metz (*Géhin*); Epinal (*Berher*), Darney (*Le Paige*); Verdun (*Liénard*).

discretus *Fairm.* Remiremont (*Puton*).

umbrosus *Gyll.* Remiremont (*Puton*).

angustatus *Sturm.* Commun. Nancy; Remiremont.

obscurus *Sturm.* Remiremont (*Puton*).

vittula *Erichs.* Remiremont (*Puton*).

palustris *L.* Commun.

sexpustulatus *Fabr.* Darney (*Le Paige*); Verdun (*Liénard*).

lineatus *Fabr.* Commun.

flavipes *Oliv.* Metz (*Géhin*).

granularis *L.* Peu commun. Nancy; Metz.

bilineatus *Sturm.* Metz (*Bellevoie*).

pictus *Fabr.* Commun.

Noterus *Clairv.*

sparsus *Marsh.* Dans les eaux ainsi que le suivant. Dieuze (*Leprieur*); Remiremont (*Puton*).

crassicornis *Fabr.* Commun. Nancy, Dieuze; Metz; Epinal, Darney; Verdun.

Laccophilus *Leach.*

hyalinus *De Geer.* Dans les eaux ainsi que les suivants. Nancy (*Mathieu*); Remiremont (*Puton*); Verdun (*Liénard*).

minutus *L.* Commun.

variegatus *Germ.* Vosges calcaires (*Puton*).

Colymbetes *Clairv.*

fuscus *L.* Commun. Dans les eaux ainsi que les suivants.

striatus *L.* Metz (*Géhin*).

pulverosus *Sturm.* Nancy (*Mathieu*); Remiremont (*Puton*).

notatus *Fabr.* Rare. Darney (*Le Paige*); Verdun (*Liénard*).

notaticollis *Aubé.* Assez commun.

bistriatus *Bergstr.* Remiremont (*Puton*).

adspersus *Fabr.* Metz (*Géhin*); Remiremont (*Puton*); Verdun (*Liénard*).

collaris *Payk.* Metz (*Géhin*); Remiremont (*Puton*).

Grapii *Gyll.* Dieuze (*Moye et Leprieur*).

Ilybius *Erichs.*

ater *De Geer.* Dans les eaux ainsi que les suivants. Dieuze (*Moye et Leprieur*); Metz (*Géhin*); Verdun (*Liénard*).

obscurus *Marsh.* Metz (*Géhin*); Remiremont (*Puton*); Verdun (*Liénard*).

fenestratus *Fabr.* Assez rare. Nancy (*Mathieu*); Metz (*Géhin*); Epinal (*Berher*), Dompaire (*l'abbé Lallement*), Darney (*Le Paige*); Verdun (*Liénard*).

guttifer *Gyll.* Metz (*Géhin*); Remiremont (*Puton*).

uliginosus *L.* Commun dans toute la Lorraine.

Agabus *Leach.*

agilis *Fabr.* Peu commun. Nancy ;
Metz ; Darney ; Verdun.

uliginosus *Fabr.* Rare. Nancy (*Mathieu*).

femoralis *Payk.* Assez rare. Nancy ; Metz ; Epinal, Darney, Remiremont.

Sturmii *Gyll.* Neufchâteau.

chalconotus *Panz.* Metz ; Epinal,
Remiremont, Darney ; Verdun.

maculatus *L.* Commun.

abbreviatus *Fabr.* Rare. Metz
(*Géhin*) ; Verdun (*Liénard*).

didymus *Oliv.* Nancy ; Metz ; Epinal, Darney ; Verdun.   •

puludosus *Fabr.* Rare. Nancy à la
prairie de Tomblaine ; Metz ;
Epinal.

conspersus *Gyll.* Verdun (*Liénard*).

bipunctatus *Fabr.* Rare. Metz ;
Epinal.

guttatus *Payk.* Assez rare. Nancy ;
Metz ; Remiremont ; Verdun.

biguttatus *Oliv.* Nancy ; Metz ; Remiremont, Darney.

nigricollis *Zoubk.* Très-rare : mares
dans les bois. Verdun (*Liénard*).

affinis *Payk.* Remiremont où M. Puton a trouvé un seul individu.

bipustulatus *L.* Très-commun.

Cybister *Curt.*

Rœselii *Fabr.* Dans les eaux. Nancy, Dieuze ; Metz ; Darney ; Verdun.

Dytiscus *L.*

latissimus *L.* Dans les eaux ainsi
que les suivants. Darney (*Le
Paige*) ; Montmédy (*Liénard*).

marginalis *L.* Assez commun.

circumcinctus *Ahr.* Dieuze (*Moye
et Leprieur*) ; Metz (*Géhin*) ;
Darney (*Le Paige*) ; Verdun
(*Liénard*).

circumflexus *Fabr.* Rare. Dieuze ;
Metz ; Epinal, Darney.

punctulatus *Fabr.* Commun.

dimidiatus *Bergstr.* Dieuze (*Moye*);
Metz (*Géhin*) ; Verdun (*Liénard*).

Acilius *Leach.*

sulcatus *L.* Commun : dans les
eaux.

canaliculatus *Nicol.* Rare. St-Avold
(*Géhin*) ; Epinal (*Berher*), Darney (*Le Paige*) ; Verdun (*Liénard*).

Hydaticus *Leach.*

transversalis *Fabr.* Dans les eaux
ainsi que les suivants. Nancy ;
Metz ; Darney ; Verdun.

Hübneri *Fabr.* Metz (*Géhin*) ; Verdun (*Liénard*).

bilineatus *De Geer.* Très-rare.
Darney (*Le Paige*).

zonatus *Ill.* Rare. Metz (*Géhin*) ;
Epinal (*Berher*).

cinereus *L.* Assez rare. Nancy ;
Metz ; Epinal ; Verdun.

FAM. 4. — GYRINIDES.

Gyrinus *Geoffr.*

minutus *Fabr.* Assez commun :
  dans les eaux ainsi que les suivants.
natator *L.* Très-commun.
bicolor *Payk.* Très-rare. Nancy
  (*Roubalet*); Metz (*Géhin*).
distinctus *Aubé.* Peu commun.
  Nancy (*Mathieu*).
marinus *Gyll.* Dieuze (*Leprieur*);
Metz (*Géhin*); Remiremont (***Pu-***
ton), Darney (*Le Paige*); Verdun (*Liénard*).

Orectochilus *Lacord.*

villosus *Fabr.* Rare : dans les
  eaux. Nancy (*Roubalet*); Metz
  (*Géhin*); Dompaire (*l'abbé* ***Lalle-***
  ment); Verdun (*Liénard*). Insecte nocturne.

FAM. 5. — PALPICORNES.

Hydrophilus *Geoffr.*

piceus *L.* Commun : dans les eaux.

Hydrous *Brullé.*

caraboides *L.* Commun : dans les
  eaux.

Hydrobius *Leach.*

fuscipes *L.* Commun : dans les
  eaux.
oblongus *Herbst.* Dieuze (*Moye et*
  Leprieur); Metz (*Géhin*).
convexus *Ill.* Metz (*Géhin*).
bicolor *Payk.* Metz (*Géhin*).
globulus *Payk.* Assez commun.
  Nancy, Dieuze; Epinal; Verdun.

Philhydrus *Solier.*

melanocephalus *Fabr.* Commun :
  dans les eaux.
marginellus *Fabr.* Assez commun.

Helochares *Muls.*

lividus *Forst.* Dans les eaux. Nancy; Epinal, Darney; Verdun.

Laccobius *Erichs.*

minutus *L.* Commun : dans les
  eaux.

Berosus *Leach.*

spinosus *Steven.* Dans les eaux.
  Dieuze (*Moye et Leprieur*).

æriceps *Curt.* Assez rare. Nancy ;
Metz ; Epinal, Darney ; Verdun.

luridus *L.* Dieuze ; Metz ; Epinal.

affinis *Brullé.* Dieuze ; Metz ; Epinal.

Limnebius *Leach.*

truncatellus *Thunb.* Assez rare :
dans les eaux. Nancy ; Metz dans
les fossés de la ville ; Vosges ;
Verdun.

papposus *Muls.* Nancy (*Mathieu*) ;
Metz (*Bellevoie*) ; Remiremont
(*Puton*) ; Verdun (*Liénard*).

nitidus *Marsh.* Dieuze (*Leprieur*) ;
Remiremont (*Puton*).

picinus *Marsh.* Dieuze (*Leprieur*) ;
Metz (*Bellevoie*).

Chætarthria *Steph.*

seminulum *Payk.* Sous les Mousses
submergées. Nancy ; Metz ; Epinal.

Helophorus *Fabr.*

rugosus *Oliv.* Rare : dans les eaux.
Nancy (*Mathieu*) ; Metz (*Géhin*).

nubilus *Fabr.* Commun.

intermedius *Muls.* Verdun (*Liénard*).

aquaticus *L.* Commun.

granularis *L.* Très-commun.

Hydrochus *Germ.*

brevis *Herbst.* Sous les pierres

dans les ruisseaux. Nancy (*Mathieu*) ; Metz (*Géhin*).

carinatus *Germ.* Rare. Nancy (*Mathieu*) ; Metz (*Géhin*).

elongatus *Schall.* Assez commun.

angustatus *Germ.* Peu commun.
Nancy (*Mathieu*) ; Metz (*Bellevoie*) ; Remiremont (*Puton*).

nitidicollis *Muls.* Remiremont (*Puton*).

Ochthebius *Leach.*

exsculptus *Germ.* Dans les eaux.
Metz (*Géhin*).

gibbosus *Germ.* Vosges (*Puton*).

margipallens *Latr.* Rare. Nancy (*Mathieu*).

marinus *Payk.* Marais salants à
Dieuze (*Moye et Leprieur*).

pygmæus *Fabr.* Très-rare. Metz
(*Géhin*) ; Remiremont (*Puton*) ;
Verdun (*Liénard*).

æratus *Steph.* Rare. Nancy (*Mathieu*),

foveolatus *Muls.* Metz (*Géhin*).

Hydræna *Kug.*

testacea *Curt.* Rare : dans les eaux.
Nancy (*Mathieu*) ; Remiremont
(*Puton*).

riparia *Kug.* Assez commun. Nancy ;
Metz ; Remiremont ; Verdun.

nigrita *Germ.* Rare. Nancy (*Mathieu*) ; Metz (*Géhin*).

gracilis *Germ.* Vosges (*Puton*) ;
Verdun (*Liénard*).

flavipes *Sturm.* Metz (*Géhin*); Bourbonne-les-Bains (*Leprieur*).
pulchella *Germ.* Metz (***Bellevoie***) ;
Dompaire (*l'abbé Lallement*),
Remiremont (***Puton***).

Cyclonotum *Erichs.*

orbiculare *Fabr.* Assez commun :
dans les bouses, sous les détritus végétaux.

Sphæridium *Fabr.*

scarabæoides *L.* Très-commun :
dans les bouses.
bipustulatum *Fabr.* Très-commun.

Cercyon *Leach.*

obsoletum *Gyll.* Commun : dans
les bouses.
hæmorrhoidale *Fabr.* Metz (*Géhin*);
Remiremont (***Puton***), Darney
(*Le Paige*) ; Verdun (*Liénard*).
hæmorrhoum *Gyll.* Nancy ; Bitche ;
Epinal.
laterale *Marsh.* Vosges (***Puton***) ;
Verdun (*Liénard*).
aquaticum *Steph.* Vosges (***Puton***);
Verdun (*Liénard*).

flavipes *Fabr.* Commun dans la
plaine de Lorraine et jusque dans
les Vosges.
unipunctatum *L.* Commun.
quisquilium *L.* Commun. Nancy ;
Metz ; Remiremont.
melanocephalum *L.* Rare. Nancy
(***Mathieu***).
pygmæum *Ill.* Dieuze (*Moye et
Leprieur*) ; Metz (*Géhin*) ; Remiremont (***Puton***); Verdun (***Liénard***).
nigriceps *Marsh.* Rare. Nancy (*Mathieu*) ; Metz (*Géhin*).
minutum *Fabr.* Assez commun.
lugubre *Payk.* Commun à Nancy
et à Metz.
anale ***Payk.*** Rare. Nancy (*Mathieu*) ; Metz (*Géhin*) ; Remiremont (*Puton*).

Megasternum *Muls.*

obscurum *Marsh.* Dans les Bolets.
Nancy, Dieuze ; Metz ; Remiremont.

Cryptopleurum *Muls.*

atomarium *Fabr.* Commun : dans
les bouses.

FAM. 6. — STAPHYLINIENS.

Autalia *Steph.*

impressa *Oliv.* Très-commun : dans
les Champignons.

rivularis *Grav.* Assez rare : sous
les pierres et dans les bouses.
Dieuze (*Moye et Leprieur*) ;
Remiremont (***Puton***).

Falagria *Steph.*

thoracica **Curt.** Metz (*Bellevoie*); Remiremont (*Puton*).

sulcata *Payk.* Rare : lieux humides, sous les pierres. Nancy, Dieuze ; Metz ; Remiremont.

sulcatula *Grav.* Metz (*Géhin*) ; Remiremont (*Puton*).

obscura *Grav.* Commun : lieux humides. Nancy, Dieuze ; Metz ; Remiremont.

nigra *Grav.* Sous les Mousses. Nancy ; Metz ; Remiremont.

Bolitochara *Mann.*

lucida *Grav.* Dans les Champignons. Briey (*Géhin*).

lunulata *Payk.* Très-rare : champs. Nancy (*Moye*) ; Metz (*Géhin*) ; Verdun (*Liénard*).

Silusa *Erichs.*

rubiginosa *Erichs.* Sous les écorces. Nancy (*Mathieu*) ; Metz (*Bellevoie*) ; Remiremont (*Puton*).

Stenusa *Kraatz.*

rubra *Erichs.* Rare : dans les Champignons. Liverdun (*Mathieu*) ; Metz (*Bellevoie*).

Ocalea *Erichs.*

castanea *Erichs.* Sous les feuilles mortes. Assez commun à Nancy.

badia *Erichs.* Rare. Metz (*Bellevoie*).

Stichoglossa *Fairm.*

semirufa *Erichs.* Metz (*Bellevoie*).

Ischnoglossa *Kraatz.*

prolixa *Grav.* Vosges (*Puton*).

rufopicea *Kraatz.* Vosges (*Puton*).

corticina *Erichs.* Metz (*Bellevoie*).

Leptusa *Kraatz.*

fumida *Erichs.* Sous les écorces et sous les Mousses. Vosges (*Puton*).

ruficollis *Erichs.* Assez rare. Metz (*Géhin*) ; Remiremont (*Puton*).

Thiasophila *Kraatz.*

angulata *Erichs.* Assez commun : dans les fourmilières. Nancy, Dieuze ; Metz ; Remiremont.

inquilina *Mœrk.* Metz (*Bellevoie*).

Euryusa *Erichs.*

sinuata *Erichs.* Dans les fourmilières. Metz (*Géhin*) ; Verdun (*Liénard*).

laticollis *Heer.* Metz (*Bellevoie*).

Homoeusa *Kraatz.*

acuminata *Mœrk.* Metz (*Géhin*) ; Verdun (*Liénard*).

Haploglossa *Kraatz.*

gentilis *Mœrk.* Dans les fourmilières. Nancy (*Mathieu*), Dieuze (*Leprieur*).

pulla *Gyll.* Briey (*Géhin*).

rufipennis *Kraatz.* Metz (*Bellevoie*).

prætexta *Erichs.* Metz (*Bellevoie*).

Aleochara *Grav.*

fuscipes *Grav.* Dans les matières putréfiées, les cadavres. Commun à Nancy; à Metz; à Darney; à Verdun.

rufipennis *Erichs.* Assez commun. Nancy; Metz; Remiremont, Darney.

lævigata *Gyll.* Vosges (*Puton*).

tristis *Grav.* Assez rare. Nancy (*Mathieu*); Metz (*Géhin*); Darney (*Le Paige*).

crassiuscula *Sahlb.* Vosges (*Puton*).

bipunctata *Grav.* Commun à Nancy.

brevipennis *Grav.* Assez rare. Nancy; Metz; Remiremont.

fumata *Grav.* Rare. Nancy (*Mathieu*); Metz (*Géhin*).

lanuginosa *Grav.* Rare. Nancy (*Mathieu*); Metz (*Géhin*); Darney (*Le Paige*); Verdun (*Liénard*).

mœsta *Grav.* Assez rare. Nancy; Metz; Remiremont; Verdun.

mœrens *Gyll.* Rare. Nancy (*Mathieu*); Remiremont (*Puton*).

puberula *Klug.* Vosges (*Puton*).

bilineata *Gyll.* Vosges (*Puton*).

nitida *Grav.* Assez rare. Nancy; Metz; Darney; Verdun.

morion *Grav.* Briey (*Géhin*); Remiremont (*Puton*).

Dinarda *Lacord.*

Mærkelii *Kiesw.* Dans les fourmilières. Vosges (*Puton*); Metz (*Bellevoie*).

dentata *Grav.* Très-rare. Nancy (*Mathieu*); Metz (*Géhin*); Remiremont (*Puton*), Darney (*Le Paige*).

Lomechusa *Grav.*

strumosa *Fabr.* Dans les fourmilières. Bitche (*Gaubil*).

Atemeles *Steph.*

paradoxus *Grav.* Assez rare : dans les fourmilières. Nancy; Metz; Epinal, Darney et Remiremont; Verdun.

emarginatus *Grav.* Très-rare. Nancy (*Mathieu*); Metz (*Géhin*); Vosges (*Puton*).

Myrmedonia *Erichs.*

Haworthi *Steph.* Très-rare. Nancy (*Mathieu*); Noroy-le-Sec (*de Saulcy*); Remiremont (*Puton*); Verdun (*Liénard*).

fulgida *Grav.* Rare. Nancy (*Roubalet*).

collaris *Payk.* Très-rare : dans les fourmilières. Nancy (*Mathieu*) ; Metz (*Bellevoie*) : Remiremont (*Puton*).

humeralis *Grav.* Assez rare : fourmilières. Nancy, Dieuze ; Metz ; Verdun.

cognata *Mœrk.* Metz (*Bellevoie*) ; Vosges (*Puton*).

funesta *Grav.* Assez commun dans les nids du *Formica fuliginosa.* Nancy ; Metz ; Remiremont.

limbata *Payk.* Assez commun dans les fourmilières. Nancy ; Metz ; Darney ; Verdun.

lugens *Grav.* Dans les fourmilières. Nancy, Dieuze ; Metz ; Vosges.

laticollis *Mœrk.* Dans les fourmilières. Dieuze (*Moye*) ; Bitche (*Gaubil*) ; Remiremont (*Puton*) ; Verdun (*Liénard*).

canaliculata *Fabr.* Commun : sous les Mousses et les écorces dans les lieux humides.

Ilyobates *Kraatz.*

nigricollis *Payk.* Metz (*Bellevoie*) ; Vosges (*Puton*).

propinquus *Aubé.* Vosges (*Puton*).

forticornis *Lacord.* Rare. Metz (*Bellevoie*) ; Darney (*Le Paige*).

Callicerus *Grav.*

rigidicornis *Erichs.* Très-rare : dans les Champignons. Vosges (*Puton*).

Calodera *Mann.*

nigrita *Mann.* Lieux humides. Metz (*Géhin*).

uliginosa *Erichs.* Metz (*Bellevoie*).

umbrosa *Erichs.* Metz (*Géhin*).

æthiops *Grav.* Metz (*Bellevoie*).

Chilopora *Kraatz.*

longitarsis *Erichs.* Bords des eaux. Dieuze (*Leprieur*) ; Metz (*Bellevoie*) ; Remiremont (*Puton*).

Tachyusa *Erichs.*

balteata *Erichs.* Rare : sables humides au bord des eaux. Nancy (*Mathieu*) ; Metz (*Géhin*).

constricta *Erichs.* Sous les détritus. Metz (*Géhin*).

coarctata *Erichs.* Metz (*Bellevoie*).

umbratica *Erichs.* Sous les détritus. Metz (*Géhin*).

atra *Grav.* Rare. Verdun (*Liénard*).

Oxypoda *Mann.*

ruficornis *Gyll.* Metz (*Bellevoie*).

lividipennis *Mann.* Assez rare : sous les Mousses. Nancy ; Metz ; Remiremont, Darney ; Verdun.

vittata *Mœrk.* Rare : dans les fourmilières. Dieuze (*Moye*) ; Metz (*Géhin*) ; Vosges (*Puton*).

opaca *Grav.* Metz (*Bellevoie*) ; Vosges (*Puton*).

longiuscula *Erichs.* Metz (*Géhin*).

cuniculina *Erichs.* Metz (*Bellevoie*).

exigua *Erichs.* Phalsbourg (*Gaubil*).

alternans *Grav.* Commun.

formiceticola *Mærk.* Dans le nid du *Formica rufa.*

hæmorrhoa *Sahlb.* Vosges (*Puton*).

latiuscula *Mann.* Assez rare : sous les Mousses. Liverdun (*Mathieu*) ; Metz (*Géhin*).

Homalota *Mann.*

pagana *Erichs.* Verdun (*Liénard*).

graminicola *Grav.* Metz (*Géhin*) ; Verdun (*Liénard*).

pavens *Erichs.* Metz (*Géhin*); Vosges (*Puton*).

gregaria *Erichs.* Metz (*Bellevoie*); Vosges (*Puton*).

elongatula *Grav.* Metz (*Géhin*) ; Remiremont (*Puton*).

terminalis *Gyll.* Vosges (*Puton*).

hygrobia *Thoms.* Vosges (*Puton*).

luridipennis *Mann.* Metz (*Bellevoie*).

luteipes *Erichs.* Assez commun. Nancy ; Remiremont ; Verdun.

nigella *Erichs.* Metz (*Bellevoie*).

æquata *Erichs.* Metz (*Gehin*).

arcana *Erichs.* Metz (*Bellevoie*).

angustula *Gyll.* Metz (*Bellevoie*); Remiremont (*Puton*).

linearis *Grav.* Vosges (*Puton*).

debilis *Erichs.* Vosges (*Puton*).

ægra *Heer.* Metz (*Bellevoie*).

plana *Gyll.* Verdun (*Liénard*).

cuspidata *Erichs.* Metz (*Bellevoie*); Vosges (*Puton*).

analis *Grav.* Briey (*Géhin*) ; Remiremont (*Puton*).

exilis *Erichs.* Vosges (*Puton*).

Talpa *Heer.* Rare : dans les fourmilières. Nancy ; Metz ; Vosges.

flavipes *Grav.* Rare : dans les fourmilières. Liverdun (*Mathieu*) ; Metz (*Géhin*) ; Remiremont (*Puton*).

anceps *Erichs.* Metz (*Bellevoie*).

confusa *Mærk.* Metz (*Bellevoie*).

brunnea *Fabr.* Metz (*Géhin*); Vosges (*Puton*).

hepatica *Erichs.* Metz (*Bellevoie*).

nigrifrons *Erichs.* Vosges (*Puton*).

merdaria *Thoms.* Metz (*Bellevoie*); Vosges (*Puton*).

validicornis *Mærk.* Vosges (*Puton*).

trinotata *Kraatz.* Metz (*Bellevoie*); Vosges (*Puton*); Verdun (*Liénard*).

fungicola *Thoms.* Metz (*Bellevoie*); Vosges (*Puton*).

sodalis *Erichs.* Rare. Liverdun (*Mathieu*) ; Verdun (*Liénard*).

divisa *Mærk.* Metz (*Bellevoie*).

coriaria *Kraatz.* Remiremont (*Puton*).

gagatina *Baudi.* Metz (*Bellevoie*); Vosges (*Puton*).

nigra *Kraatz.* Metz (*Bellevoie*).

cinnamomea *Grav.* Metz (*Bellevoie*) ; Verdun (*Liénard*).

hospita *Mærk.* Metz (*Bellevoie*).

inquinula *Erichs.* Metz (*Bellevoie*); Vosges (*Puton*).

marcida *Erichs.* Metz (*Bellevoie*).

longicornis *Grav.* Bois. Metz (*Géhin*); Vosges (*Puton*).

atramentaria *Gyll.* Vosges (*Puton*).

lævana *Muls.* Vosges (*Puton*).

ravilla *Erichs.* Vosges (*Puton*).

melanaria *Sahlb.* Vosges (*Puton*); Verdun (*Liénard*).

pygmæa *Grav.* Vosges (*Puton*).

fungi *Grav.* Metz (*Géhin*); Remiremont (*Puton*); Verdun (*Liénard*).

circellaris *Grav.* Metz (*Bellevoie*); Remiremont (*Puton*).

Phœopora *Erichs.*

reptans *Grav.* Rare : sous les écorces. Metz (*Bellevoie*).

corticalis *Grav.* Metz (*Bellevoie*); Vosges (*Puton*).

Hygronoma *Erichs.*

dimidiata *Grav.* Sables au bord des eaux. Dieuze (*Moye et Leprieur*.

Oligota *Mann.*

pusillima *Grav.* Rare : dans les fourmilières. Metz (*Géhin*).

granaria *Erichs.* Metz (*Bellevoie*).

flavicornis *Lacord.* Rare : sous les Mousses et sous les feuilles mortes. Dieuze (*Moye et Leprieur*); Metz (*Bellevoie*); Verdun (*Liénard*).

Encephalus *Westw.*

complicans *Westw.* Metz (*Bellevoie*.

Gyrophæna *Mann.*

nitidula *Gyll.* Rare : dans les Champignons. Metz (*Géhin*).

gentilis *Erichs.* Briey (*Géhin*).

pulchella *Heer.* Metz (*Bellevoie*); Vosges (*Puton*).

affinis *Sahlb.* Commun à Nancy et à Darney.

nana *Payk.* Assez rare. Nancy (*Mathieu*); Metz (*Géhin*); Remiremont (*Puton*); Darney (*Le Paige*).

congrua *Erichs.* Peu commun. Nancy, Pont-à-Mousson; Remiremont.

strictula *Erichs.* Metz (*Bellevoie*); Vosges (*Puton*); Verdun (*Liénard*).

polita *Grav.* Dieuze (*Moye et Leprieur*); Briey (*Géhin*).

Boleti *L.* Metz (*Géhin*); Darney (*Le Paige*).

Agaricochara *Kraatz.*

lævicollis *Kraatz.* Metz (*Bellevoie*).

Pronomæa *Erichs.*

rostrata *Erichs.* Sous les Mousses et les feuilles mortes. Vosges (*Puton*).

Myllæna *Erichs.*

dubia *Grav.* Lieux humides sous les Mousses. Dieuze ; Metz ; Remiremont.

intermedia *Erichs.* Dieuze ; Metz ; Remiremont.

glauca *Aubé.* Metz (*Bellevoie*).

minuta *Grav.* Dieuze ; Metz ; Vosges.

gracilis *Heer.* Metz (*Bellevoie*) ; Vosges (*Puton*).

Gymnusa *Erichs.*

brevicollis *Payk.* Très-rare : sous les Mousses dans les lieux humides. Metz (*Géhin*).

Dinopsis *Matthews.*

fuscata *Matthews.* Dieuze (*Moye*) ; Metz (*Géhin*).

Hypocyptus *Mann.*

longicornis *Payk.* Rare : lieux humides, sous les écorces et les détritus. Metz (*Géhin*) ; Darney (*Le Paige*) ; Verdun (*Liénard*).

pulicarius *Erichs.* Rare. Nancy (*Mathieu*) ; Verdun (*Liénard*).

Habrocerus *Erichs.*

capillaricornis *Grav.* Très-rare : sous les feuilles mortes. Nancy (*Mathieu*) ; Metz (*Géhin*).

Leucoparyphus *Kraatz.*

silphoïdes *L.* Assez commun : dans les bouses. Nancy , Dieuze ; Metz ; Vosges.

Tachinus *Grav.*

humeralis *Grav.* Assez commun : dans les fumiers et les matières putréfiées. Metz ; Darney ; Verdun.

proximus *Kraatz.* Vosges (*Puton*).

rufipes *De Geer.* Commun. Nancy ; Metz ; Darney ; Verdun.

flavipes *Fabr.* Commun.

rufipennis *Gyll.* Rare. Sarreguemines (*Gayllort*).

pallipes *Grav.* Nancy ; Metz ; Remiremont ; Verdun.

subterraneus *L.* Peu commun, mais assez répandu.

fimetarius *Fabr.* Assez commun à Nancy, à Metz, à Darney.

marginellus *Fabr.* Peu commun. Dieuze (*Leprieur*) ; Metz (*Géhin*).

laticollis *Grav.* Metz (*Bellevoie*).

collaris *Grav.* Metz ; Remiremont ;

elongatus *Gyll.* Très-rare. Vosges (*Puton*).

Tachyporus *Grav.*

obtusus *L.* Commun. Sous les écorces, les Mousses, les détritus. Nancy ; Vosges ; Verdun.

formosus *Matth.* Assez commun. Nancy ; Metz ; Verdun.

abdominalis *Erichs.* Metz ; Remiremont ; Verdun.
solutus *Erichs.* Rare. Nancy (*Mathieu*).
chrysomelinus *L.* Très-commun.
Hypnorum *Fabr.* Commun à Nancy,
 à Metz, à Darney, à Verdun.
ruficollis *Grav.* Très-commun.
humerosus *Erichs.* Rare. Dieuze
 (*Moye*) ; Metz (*Géhin*) ; Vosges
 (*Puton*).
tersus *Erichs.* Metz (*Géhin*).
transversalis *Grav.* Metz (*Géhin*).
scitulus *Erichs.* Metz ; Remiremont.
pusillus *Grav.* Commun.
brunneus *Fabr.* Commun.

Lamprinus *Heer.*

saginatus *Grav.* Très-rare : sous
 les écorces. Nancy (*Mathieu*) ;
 Darney (*Le Paige*).
erythropterus *Panz.* Très-rare :
 sous les écorces. Verdun (*Liénard*).

Conosoma *Kraatz.*

littoreum *L.* Assez commun : sous
 les fumiers et les détritus. Nancy,
 Dieuze ; Metz ; Darney ; Verdun.
pubescens *Grav.* Commun.
fusculum *Erichs.* Peu commun.
 Dieuze ; Metz ; Remiremont.
pedicularium *Grav.* Rare. Dieuze
 (*Leprieur*) ; Metz (*Géhin*) ; Verdun (*Liénard*).

lividum *Erichs.* Briey (*Géhin*).
bipustulatum *Grav.* Rare. Liverdun
 (*Mathieu*).
bipunctatum *Grav.* Assez commun.
 Nancy ; Remiremont.

Boletobius *Steph.*

analis *Payk.* Rare : dans les Champignons. Nancy (*Mathieu*),
 Dieuze (*Moye*) ; Metz (*Géhin*) ;
 Verdun (*Liénard*).
cingulatus *Mann.* Très-rare. Nancy
 (*Mathieu*) ; Darney (*Le Paige*).
atricapillus *Fabr.* Assez commun à
 Nancy ; rare à Metz ; Darney ;
 Verdun.
lunulatus *L.* Rare. Nancy (*Mathieu*) ; Metz (*Géhin*).
striatus *Oliv.* Rare à Nancy et à
 Metz.
trimaculatus *Payk.* Briey (*Géhin*).
trinotatus *Erichs.* Très-commun.
exoletus *Erichs.* Assez rare. Nancy
 (*Mathieu*) ; Metz (*Géhin*).
pygmæus *Fabr.* Très-commun à
 Nancy ; Darney.

Mycetoporus *Mann.*

punctus *Gyll.* Sous les Mousses,
 les feuilles mortes. Vosges (*Puton.*
splendens *Marsh.* Rare. Nancy
 (*Mathieu*) ; Metz (*Bellevoie*) ;
 Vosges (*Puton*) ; Verdun (*Liénard*).
longulus *Mann.* Rare. Nancy (*Ma-*

thieu) ; Remiremont (*Puton*) ; Verdun (*Liénard*).

lepidus *Grav.* Nancy ; Metz, Bricy ; Remiremont.

nanus *Grav.* Dieuze (*Moye et Leprieur*) ; Remiremont (*Puton*).

pronus *Erichs.* Très-rare. Nancy (*Mathieu*) ; Metz (*Bellevoie*) ; Metz (*Puton*).

plendidus *Grav.* Metz ; Remiremont ; Verdun.

longicornis *Mæklin.* Rare. Metz (*Bellevoie*).

Euryporus *Erichs.*

picipes *Payk.* Très-rare : sous les Mousses. Dieuze (*Moye et Leprieur*) ; Metz (*Bellevoie*).

Heterothops *Steph.*

prævius *Erichs.* Metz (*Bellevoie*).
dissimilis *Grav.* Metz (*Bellevoie*).

Quedius *Steph.*

dilatatus *Fabr.* Très-rare : sous les feuilles mortes et les Mousses. Darney (*Le Paige*). Vit dans le nid du *Vespa Crabro.*

lateralis *Grav.* Dans les Champignons. Nancy (*Mathieu*) ; Darney (*Le Paige*) ; Verdun (*Liénard*).

fulgidus *Fabr.* Commun à Nancy, à Metz, à Verdun.

truncicola *Fairm.* Très-rare. Sarreguemines (*Gayllot*) ; Vosges où M. Puton a trouvé un seul individu.

cruentus *Oliv.* Rare. Nancy (*Mathieu*) ; Remiremont (*Puton*).

xanthopus *Erichs.* Assez commun. Nancy ; Vosges ; Verdun.

scitus *Grav.* Très-rare. Nancy (*Mathieu*) ; Metz (*Géhin*) ; Verdun (*Liénard*).

lævigatus *Gyll.* Très-rare. Nancy (*Mathieu*).

impressus *Panz.* Commun : dans les bouses.

brevis *Erichs.* Assez rare : dans le nid du *Formica rufa.* Nancy, Dieuze ; Metz ; Remiremont.

molochinus *Grav.* Rare. Nancy (*Mathieu*).

tristis *Grav.* Assez commun. Nancy ; Metz.

fuliginosus *Grav.* Commun.

picipes *Mann.* Assez commun à Nancy.

umbrinus *Erichs.* Commun à Nancy.

maurorufus *Grav.* Rare. Nancy (*Mathieu*).

rufipes *Grav.* Rare. Nancy (*Mathieu*) ; Remiremont (*Puton*).

monticola *Erichs.* Remiremont (*Puton*).

attenuatus *Gyll.* Commun. Nancy ; Metz.

boops *Grav.* Assez rare. Nancy ; Metz ; Remiremont.

scintillans *Grav.* Remiremont (*Puton*).

Astrapæus *Grav.*

Ulmi *Rossi*. Rare : sous l'écorce d'Orme. Metz (*Géhin*) ; Verdun (*Liénard*).

Creophilus *Steph.*

maxillosus *L.* Assez rare : dans les cadavres. Nancy ; Metz ; Remiremont, Darney ; Verdun.

Emus *Curt.*

hirtus *L.* Commun : dans les bouses.

Leistotrophus *Perty.*

nebulosus *Fabr.* Peu commun : dans les bouses et les matières putréfiées. Nancy ; Metz ; Remiremont, Darney ; Verdun.
murinus *L.* Commun.

Staphylinus *L.*

lutarius *Grav.* Darney (*Le Paige*).
stercorarius *Oliv.* Assez commun : dans les bouses et les cadavres.
chalcocephalus *Fabr.* Peu commun. Nancy ; Metz ; Darney.
latebricola *Grav.* Très-rare. Nancy (*Mathieu*) ; Metz (*Géhin*).
fulvipes *Scop.* Metz ; Epinal, Remiremont, Darney.
pubescens *De Geer.* Commun.
erythropterus *L.* Peu commun.

Nancy ; Metz ; Darney ; Verdun.
cæsareus *Cederh.* Très-commun.
fossor *Scop.* Rare. Nancy ; Metz ; Remiremont, Darney.

Ocypus *Steph.*

olens *Mull.* Très-commun : champs, jardins.
cyaneus *Payk.* Très – commun : sous les pierres et les écorces.
similis *Fabr.* Assez commun : dans les bouses.
Mus *Brullé.* Briey (*Géhin*).
brunnipes *Fabr.* Assez rare. Nancy (*Mathieu*) ; Metz (*Géhin*) ; Darney (*Le Paige*).
fuscatus *Grav.* Rare. Metz (*Bellevoie*).
picipennis *Fabr.* Rare : dans les bouses. Nancy (*Mathieu*) ; Metz (*Géhin*) ; Darney (*Le Paige*) ; Verdun (*Liénard*).
cupreus *Rossi.* Assez commun. Nancy ; Metz ; Darney, Remiremont.
fulvipennis *Erichs.* Rare : dans les bouses. Nancy (*Mathieu*) ; Vosges (*Puton*).
pedator *Grav.* Très-rare : dans les bouses. Nancy (*Mathieu*).
rufipes *Latr.* Verdun (*Liénard*).
ater *Grav.* Peu commun : lieux humides. Nancy ; Metz.
morio *Grav.* Commun : bois.
compressus *Marsh.* Metz (*Bellevoie*) ; Darney (*Le Paige*) ; Remiremont (*Puton*).

Philonthus *Curt.*

splendens *Fabr.* Rare. Nancy (*Mathieu*); Metz (*Géhin*); Darney (*Le Paige*), Remiremont (*Puton*).

intermedius *Lacord.* Assez commun. Nancy; Metz; Darney.

laminatus *Creutz.* Nancy; Metz; Remiremont, Darney; Verdun.

cyanipennis *Fabr.* Assez rare. Nancy; Metz; Darney; Verdun.

nitidus *Fabr.* Rare. Nancy (*Mathieu*); Darney (*Le Paige*), Remiremont (*Puton*).

carbonarius *Gyll.* Peu commun. Nancy; Metz; Remiremont.

æneus *Rossi.* Très-commun.

tenuicornis *Muls.* Metz (*Bellevoie*); Vosges (*Puton*).

scutatus *Erichs.* Rare. Bords de la Moselle à Metz (*Géhin*) et de la Meuse à Verdun (*Liénard*).

decorus *Grav.* Peu commun. Nancy (*Mathieu*); Darney (*Le Paige*).

politus *Fabr.* Commun.

lucens *Mann.* Metz (*Bellevoie*); Remiremont (*Puton*).

atratus *Grav.* Darney (*Le Paige*); Verdun (*Liénard*).

marginatus *Fabr.* Rare. Nancy (*Mathieu*); Metz (*Bellevoie*); Remiremont (*Puton*).

umbratilis *Grav.* Très-rare. Metz (*Géhin*).

varius *Gyll.* Assez commun à Nancy; à Metz; à Verdun. Sa var. *bimaculatus Grav.* est rare.

albipes *Grav.* Remiremont (*Puton*).

lepidus *Grav.* Metz (*Bellevoie*); Darney (*Le Paige*).

sordidus *Grav.* Commun.

fimetarius *Grav.* Metz (*Géhin*); Darney (*Le Paige*); Verdun (*Liénard*).

cephalotes *Grav.* Bords de la Moselle, à Metz et à Remiremont.

ebeninus *Grav.* Commun.

corvinus *Erichs.* Peu commun. Nancy (*Mathieu*); Darney (*Le Paige*).

fumigatus *Erichs.* Assez commun à Nancy; à Remiremont; à Verdun.

bipustulatus *Panz.* Nancy; Metz; Darney.

sanguinolentus *Grav.* Commun.

scybalarius *Nordm.* Rare. Metz (*Bellevoie*).

varians *Payk.* Très-commun à Nancy; plus rare à Metz; Darney; Verdun.

debilis *Grav.* Rare Nancy (*Mathieu*); Darney (*Le Paige*).

ventralis *Grav.* Rare. Nancy (*Mathieu*); Darney (*Le Paige*); Verdun (*Liénard*).

discoideus *Grav.* Assez rare. Nancy (*Mathieu*); Metz (*Bellevoie*); Verdun (*Liénard*).

vernalis *Grav.* Commun à Nancy.

quisquiliarius *Gyll.* Metz (*Géhin*); Darney (*Le Paige*). Sa var. *rubidus Erichs.* a été trouvée à Nancy.

nigrita *Grav.* Metz (*Bellevoie*).

splendidulus *Grav.* Assez rare. Nancy (*Mathieu*); Darney (*Le Paige*).

rufimanus *Erichs.* Très-rare. Nancy (*Mathieu*).

fumarius *Grav.* Rare. Nancy (*Mathieu*); Metz (*Géhin*).

micans *Grav.* Assez rare. Nancy (*Mathieu*); Verdun (*Liénard*).

fulvipes *Fabr.* Assez commun. Nancy; Metz; Verdun.

exiguus *Nordm.* Remiremont (*Puton*).

astutus *Erichs.* Metz (*Bellevoie*).

nigritulus *Grav.* Commun.

pullus *Nordm.* Rare. Nancy (*Mathieu*).

tenuis *Fabr.* Nancy; Metz.

punctus *Grav.* Très-rare. Nancy (*Mathieu*); Metz (*Géhin*); Verdun (*Liénard*).

rufipennis *Grav.* Sarreguemines (*Gayllort*).

cinerascens *Grav.* Assez rare. Nancy; Remiremont.

signaticornis *Muls.* Vosges (*Puton*).

elongatulus *Erichs.* Rare. Nancy (*Mathieu*); Remiremont (*Puton*).

procerulus *Grav.* Assez rare. Nancy; Remiremont; Verdun.

prolixus *Erichs.* Metz (*Bellevoie*).

Xantholinus *Serv.*

glabratus *Grav.* Rare. Nancy (*Mathieu*); Metz (*Géhin*).

punctulatus *Payk.* Très-commun.

ochraceus *Gyll.* Metz; Remiremont, Darney; Verdun.

atratus *Heer.* Metz (*Bellevoie*); Vosges (*Puton*).

tricolor *Fabr.* Très-commun.

distans *Muls.* Metz (*Bellevoie*).

elegans *Oliv.* Metz (*Géhin*); Darney (*Le Paige*).

glaber *Nordm.* Rare : dans les fourmilières. Liverdun (*Mathieu*), Dieuze (*Moye et Leprieur*).

linearis *Oliv.* Très-commun.

fulgidus *Fabr.* Metz; Remiremont, Darney; Verdun.

lentus *Grav.* Très-rare. Nancy (*Mathieu*); Metz (*Géhin*); Remiremont (*Puton*).

Metoponcus *Kraatz.*

brevicornis *Erichs.* Rare : sous les écorces. Metz (*Géhin*); Vosges (*Puton*).

Leptacinus *Erichs.*

parumpunctatus *Gyll.* Rare. Nancy (*Mathieu*); Metz (*Géhin*); Remiremont (*Puton*).

batychrus *Gyll.* Dieuze; Metz; Vosges.

linearis *Grav.* Metz (*Bellevoie*); Remiremont (*Puton*).

Formicetorum *Mœrk.* Assez commun : dans les fourmilières. Liverdun, Dieuze; Metz; Remiremont.

Baptolinus *Kraatz.*

alternans *Grav.* Sous les écorces. Metz (*Bellevoie*); Vosges (*Puton*).

pilicornis *Payk.* Remiremont (*Puton*), Darney (*Le Paige*).

Othius *Steph.*

fulvipennis *Fabr.* Nancy; Metz; Remiremont.

punctipennis *Lacord.* Metz (*Bellevoie*); Vosges (*Puton*).

melanocephalus *Grav.* Metz (*Bellevoie*); Vosges (*Puton*).

myrmecophilus *Kiesw.* Vosges (*Puton*).

Lathrobium *Grav.*

brunnipes *Fabr.* Nancy, Dieuze; Metz.

elongatum *L.* Assez commun. Nancy; Metz; Darney; Verdun.

fulvipenne *Grav.* Commun à Nancy; plus rare à Metz; Verdun.

rufipenne *Gyll.* Rare. Nancy (*Mathieu*); Metz (*Géhin*).

lævipenne *Heer.* Rare. Metz (*Bellevoie*).

multipunctum *Grav.* Assez commun. Nancy; Metz; Darney; Verdun.

quadratum *Payk.* Rare. Nancy (*Mathieu*); Metz (*Géhin*); Verdun (*Liénard*).

terminatum *Grav.* Assez commun.

Nancy; Metz; Darney; Verdun.

punctatum *Zett.* Commuu à Nancy et à Metz.

filiforme *Grav.* Commun. Nancy; Metz; Verdun.

longulum *Grav.* Nancy; Metz.

pallidum *Nordm.* Metz (*Bellevoie*).

angusticolle *Lacord.* Vosges (*Puton*).

Achenium *Steph.*

depressum *Grav.* Dans les marais sous les détritus végétaux. Nancy; Metz; Darney; Verdun.

humile *Nicol.* Nancy; Metz.

Cryptobium *Mann.*

fracticorne *Payk.* Sous les Mousses, lieux humides. Nancy; Metz; Darney; Verdun.

Stilicus *Latr.*

fragilis *Grav.* Commun : sous les pierres et les feuilles mortes.

rufipes *Germ.* Commun.

subtilis *Erichs.* Assez commun. Nancy; Metz; Remiremont.

similis *Erichs.* Metz (*Bellevoie*); Vosges (*Puton*).

affinis *Erichs.* Nancy; Remiremont; Verdun.

orbiculatus *Payk.* Nancy; Remiremont.

Scopæus *Erichs.*

Erichsonii *Kolen.* Metz (*Bellevoie*).

lævigatus *Gyll.* Sous les détritus végétaux, dans les lieux humides. Metz (*Bellevoie*) ; Vosges (*Puton*).

minutus *Erichs.* Metz (*Bellevoie*) ; Vosges (*Puton*).

didymus *Erichs.* Metz (*Bellevoie*).

cognatus *Muls.* Metz (*Bellevoie*).

minimus *Erichs.* Dieuze (*Moye*) ; Metz (*Bellevoie*) ; Remiremont (*Puton*).

Lithocharis *Erichs.*

fuscula *Mann.* Peu commun : sous les détritus végétaux. Nancy ; Metz ; Remiremont.

brunnea *Erichs.* Rare. Nancy (*Mathieu*) ; Metz (*Bellevoie*).

ochracea *Grav.* Remiremont (*Puton*).

ferruginea *Erichs.* Assez rare. Verdun (*Liénard*).

melanocephala *Fabr.* Commun à Nancy ; plus rare à Metz ; Darney ; Verdun.

obsoleta *Nordm.* Bitche (*Gaubil*).

Sunius *Steph.*

filiformis *Latr.* Commun : sous les pierres et les feuilles mortes. Nancy ; Metz ; Darney ; Verdun.

intermedius *Erichs.* Dieuze (*Moye et Leprieur*) ; Metz (*Bellevoie*).

angustatus *Payk.* Commun.

bimaculatus *Erichs.* Rare. Nancy (*Mathieu*) ; Metz (*Bellevoie*).

Pæderus *Grav.*

littoralis *Grav.* Très-commun : sables au bord des eaux.

brevipennis *Lac.* Metz (*Bellevoie*).

riparius *L.* Commun.

longipennis *Erichs.* Nancy ; Metz ; Remiremont.

caligatus *Erichs.* Très-rare. Nancy (*Mathieu*).

limnophilus *Erichs.* Vosges (*Puton*).

ruficollis *Fabr.* Assez commun. Nancy ; Metz ; Darney ; Verdun.

Euæsthetus *Grav.*

Læviusculus *Mann.* Lieux humides, bords des eaux. Remiremont (*Puton*).

ruficapillus *Lacord.* Rare. Nancy, Dieuze ; Metz ; Vosges.

Dianous *Curt.*

cœrulescens *Gyll.* Rare : bords des eaux. Metz (*Bellevoie*), Bitche et Phalsbourg (*Gaubil*) ; Liézey (*l'abbé Jacquel*), Darney (*Le Paige*) ; Verdun (*Liénard*).

Stenus *Latr.*

biguttatus *L.* Commun : bords des eaux.

bipunctatus *Erichs.* Nancy; Remiremont; Verdun.

longipes *Heer.* Remiremont (*Puton*).

guttula *Müll.* Nancy; Metz; Dar-
uey.

bimaculatus *Gyll.* Commun.

Juno *Fabr.* Commun à Nancy;
plus rare à Metz; Darney.

ater *Mann.* Nancy; Metz; Darney.

buphthalmus *Grav.* Nancy; Metz;
Remiremont, Darney; Verdun.

canaliculatus *Gyll.* Rare. Nancy
(*Mathieu*); Metz (*Géhin*).

æmulus *Erichs.* Peu commun. Nancy (*Mathieu*).

morio *Grav.* Rare. Nancy (*Mathieu*); Verdun (*Liénard*).

atratulus *Erichs.* Metz (*Géhin*);
Remiremont (*Puton*).

cinerascens *Erichs.* Metz (*Bellevoie*); Remiremont (*Puton*).

pusillus *Erichs.* Assez commun à
Nancy; Metz; Vosges; Verdun.

speculator *Lacord.* Nancy; Metz;
Darney.

lustrator *Erichs.* Metz (*Bellevoie*).

providus *Erichs.* Très-commun.

scrutator *Erichs.* Peu commun.
Nancy; Remiremont.

sylvester *Erichs.* Rare. Nancy
(*Mathieu*); Remiremont (*Puton*).

aterrimus *Erichs.* Dans les fourmilières. Nancy, Liverdun; Remiremont.

Argus *Erichs.* Très-rare. Remi-

remont (*Puton*).

fuscipes *Grav.* Commun à Nancy,
à Metz et à Verdun.

humilis *Erichs.* Assez rare. Metz
(*Géhin*).

circularis *Grav.* Assez commun.
Nancy; Remiremont.

declaratus *Erichs.* Rare. Nancy
(*Mathieu*); Metz (*Bellevoie*).

pumilio *Erichs.* Rare. Nancy (*Mathieu*).

nigritulus *Erichs.* Rare. Nancy
(*Mathieu*); Metz (*Bellevoie*);
Remiremont (*Puton*).

campestris *Erichs.* Metz (*Bellevoie*).

unicolor *Erichs.* Rare. Nancy (*Mathieu*); Briey (*Géhin*); Verdun
(*Liénard*).

opticus *Grav.* Metz (*Géhin*).

subimpressus *Erichs.* Commun.

binotatus *Ljungh.* Nancy; Metz;
Remiremont, Darney; Verdun.

plantaris *Erichs.* Assez commun à
Nancy.

bifoveolatus *Gyll.* Assez rare.
Nancy (*Mathieu*); Remiremont
(*Puton*); Verdun (*Liénard*).

Leprieuri *Cuss.* Metz (*Bellevoie*).

decipiens *Leprieur.* Metz (*Bellevoie*).

rusticus *Erichs.* Rare. Nancy (*Mathieu*); Metz (*Bellevoie*).

tempestivus *Erichs.* Vosges (*Puton*).

picipennis *Erichs.* Dieuze (*Moye
et Leprieur*); Metz (*Bellevoie*).

subæneus *Erichs*. Metz (*Bellevoie*).

impressus *Germ*. Nancy; Metz; Remiremont; Verdun.

montivagus *Heer*. Metz (*Bellevoie*).

flavipes *Erichs*. Assez rare. Metz (*Géhin*); Vosges (*Puton*); Verdun (*Lienard*).

palustris *Erichs*. Metz (*Bellevoie*).

pallipes *Grav*. Commun.

fuscicornis *Erichs*. Metz (*Bellevoie*).

filum *Erichs*. Assez rare. Nancy (*Mathieu*); Remiremont (*Puton*).

tarsalis *Ljungh*. Nancy; Metz; Remiremont.

oculatus *Grav*. Assez commun à Nancy, à Metz et à Verdun.

solutus *Erichs*. Metz (*Géhin*).

cicindeloïdes *Grav*. Commun.

paganus *Erichs*. Metz (*Bellevoie*).

latifrons *Erichs*. Nancy; Metz; Remiremont, Darney; Verdun.

contractus *Erichs*. Dieuze (*Moye et Leprieur*); Metz (*Bellevoie*).

Oxyporus *Fabr*.

rufus *L*. Commun : dans les Champignons.

maxillosus *Fabr*. Commun dans les montagnes des Vosges; se retrouve à Darney, à Bitche et à Sarreguemines.

Bledius *Steph*.

tricornis *Herbst*. Commun dans les sables au bord des marais salants à Dieuze (*Moye et Leprieur*); Darney (*Le Paige*).

pallipes *Grav*. Metz (*Bellevoie*).

opacus *Block*. Très-rare. Metz (*Géhin*); Darney (*Le Paige*).

fracticornis *Payk*. Rare. Nancy (*Mathieu*).

Platystethus *Mann*.

spinosus *Erichs*. Rare. Nancy (*Mathieu*).

cornutus *Grav*. Nancy; Metz; Verdun.

morsitans *Payk*. Commun.

nodifrons *Sahlb*. Assez rare. Nancy (*Mathieu*); Metz (*Géhin*).

Oxytelus *Grav*.

rugosus *Fabr*. Commun : dans les bouses et les matières en décomposition.

fulvipes *Erichs*. Assez rare. Nancy (*Mathieu*); Remiremont (*Puton*).

insectatus *Grav*. Nancy; Remiremont.

piceus *L*. Commun à Nancy; Darney; Verdun.

sculptus *Grav*. Remiremont (*Puton*); Verdun (*Liénard*).

inustus *Grav*. Assez rare. Metz (*Géhin*); Vosges (*Puton*); Verdun (*Liénard*).

sculpturatus *Grav*. Commun.

complanatus *Erichs.* Metz (*Belle-voie*) ; Remiremont (*Puton*).

nitidulus *Grav.* Nancy ; Metz ; Verdun.

pumilus *Erichs.* Rare. Nancy (*Mathieu*).

depressus *Grav.* Assez commun à Nancy ; Metz ; Verdun.

hamatus *Fairm.* Metz (*Bellevoie*).

Haploderus *Steph.*

cœlatus *Grav.* Dans les bouses et sous les détritus. Nancy, Dieuze ; Metz ; Verdun.

cæsus *Erichs.* Bitche (*Gaubil*).

Thinodromus *Kraatz.*

dilatatus *Erichs.* Metz (*Bellevoie*).

Trogophlœus *Mann.*

scrobiculatus *Erichs.* Très-rare. Remiremont (*Puton*).

riparius *Lacord.* Rare. Nancy (*Mathieu*) ; Vosges (*Puton*).

bilineatus *Steph.* St-Avold (*Géhin*) ; Remiremon (*Puton*) ; Verdun (*Liénard*).

obesus *Kiesw.* Remiremont (*Puton*).

elongatulus *Erichs.* Metz (*Belle-voie*).

corticinus *Grav.* Nancy ; Metz, Briey ; Vosges ; Verdun.

exiguus *Erichs.* Metz (*Géhin*).

pusillus *Grav.* Bitche (*Gaubil*).

Coprophilus *Latr.*

striatulus *Fabr.* Assez rare : dans les bouses. Nancy ; Metz ; Remiremont ; Verdun.

Acrognathus *Erichs.*

mandibularis *Gyll.* Rare. Metz (*Géhin*).

Deleaster *Erichs.*

dichrous *Grav.* Remiremont (*Puton*) ; Verdun (*Liénard*).

Anthophagus *Grav.*

armiger *Grav.* Rare. Nancy (*Mathieu*) ; Remiremont (*Puton*).

caraboïdes *L.* Assez rare. Nancy ; Metz ; Remiremont.

testaceus *Grav.* Metz (*Géhin*).

præustus *Müll.* Nancy ; Metz ; Remiremont ; Bar-le-Duc , Verdun.

plagiatus *Fabr.* Vosges (*Puton*).

Lesteva *Latr.*

pubescens *Mann.* Assez rare : sous les pierres et sous les Mousses. Nancy (*Mathieu*) ; Verdun (*Liénard*).

bicolor *Payk.* Commun à Nancy ; Darney ; Verdun.

Acidota *Steph.*

crenata *Fabr.* Metz (*Bellevoie*) ; Verdun (*Liénard.*) :

Olophrum *Erichs.*

piceum *Gyll.* Sous les pierres au bord des eaux. Dieuze (*Moye et Leprieur*) ; Metz (*Bellevoie*) ; Darney (*Le Paige*).

Lathrimæum *Erichs.*

melanocephalum *Ill.* Sous les Mousses et les feuilles mortes. Liverdun (*Mathieu*) ; Metz (*Bellevoie*).
luteum *Erichs.* Metz (*Bellevoie*) ; Remiremont (*Puton*).
atrocephalum *Gyll.* Dieuze (*Moye et Leprieur*) ; Metz (*Bellevoie*) ; Verdun (*Liénard*).

Orochares *Kraatz.*

angustatus *Erichs.* Metz (*Belle-voie*).

Arpedium *Erichs.*

quadrum *Grav.* Nancy ; Metz ; Re-miremont.

Omalium *Grav.*

rivulare *Payk.* Commun à Nancy ; Verdun.
fossulatum *Erichs.* Assez rare. Nancy ; Remiremont ; Verdun.
cæsum *Grav.* Vosges (*Puton*).
Oxyacanthæ *Grav.* Metz (*Belle-voie*) ; Remiremont (*Puton*), Darney (*Le Paige*).

exiguum *Gyll.* Rare. Nancy (*Mathieu*) ; Remiremont (*Puton*).
monilicorne *Gyll.* Rare. Nancy (*Mathieu*).
planum *Payk.* Metz (*Géhin*) ; Vosges (*Puton*) ; Verdun (*Liénard*).
pusillum *Grav.* Metz (*Géhin*) ; Re-miremont (*Puton*).
deplanatum *Gyll.* Assez rare. Nancy (*Mathieu*) ; Vosges (*Pu-ton*).
testaceum *Erichs.* Metz (*Géhin*).
concinnum *Erichs.* Verdun (*Lié-nard*).
brunneum *Payk.* Metz (*Géhin*).
lucidum *Erichs.* Nancy ; Vosges ; Verdun.
florale *Payk.* Metz ; Remiremont ; Verdun.
striatum *Grav.* Remiremont (*Pu-ton*) ; Verdun (*Liénard*).
pygmæum *Payk.* Vosges (*Puton*).

Anthobium *Steph.*

signatum *Mœrk.* Vosges (*Puton*).
abdominale *Grav.* Commun à Nancy et à Remiremont ; Verdun.
nigrum *Erichs.* Rare. Nancy (*Mathieu*).
florale *Panz.* Commun à Liverdun (*Mathieu*) ; Metz (*Bellevoie*) ; Vosges (*Puton*).
minutum *Fabr.* Assez commun. Nancy ; Metz ; Remiremont.
sordidulum *Kraatz.* Vosges (*Pu-ton*).
longipenne *Erichs.* Commun à

Nancy; Remiremont et Hohneck; Verdun.

scutellare *Erichs.* Rare : sur les Genets. Nancy (*Mathieu*); Remiremont (*Puton*).

adustum *Kiesw.* Remiremont (*Puton*).

ophthalmicum *Payk.* Metz (*Bellevoie*); Darncy (*Le Paige*), Remiremont (*Puton*); Verdun (*Liénard*).

Sorbi *Gyll.* Assez commun. Nancy; Metz; Remiremont; Verdun.

Proteinus *Latr.*

brevicollis *Erichs.* Rare. Nancy (*Mathieu*); Vosges (*Puton*); Verdun (*Liénard*).

brachypterus *Fabr.* Nancy; Metz; Remiremont; Verdun.

macropterus *Gyll.* Metz (*Bellevoie*); Vosges (*Puton*).

atomarius *Grav.* Metz (*Bellevoie*); Vosges (*Puton*).

Megarthrus *Steph.*

depressus *Payk.* Sous les écorces. Nancy; Metz; Remiremont.

sinuatocollis *Lacord.* Metz (*Bellevoie*); Vosges (*Puton*).

Bellevoyei *de Saulcy.* Metz.

denticollis *Beck.* Rare. Metz (*Géhin*);

Remiremont (*Puton*); Verdun (*Liénard*).

hemipterus *Ill.* Rare. Dieuze (*Leprieur et Moye*); Metz (*Géhin*); Remiremont (*Puton*); Verdun (*Liénard*).

Phlœobium *Latr.*

clypeatum *Müll.* Assez commun à Nancy; Metz; Verdun.

Phlœocharis *Mann.*

subtilissima *Mann.* Très-rare : sous les écorces. Nancy (*Mathieu*); Remiremont (*Puton*).

Prognatha *Latr.*

quadricornis *Kirby.* Rare : sous les écorces. Dieuze (*Moye et Leprieur*); Metz (*Bellevoie*).

Micropeplus *Latr.*

porcatus *Payk.* Assez rare. Nancy; Metz; Remiremont.

cælatus *Erichs.* N'a pas été trouvé en Lorraine, mais à Haguenau par M. Mathieu et si nous l'indiquons, c'est que nous le croyons nouveau pour la France.

staphylinoïdes *Marsh.* Metz (*Bellevoie*).

Margaritæ *Duval.* Metz (*Bellevoie*).

FAM. 7. — PSÉLAPHIENS.

Chennium *Latr.*

bituberculatum *Latr.* Sarrebruck
(*Gayllot*).

Ctenistes *Reich.*

palpalis *Reich.* Très-rare : sous
les Mousses et les détritus. Metz
(*Géhin*).

Psélaphus *Herbst.*

Heisei *Herbst.* Commun : sous les
Mousses et les détritus.
dresdensis *Herbst.* Metz (*Bellevoie*).

Tychus *Leach.*

niger *Payk.* Metz ; Remiremont ;
Verdun.
ibericus *Motsch.* Vosges (*Puton*).

Trichonyx *Chaud.*

sulcicollis *Reich.* Metz (*Bellevoie*).

Batrisus *Aubé.*

Brullei *Aubé.* Dans les fourmilières. Verdun (*Liénard*).
venustus *Reich.* Metz (*Géhin*);
Remiremont (*Puton*).
formicarius *Aubé.* Rare. Sarreguemines (*Gayllot*).

Bryaxis *Leach.*

sanguinea *L.* Peu commun : sous
les pierres et les détritus. Nancy ;
Metz.
fossulata *Reich.* Nancy ; Metz ;
Epinal ; Verdun.
Lefebvrei *Aubé.* Rare. Nancy (*Mathieu*); Metz (*Bellevoie*).
hæmatica *Reich.* Assez commun.
Nancy ; Metz.
impressa *Panz.* Peu com. Nancy ;
Metz ; Epinal ; Remiremont.
antennata *Aubé.* Metz (*Bellevoie*).

Bythinus *Leach.*

puncticollis *Denny.* Metz (*Géhin*).
bulbifer *Reich.* Assez commun à
Nancy et à Metz.
Curtisii *Denny.* Metz (*Bellevoie*).
securiger *Reich.* Metz (*Géhin*).
Burellii *Denny.* Rare. Nancy (*Mathieu*); Metz (*Bellevoie*).

Euplectus *Leach.*

signatus *Reich.* Lieux humides sous
les détritus. Metz (*Géhin*).
ambiguus *Reich.* Rare. Nancy (*Mathieu*); Metz (*Géhin*); Verdun
(*Liénard*).
sanguineus *Denny.* Metz (*Bellevoie*).

Karstenii *Reich.* Metz (*Bellevoie*).
perplexus *Duval.* Metz (*Bellevoie*).
minutissimus *Aubé.* Dieuze (*Moye et Leprieur*); Metz (*Bellevoie*).

Trimium *Aubé.*

brevicorne *Reich.* Dans les détritus. Metz (*Bellevoie*).

FAM. 8. — CLAVIGÉRIDES.

Claviger *Preyssl.*

foveolatus *Müll.* Dans les fourmilières (*Formica rufa, fusca et flava*) Metz (*Géhin*); Remiremont (*Puton*).

FAM. 9. — SCYDMÉNIDES.

Cephennium *Müll.*

thoracicum *Müll.* Metz (*Géhin*).

Euthia *Steph.*

scydmænoïdes *Steph.* Rare : dans les fourmilières. Nancy (*Mathieu*); Metz (*Bellevoie*).

Scydmænus *Latr.*

Godarti *Latr.* Très-rare. Verdun (*Liénard*).
scutellaris *Müll. et Kunz.* Rare : dans les fourmilières. Nancy (*Mathieu*); Metz (*Bellevoie*); Remiremont (*Puton*).
collaris *Müll. et Kunz.* Metz (*Bellevoie*); Vosges (*Puton*); Verdun (*Liénard*).
pusillus *Müll. et Kunz.* Rare : bords des eaux. Nancy (*Math.*).

angulatus *Müll. et Kunz.* Rare. Metz (*Bellevoie*).
helvolus *Schaum.* Metz (*Bellevoie*).
pubicollis *Müll. et Kunz.* Metz (*Bellevoie*).
denticornis *Müll. et Kunz.* Norroy-le-sec (*de Saulcy*), Sarreguemines (*Gayllot*).
claviger *Müll. et Kunz.* Courcelles-Chaussy (*Gayllot*).
nanus *Schaum.* Metz (*Bellevoie*).
rufus *Müll. et Kunz.* Metz (*Bellevoie*).
Hellwigii *Fabr.* Darney (*Le Paige*).
exilis *Erichs.* Remiremont (*Puton*).
elongatulus *Müll. et Kunz.* Rare. Nancy (*Mathieu*); Remiremont (*Puton*).
Sparshalli *Denny.* Nancy (*Mathieu*); Metz (*Bellevoie*).
rutilipennis *Müll. et Kunz.* Metz à Borny et au Saulcy (*Belle-*

voie); Remiremont (*Puton*).

tarsatus *Müll. et Kunz.* Assez commun.Metz; Sainte-Marie-aux-Mines, Remiremont ; Verdun.

hirticollis *Ill.* Nancy ; Metz ; Vosges.

Wetterhalii *Gyll.* Metz (*Bellevoie*); Remiremont (*Puton*).

FAM. 10. — SILPHALES.

Leptinus *Müll.*

testaceus *Müll.* Très-rare: vit sous les feuilles et est privé d'yeux. Nancy (*Roubalet*) ; Metz et Sarreguemines (*Bellevoie*).

Choleva *Latr.*

angustata *Fabr.* Rare. Nancy (*Mathieu*); Metz (*Bellevoie*) ; Remiremont (*Puton*); Verdun (*Liénard*).

cisteloïdes *Fröhl.* Assez commun à Nancy; Metz ; Vosges.

agilis *Ill.* Remiremont (*Puton*), Darney (*Le Paige*).

velox *Spence.* Rare. Nancy (*Mathieu*); Metz (*Géhin*); Verdun (*Liénard*).

præcox *Erichs.* Assez rare. Nancy ; Metz.

anisotomoïdes *Spence.* Dieuze (*Leprieur et Moye*); Metz (*Bellevoie*).

brunnea *Sturm.* Metz (*Bellevoie*).

Catops *Payk.*

picipes *Fabr.* Très-rare. Nancy (*Mathieu*).

caliginosus *Erichs.* Verdun (*Liénard*).

fuscus *Panz.* Nancy ; Metz ; Remiremont.

umbrinus *Erichs.* Metz (*Bellevoie*); Bitche (*Gaubil*).

nigricans *Spence.* Rare. Nancy (*Mathieu*) ; Metz (*Bellevoie*); Remiremont (*Puton*) ; Verdun (*Liénard*).

coracinus *Kellen.* Vosges (*Puton*).

morio *Fabr.* Liverdun (*Mathieu*) ; Verdun (*Liénard*).

nigrita *Erichs.* Assez rare. Nancy.

chrysomeloïdes *Panz.* Metz ; Nancy ; Remiremont.

tristis *Panz.* Assez rare. Nancy ; Metz ; Verdun.

rotundicollis *Kellen.* Metz (*Bellevoie*).

fumatus *Spence.* Metz ; Vosges.

sericeus *Panz.* Assez rare. Nancy, Dieuze ; Darney.

alpinus *Gyll.* Metz (*Bellevoie*).

colonoïdes *Kraatz.* Metz (*Bellevoie*).

Nota. Les espèces de ce genre vivent sous les détritus et dans les Champignons.

Colon *Herbst.*

vienneuse *Herbst.* Metz (*Belle-voie*).

puncticolle *Kraatz.* Metz (*Belle-voie*).

clavigerum *Herbst.* Vosges (*Pu-ton*).

brunneum *Latr.* Très-rare. Nancy (*Roubalet*).

nanum *Erichs.* Metz (*Bellevoie*).

dentipes *Sahlb.* Verdun (*Liénard*).

Necrophilus *Ill.*

subterraneus *Dahl.* Très-rare : dans les coquilles d'*Helix arbustorum*, dont il fait sa pâture. Remire-mont (*Puton*).

Silpha *L.*

littoralis *L.* Assez commun : dans les cadavres. Nancy ; Epinal, Darney ; Verdun.

thoracica *L.* Assez commun : dans les cadavres, et surtout dans les excréments humains. Nancy ; Metz ; Epinal, Darney ; Verdun.

quadripunctata *L.* Assez commun : sur les arbres où il vit dans les nids du *Bombyx processionea* ; monte jusque dans les Vosges.

rugosa *L.* Commun : dans les ma-tières animales putréfiées.

sinuata *Fabr.* Commun : dans les cadavres.

dispar *Herbst.* Rare. Metz (*Gé-hin*).

opaca *L.* Assez rare. Nancy ; Metz ; Remiremont ; Verdun. Insecte phytophage.

carinata *Ill.* Très-rare. Metz (*Gé-hin*).

reticulata *Fabr.* Assez commun : dans les immondices.

nigrita *Creutz.* Commun sur les dômes gazonnés des Hautes-Vosges. Phytophage, suivant M. Puton ; se retrouve à Darney.

tristis *Ill.* Commun à Nancy ; Dar-ney.

obscura *L.* Très-commun.

lævigata *Fabr.* Assez commun. Nancy ; Metz ; Dompaire ; Ver-dun.

atrata *L.* Commun : se nourrit d'*Helix.*

Necrophorus *Fabr.*

germanicus *L.* Rare : dans les ma-tières animales putréfiées. Nancy (*Mathieu*) ; Metz (*Géhin*) ; Epi-nal (*Berher*), Darney (*Le Pai-ge*) ; Verdun (*Liénard*).

humator *Fabr.* Assez commun.

vespillo *L.* Commun.

vestigator *Herbst.* Commun. Nan-cy ; Metz ; Remiremont ; Ver-dun.

interruptus *Steph.* Rare. Nancy (*Mathieu*) ; Metz (*Bellevoie*) ; Remiremont (*Puton*).

ruspator *Erichs.* Rare. Dans la

chaîne des Vosges, au Champ-du-Feu (*Mathieu*) et à Remiremont (*Puton*).

sepultor *Charp*. Rare. Metz (*Géhin*) ; Dieuze (*Leprieur*) ; Epinal (*Berher*), Remiremont (*Puton*), Darney (*Le Paige*) ; Verdun (*Liénard*).

mortuorum *Fabr*. Commun : dans les Champignons et dans les cadavres.

Agyrtes *Fröhl*.

castaneus *Payk*. Rare : sous les détritus. Metz (*Géhin*) ; Epinal (*Berher*), Darney (*Le Paige*).

Sphærites *Dufts*.

glabratus *Fabr*. Très-rare : dans les Champignons. Remiremont (*Puton*).

Triarthron *Schaum*.

Mærkelii *Schaum*. Très-rare. Nancy (*Mathieu*); Remiremont (*Puton*).

Hydnobius *Schaum*.

punctatissimus *Steph*. Metz (*Bellevoie*).

Anisotoma *Ill*.

cinnamomea *Panz*. Rare. Nancy ; Metz ; Remiremont.

rotundata *Erichs*. Très-rare. Nancy (*Mathieu*).

obesa *Schaum*. Très-rare. Nancy (*Mathieu*).

dubia *Kügel*. Très-rare. Nancy (*Mathieu*) ; Metz (*Bellevoie*).

calcarata *Erichs*. Metz (*Bellevoie*); Vosges (*Puton*).

parvula *Sahlb*. Vosges (*Puton*).

badia *Sturm*. Metz (*Bellevoie*).

Cyrtusa *Erichs*.

subtestacea *Gyll*. Metz (*Bellevoie*).

minuta *Ahr*. Verdun (*Liénard*).

Colenis *Erichs*.

dentipes *Gyll*. Très-rare. Metz (*Bellevoie*), Bitche (*Gaubil*).

Liodes *Latr*.

humeralis *Fabr*. Assez commun. Nancy ; Metz ; Epinal, Remiremont.

axillaris *Gyll*. Rare. Nancy (*Mathieu*) ; Metz (*Géhin*), Bitche (*Gaubil*).

glabra *Kügel*. Metz (*Bellevoie*).

castanea *Herbst*. Rare. Nancy (*Mathieu*) ; Remiremont (*Puton*).

orbicularis *Herbst*. Vosges (*Puton*); Verdun (*Liénard*).

Amphicyllis *Erichs*.

globus *Fabr*. Rare. Nancy (*Ma-*

thieu) ; Metz (*Bellevoie*) ; Epinal (*Berher*); Verdun (*Liénard*). Sa var. *staphylea Gyll.* a été prise à Metz.

globiformis *Sahlb.* Metz (*Bellevoie*).

Agathidium *Ill.*

nigripenne *Fabr.* Rare. Nancy (*Mathieu*) ; Metz (*Bellevoie*) ; Remiremont (*Puton*) ; Verdun (*Liénard*).

atrum (*Payk*). Nancy ; Remiremont.

seminulum *L.* Nancy ; Epinal, Remiremont.

lævigatum *Erichs.* Metz (*Bellevoie*); Vosges (*Puton*).

badium *Erichs.* Assez rare. Nancy (*Mathieu*).

mandibulare *Steph.* Vosges (*Puton*).

piceum *Erichs.* Assez rare. Nancy (*Mathieu*).

rotundatum *Gyll.* Vosges (*Puton*).

nigrinum *Sturm.* Rare. Nancy (*Mathieu*) ; Epinal (*Berher*), Remiremont (*Puton*).

marginatum *Sturm.* Rare. Nancy (*Mathieu*) ; Metz (*Géhin*).

discoïdeum *Erichs.* Metz (*Bellevoie*).

FAM. 11. — CLAMBIDES.

Clambus *Fisch.*

pubescens *Redt.* Metz (*Bellevoie*) ; Remiremont (*Puton*).

minutus *Sturm.* Assez commun à Metz et à Remiremont.

armadillo *De Geer.* Assez rare : dans les caves. Nancy (*Mathieu*);

Metz (*Géhin*) ; Remiremont (*Puton*).

punctulus *Beck.* Metz (*Bellevoie*).

Comazus *Fairm. et Lab.*

dubius *Marsh.* Remiremont (*Puton*).

FAM. 12. — TRICHOPTÉRYGIENS.

Ptenidium *Erichs.*

apicale *Erichs.* Rare. Nancy (*Mathieu*); Metz (*Bellevoie*); Remiremont (*Puton*).

lævigatum *Erichs.* Metz (*Bellevoie*) ; Remiremont (*Puton*).

pusillum *Gyll.* Metz (*Bellevoie*) ; Remiremont (*Puton*) ; Verdun (*Liénard*).

Gressneri *Gillm.* Metz (*Bellevoie*).

Ptilium *Erichs.*

angustatum *Erichs.* Metz (*Belle-voie*).
Kunzei *Heer.* Rare. Metz (*Belle-voie*).
minutissimum *Web. et Mohr.* Metz (*Bellevoie*).
cæsum *Erichs.* Metz (*Bellevoie*).
inquilinum *Erichs.* Metz (*Belle-voie*).
excavatum *Erichs.* Metz (*Belle-voie*).

Ptinella *Matthews.*

aptera *Guer.* Metz (*Bellevoie*).
gracilis *Gillm.* Metz (*Bellevoie*).

Pteryx *Matthews.*

suturalis *Heer.* Dans les fourmi-lières. Metz (*Bellevoie*); Remi-remont (*Puton*).

Trichopteryx *Kirby.*

atomaria *De Geer.* Assez commun à Nancy; Metz.
grandicollis *Mann.* Assez commun à Nancy.
fascicularis *Herbst.* Assez commun à Nancy; Metz; Verdun.
thoracica *Gillm.* Rare. Nancy (*Mathieu*); Metz (*Bellevoie*).
sericans *Gillm.* Rare. Nancy (*Mathieu*); Metz (*Bellevoie*).
pumila *Erichs.* Metz (*Bellevoie*).

FAM. 13. — SCAPHIDILES.

Scaphidium *Oliv.*

quadrimaculatum *Oliv.* Rare : dans les Champignons. Nancy; Metz; Epinal, Remiremont, Darney.

Scaphium *Kirby.*

immaculatum *Oliv.* Très-rare : dans les Champignons. Nancy (*Ma-thieu*); Metz (*Géhin*); Verdun (*Liénard*).

Scaphisoma *Leach.*

agaricinum *Oliv.* Commun : dans les Champignons.
Boleti *Panz.* Très-rare. Remire-mont (*Puton*).

FAM. 14. — HISTÉRIENS.

Platysoma *Leach*.

frontale *Payk.* Sous les écorces.
   Vosges, au Champ-du-feu (*Mathieu*); Sarreguemines (*Gayllot*).
depressum *Fabr.* Assez commun.
   Nancy; Metz; Darney; Verdun.
oblongum *Fabr.* Très-rare. Nancy
   (*Mathieu*); Metz (*Géhin*).
angustatum *Ent. Heft.* Rare. Metz.

Hister *L*.

major *L.* Rare. Darney (*Le Paige*).
quadrimaculatus *L.* Commun.
unicolor *L.* Commun.
cadaverinus *Ent. Heft.* Commun.
ventralis *Marsh.* Metz (*Bellevoie*).
terricola *Germ.* Metz; Epinal.
merdarius *Ent. Heft.* Nancy; Metz;
   Epinal, Darney; Verdun.
fimetarius *Herbst.* Rare. Metz (*Géhin*); Epinal (*Berher*), Darney
   (*Le Paige*).
neglectus *Germ.* Commun.
ignobilis *Marsh.* Vosges (*Puton*).
carbonarius *Ent. Heft.* Rare. Nancy; Metz; Epinal, Remiremont,
   Darney; Verdun.
ruficornis *Grimm.* Rare. Nancy
   (*Mathieu*); Remiremont (*Puton*).
purpurascens *Herbst.* Commun.
stercorarius *Ent. Heft.* Commun.

quadrinotatus *Scriba.* Commun à
   Nancy; Metz.
funestus *Erichs.* Remiremont.
bimaculatus *L.* Commun.
duodecimstriatus *Schrank.* Assez
   commun.
quatuordecimstriatus *Gyll.* Darney.
corvinus *Germ.* Assez commun.

Paromalus *Erichs*.

complanatus *Ill.* Sous les écorces.
   Metz (*Géhin*).
parallelipipedus *Herbst.* Assez commun dans la chaîne des Vosges.
flavicornis *Herbst.* Très-rare. Darney; Verdun.

Heterius *Erichs*.

sesquicornis *Preyssl.* Rare : dans
   les fourmilières. Nancy, Dieuze;
   Metz; Epinal, Darney.

Dendrophilus *Leach*.

punctatus *Herbst.* Dans les fourmilières. Dieuze; Metz; Remiremont; Verdun.
pygmæus *L.* Rare. Liverdun (*Mathieu*), Dieuze (*Leprieur*); Remiremont (*Puton*).

Saprinus *Erichs*.

nitidulus *Payk.* Assez rare : sous

les détritus. Nancy ; Metz ; Epinal, Darney ; Verdun.

subnitidus *Marsh.* Commun à Nancy.

speculifer *Latr.* Rare : sous les
détritus. Metz (*Géhin*) ; Verdun
(*Liénard*).

æneus *Fabr.* Assez rare : dans les
cadavres. Nancy ; Metz ; Epinal,
Darney ; Verdun.

virescens *Payk.* Rare. Nancy (*Mathieu*).

rufipes *Payk.* Metz (*Géhin*).

conjungens *Payk.* Commun : dans
les cadavres.

rugifrons *Payk.* Assez commun à
Nancy.

metallicus *Herbst.* Rare : dans les
cadavres. Metz (*Géhin*) ; Verdun
(*Liénard*).

Gnathoncus *Duval.*

piceus *Ill.* Dans les fourmilières.
Metz (*Géhin*) ; Remiremont (*Puton*).

rotundatus *Ill.* Metz (*Géhin*) ; Vosges (*Puton*) ; Verdun (*Liénard*).

Teretrius *Erichs.*

picipes *Fabr.* Rare : sous les écorces. Metz (*Géhin*) ; Verdun (*Liénard*).

Plegaderus *Erichs.*

vulneratus *Panz.* Assez rare. Nancy ; Metz ; Remiremont.

cæsus *Ill.* Rare. Dieuze (*Leprieur*);
Metz (*Géhin*).

Onthophilus *Leach.*

sulcatus *Fabr.* Rare : sous les détritus, les bouses. Metz (*Géhin*).

striatus *Fabr.* Assez commun.

Abræus *Leach.*

globulus *Creutz.* Assez rare. Metz
(*Géhin*).

globosus *Ent. Heft.* Dans les fourmilières. Metz.

Acritus *Le Conte.*

minutus *Fabr.* Rare. Nancy (*Mathieu*).

nigricornis *Entom. Heft.* Metz (*Bellevoie*) ; Verdun (*Liénard*).

FAM. 15. — PHALACRIDES.

Phalacrus *Payk.*

corruscus *Payk.* Commun.

Caricis *Sturm.* Sur les plantes des
prairies. Metz (*Géhin*) ; Vosges
(*Puton*).

Olibrus *Erichs.*

corticalis *Schh.* Nancy ; Darney.

æneus *Ill.* Nancy ; Metz ; Epinal.

bicolor *Fabr.* Assez commun.

liquidus *Erichs.* Rare. Nancy (*Mathieu*) ; Remiremont (*Puton*).

affinis *Sturm.* Vosges (*Puton*).

Millefolii *Payk.* Commun à Nancy ; Vosges ; Verdun.

pygmæus *Sturm.* Sous les écorces. Vosges (*Puton*).

geminus *Ill.* Nancy ; Metz ; Epinal ; Verdun.

piceus *Steph.* Rare. Nancy (*Mathieu*) ; Metz (*Géhin*) ; Remiremont (*Puton*) ; Verdun (*Liénard*).

oblongus *Erichs.* Assez commun. Nancy ; Vosges.

FAM. 16. — NITIDULAIRES.

Cercus *Latr.*

pedicularius *L.* Commun : sur les plantes.

Sambuci *Erichs.* Nancy ; Metz ; Remiremont ; Verdun.

rufilabris *Latr.* Metz (*Géhin*) ; Vosges (*Puton*) ; Verdun (*Liénard*).

Brachypterus *Kügel.*

gravidus *Ill.* Assez commun : sur les fleurs.

fulvipes *Erichs.* Briey (*Géhin*) ; Verdun (*Liénard*).

pubescens *Erichs.* Vosges (*Puton*).

Urticæ *Fabr.* Commun : sur les Orties.

rubiginosus *Fabr.* Peu commun. Nancy ; Remiremont ; Verdun.

Carpophilus *Leach.*

sexpustulatus *Fabr.* Assez rare :

sous les écorces. Nancy (*Mathieu*) ; Gérardmer (*Berher*) ; Verdun (*Liénard*).

Epuræa *Erichs.*

decemguttata *Fabr.* Darney (*Le Paige*).

æstiva *L.* Commun : sous les écorces.

melina *Erichs.* Nancy ; Remiremont.

immunda *Erichs.* Très-commun dans les Vosges, sur les souches des Sapins fraichement exploités.

neglecta *Heer.* Dans les Champignons. Remiremont (*Puton*) ; Monthureux-sur-Saône (*Mathieu*) ; Verdun (*Liénard*).

obsoleta *Fabr.* Assez commun : dans les maisons. Nancy ; Metz Remiremont, Darney ; Verdun.

parvula *Sturm*. Vosges (**Puton**); Verdun (*Liénard*).

angustula *Erichs*. Vosges (**Puton**).

pygmæa *Gyll*. Verdun (*Liénard*).

pusilla *Ill*. Remiremont (**Puton**).

florea *Erichs*. Assez commun. Nancy ; Remiremont.

melanocephala *Marsh*. Vosges.

limbata *Fabr*. Dans les caves. Metz (**Géhin**) ; Vosges (**Puton**).

Nitidula *Fabr*.

bipustulata *Fabr*. Dieuze ; Metz ; Remiremont, Darney ; Verdun.

quadripustulata *Fabr*. Assez rare : sur les fleurs. Nancy ; Metz ; Remiremont; Verdun.

rufipes *L* Rare : sous les écorces. Metz (**Géhin**) ; Darney (*Le Paige*) ; Remiremont (**Puton**) ; Verdun (*Liénard*).

Soronia *Erichs*.

grisea *L*. Commun : sur les fleurs.

Amphotis *Erichs*.

marginata *Fabr*. Sous les pierres avec le *Formica fuliginosa*. Phalsbourg (*Mathieu*) ; Metz (**Géhin**) ; Darney (*Le Paige*), Remiremont (**Puton**) ; Verdun (*Liénard*).

Omosita *Erichs*.

depressa *L*. Assez rare : sur les fleurs. Dieuze ; Metz ; Remiremont, Darney ; Verdun.

colon *L*. Commun : dans les celliers.

discoidea *Fabr*. Assez rare : dans les caves. Dieuze ; Metz ; Remiremont, Darney ; Verdun.

Thalycra *Erichs*.

fervida *Gyll*. Très-rare. Un seul individu trouvé à Remiremont (**Puton**) ; Verdun (*Liénard*).

Pria *Steph*.

Dulcamaræ *Ill*. Assez commun au bord des eaux sur le *Solanum Dulcamara*.

Meligethes *Kirby*.

rufipes *Gyll*. Commun : sous les écorces. Nancy, Dieuze ; Metz ; Remiremont.

lumbaris *Sturm*. Peu commun. Nancy ; Remiremont.

hebes *Erichs*. Rare. Nancy (*Mathieu*) ; Vosges (**Puton**).

hæmorrhoidalis *Först*. Vosges (**Puton**).

æneus *Fabr*. Très-commun et ravage les fleurs du Colza.

viridescens *Fabr*. Très-commun et ravage les champs de Colza.

coracinus *Sturm*. Commun à Nancy ; Vosges.

subrugosus *Gyll*. Vosges (**Puton**).

Symphyti *Heer*. Très-commun sur les fleurs du *Symphytum officinale*.

ochropus *Sturm*. Vosges (*Puton*).

difficilis *Heer*. Rare. Nancy (*Mathieu*); Remiremont (*Puton*).

Kunzei *Erichs*. Vosges (*Puton*).

? brunnicornis *Sturm*. Remiremont (*Puton*).

viduatus *Sturm*. Vosges (*Puton*).

pedicularius *Gyll*. Commun à Nancy; Verdun.

assimilis *Sturm*. Remiremont (*Puton*).

serripes *Gyll*. Sur les herbes. Metz; Vosges.

umbrosus *Sturm*. Rare. Nancy (*Mathieu*); Remiremont (*Puton*).

maurus *Sturm*. Vosges (*Puton*); Verdun (*Liénard*).

tristis *Sturm*. Metz (*Géhin*); Verdun (*Liénard*).

planiusculus *Heer*. Rare. Nancy (*Mathieu*).

nanus *Erichs*. Vosges (*Puton*).

ovatus *Sturm* Rare. Nancy (*Mathieu*).

flavipes *Sturm*. Rare. Nancy (*Mathieu*); Verdun (*Liénard*).

picipes *Sturm*. Rare. Nancy; Remiremont.

obscurus *Erichs*. Verdun (*Liénard*).

discoideus *Erichs*. Rare. Nancy (*Mathieu*).

lugubris *Sturm*. Vosges (*Puton*).

palmatus *Erichs*. Vosges (*Puton*).

erythropus *Gyll*. Assez rare. Nancy; Remiremont.

exilis *Sturm*. Remiremont (*Puton*).

Pocadius *Erichs*.

ferrugineus *Fabr*. Assez commun : dans les fruits. Nancy; Metz; Remiremont; Verdun.

Cychramus *Kügel*.

quadripunctatus *Herbst*. Dans les Champignons. Nancy; Metz; Gérardmer, Remiremont.

fungicola *Heer*. Vosges (*Puton*).

luteus *Fabr*. Commun.

Cryptarcha *Shuck*.

strigata *Fabr*. Rare : dans les Champignons. Dieuze (*Moye*); Metz (*Géhin*); Epinal (*Berher*), Remiremont (*Puton*), Darney (*Le Paige*).

imperialis *Fabr*. Très-rare. Nancy (*Mathieu*) : Metz (*Géhin*); Epinal (*Berher*), Darney (*Le Paige*); Verdun (*Liénard*).

punctatissima *Boield*. Darney (*Le Paige*).

Ips *Fabr*.

quadriguttatus *Fabr*. Assez commun : sous les écorces.

quadripunctatus *Herbst*. Nancy; Metz.

quadripustulatus *Fabr.* Nancy; Metz; Epinal, Darney.

ferrugineus *Fabr.* Dieuze ; Metz ; Gérardmer, Darney.

Rhizophagus *Herbst.*

depressus *Fabr.* Sous l'écorce des souches. Metz ; Epinal , Remiremont ; Verdun.

ferrugineus *Panz.* Assez commun.

parallelicollis *Gyll.* Metz (*Belle-voie*).

nitidulus *Fabr.* Remiremont (*Puton*).

dispar *Payk.* Nancy (*Mathieu*); Remiremont (*Puton*).

bipustulatus *Fabr.* Commun.

politus *Hellw.* Peu commun. Nancy (*Mathieu*).

parvulus *Payk.* Metz; Epinal, Remiremont ; Verdun.

FAM. 17. — TROGOSITAIRES.

Trogosita *Oliv.*

caraboïdes *Fabr.* Rare : sous l'écorce des Chênes. Nancy (*Mathieu*); Metz (*Géhin*); Epinal (*Berher*), Darney (*Le Paige*); Verdun (*Liénard*). M. Roubalet l'a trouvé en outre abondamment à Nancy dans du Riz attaqué par la Calandre.

Peltis *Geoffr.*

ferruginea *L.* Rare : sous les écor-ces. Metz et Briey (*Géhin*).

oblonga *L.* Rare : dans les vieux Saules. Dieuze (*Moye*).

Yvanii *Alib.* Insecte originaire de Chine, trouvé abondamment à Nancy dans du Riz par M. Roubalet.

Thymalus *Latr.*

limbatus *Fabr.* Très-rare : sous les écorces et dans les Champignons. Phalsbourg (*Mathieu*); Metz (*Géhin*).

FAM. 18. — COLYDIENS.

Sarrotrium *Ill.*

clavicorne *L.* Rare. Thionville (*Creton*); Epinal (*Berher*), Dompaire (*l'abbé Lallement*), Remiremont (*Puton*).

Coxelus *Latr.*

pictus *Sturm.* Sous les souches de Sapin. Phalsbourg (*Gaubil*); Gérardmer et Remiremont (*Puton*).

Ditoma *Ill.*

crenata *Herbst.* Sous les écorces. Nancy ; Sarreguemines ; Epinal, Darney ; Verdun.

Colobicus *Latr.*

emarginatus *Latr.* Très-rare : sous les écorces. Metz (*Géhin*).

Synchita *Hellw.*

Juglandis *Fabr.* Rare : sous les écorces. Bords de la Meurthe à Bosserville (*Roubalet*).

Aulonium *Erichs.*

sulcatum *Oliv.* Rare : sur les Ormes. Nancy (*Roubalet*), Dieuze (*Moye et Leprieur*) ; Epinal (*Berher*) ; Verdun (*Liénard*).

Colydium *Fabr.*

elongatum *Fabr.* Rare : sous les écorces. Nancy ; Metz ; Epinal.

filiforme *Fabr.* Rare : sous l'écorce des Chênes. Nancy (*Mathieu*), Phalsbourg (*Gaubil*).

Teredus *Shuck.*

nitidus *Fabr.* Très rare. Vosges (*Berher*).

Aglenus *Erichs.*

brunneus *Gyll.* Espèce méridionale trouvée à Nancy dans du Riz attaqué par les Calandres.

Cerylon *Latr.*

histeroïdes *Fabr.* Commun : sous les écorces.
angustatum *Erichs.* Vosges (*Puton*).
deplanatum *Gyll.* Vosges (*Mathieu*).

FAM. 19. — CUCUJIDES.

Brontes *Fabr.*

planatus *L.* Commun : sous les écorces.

Laemophlœus *Erichs.*

denticulatus *Preyssl.* Metz ; Epinal, Darney ; Verdun.
bimaculatus *Payk.* Metz (*Géhin*).

testaceus *Fabr.* Commun à Metz ; Verdun.
duplicatus *Waltl.* Assez commun à Nancy, à Metz et à Dieuze.
pusillus *Schönh.* Dans le Riz attaqué par les Calandres. Nancy ; Remiremont.
ferrugineus *Steph.* Metz (*Géhin*).
Clematidis *Erichs.* Région calcaire. Parasite du *Bostrichus bis-*

pinus et vit avec lui dans le *Clematis Vitalba*.

Pediacus *Shuck.*

dermestoïdes *Fabr.* Très-rare. Dieuze (*Leprieur*); Metz (*Bellevoie*).

Silvanus *Latr.*

frumentarius *Fabr.* Dans le Riz avarié. Nancy.
bidentatus *Fabr.* Dieuze (*Moye et Leprieur*); Bitche (*Gaubil*).
unidentatus *Fabr.* Nancy; Bitche; Epinal; Verdun.
similis *Erichs.* Metz, Saint-Avold

(*Géhin*); Remiremont (*Puton*).
asperatus *Dej.* Dans les capitules de Chardons. Nancy (*Roubalet*).
advena *Waltl.* Vosges (*Puton*).
elongatus *Gyll.* Metz (*Bellevoie*).

Monotoma *Herbst.*

picipes *Payk.* Commun dans les fourmilières.
conicicollis *Aubé.* Dieuze; Bitche; Remiremont.
angusticollis *Gyll.* Liverdun; Bitche; Remiremont.
brevicollis *Aubé.* Verdun (*Liénard*).
spinicollis *Aubé.* Bitche (*Gaubil*).
punctaticollis *Aubé.* Metz (*Géhin*).
longicollis *Gyll.* Metz (*Géhin*).

FAM. 20. — CRYPTOPHAGIDES.

Antherophagus *Latr.*

nigricornis *Fabr.* Très-rare : fleurs des *Rubus.* Nancy et Sainte-Marie-aux-Mines (*Mathieu*); Metz (*Géhin*); Epinal (*Berher*), Darney (*Le Paige*); Verdun (*Liénard*).
silaceus *Herbst.* Très-rare. Nancy (*Mathieu*); Remiremont (*Puton*).
pallens *Oliv.* Très-rare. Nancy (*Mathieu*); Metz (*Géhin*); Remiremont (*Puton*); Verdun (*Liénard*).

Cryptophagus *Herbst.*

Lycoperdi *Herbst.* Commun : dans les *Lycoperdon.*
Schmidtii *Sturm.* Assez commun dans les caves et les lieux obscurs. Nancy; Verdun.
setulosus *Sturm.* Assez commun à Nancy.
pilosus *Gyll.* Assez rare. Epinal, Remiremont.
scanicus *L.* Très-commun.
badius *Sturm.* Assez commun Nancy.
affinis *Sturm.* Nancy, Pont-à-

Mousson; Remiremont.

cellaris *Scop.* Darney (*Le Paige*);
Verdun (*Liénard*).

acutangulus *Gyll.* Vosges (*Puton*).

fumatus *Gyll.* Vosges (*Puton*).

denticulatus *Heer.* Bitche (*Gaubil*).

dentatus *Herbst.* Rare. Nancy (*Mathieu*); Remiremont (*Puton*).

distinguendus *Sturm.* Vosges (*Puton.*

subdepressus *Gyll.* Rare. Nancy (*Mathieu*).

vini *Panz.* Rare. Nancy (*Mathieu*);
Verdun (*Liénard*).

crenulatus *Erichs.* Metz (*Géhin*).

Populi *Payk.* Metz (*Géhin*).

Caricis *Scop.* Vosges (*Puton*).

vaginatus *Sturm.* Vosges (*Puton*).

Paramecosoma *Curt.*

melanocephalum *Herbst.* Assez commun.

Atomaria *Steph.*

fimetarii *Herbst.* Rare. Nancy (*Mathieu*); Epinal (*Berher*).

fumata *Erichs.* Rare. Nancy (*Mathieu*).

nana *Erichs.* Rare. Nancy (*Mathieu*); Remiremont (*Puton*).

umbrina *Gyll.* Nancy; Remiremont;
Verdun.

elongatula *Erichs.* Assez commun
à Nancy.

linearis *Steph.* Nancy (*Mathieu*);
Verdun (*Liénard*).

mesomelas *Herbst.* Vosges (*Puton*).

bicolor *Erichs.* Verdun (*Liénard*).

impressa *Erichs.* Rare. Nancy (*Mathieu*).

nigripennis *Payk.* Commun à Nancy; Dieuze; Verdun.

fuscata *Schönh.* Rare. Nancy (*Mathieu*); Remiremont (*Puton*).

cognata *Erichs.* Verdun (*Liénard*).

atricapilla *Steph.* Assez rare. Nancy (*Mathieu*).

gravidula *Erichs.* Rare. Nancy (*Mathieu*).

pusilla *Payk.* Vosges (*Puton*).

turgida *Erichs.* Remiremont (*Puton*).

analis *Erichs.* Assez rare. Nancy;
Remiremont.

ruficornis *Marsh.* Commun à Remiremont; Verdun.

Ephistemus *Westw.*

globosus *Waltl.* Phalsbourg (*Gaubil*); Remiremont (*Puton*); Verdun (*Liénard*).

gyrinoïdes *Marsh.* Commun à Remiremont; Verdun.

FAM. 21. — LATHRIDIENS.

Langelandia *Aubé.*

anophthalma *Aubé.* Très-rare. Verdun (*Liénard*).

Anommatus *Wesm.*

duodecimstriatus *Müll.* Verdun (*Liénard*).

Holoparamecus *Curt.*

singularis *Beck.* Dans le Riz avarié. Nancy.

Lathridius *Ill.*

lardarius *De Geer.* Metz (*Bellevoie*); Remiremont (*Puton*).
angusticollis *Humm.* Nancy, Phalsbourg; Verdun.
rugicollis *Oliv.* Metz (*Géhin*).
? constrictus *Gyll.* Metz (*Géhin*); Remiremont (*Puton*).
elongatus *Curt.* Metz (*Géhin*).
liliputanus *Mann.* Rare. Remiremont (*Puton*).
collaris *Mann.* Metz et Sarreguemines (*Géhin*).
transversus *Oliv.* Assez commun.
minutus *L.* Commun.
filiformis *Gyll.* Dieuze; Remiremont; Verdun.

gracilis *Müll.* Remiremont (*Puton*).

Corticaria *Marsh.*

pubescens *Ill.* Commun dans la région calcaire.
crenulata *Gyll.* Metz (*Géhin*).
impressa *Oliv.* Sarreguemines (*Géhin*).
serrata *Payk.* Metz (*Géhin*).
formicetorum *Mann.* Vosges (*Puton*).
foveola *Beck.* Metz (*Géhin*).
elongata *Gyll.* Metz (*Bellevoie*); Verdun (*Liénard*).
ferruginea *Marsh.* Darney (*Le Paige*); Verdun (*Liénard*).
gibbosa *Herbst.* Nancy; Metz; Epinal, Darney.
transversalis *Gyll.* Nancy (*Mathieu*); St-Avold (*Géhin*); Verdun (*Liénard*).
parvula *Mann.* Metz (*Géhin*).
fuscula *Humm.* Rare. Nancy (*Mathieu*); Metz (*Géhin*).
fuscipennis *Mann.* Vosges (*Puton*).

Dasycerus *Brongn.*

sulcatus *Brongn.* Assez commun.

FAM. 22. — MYCETOPHAGIDES.

Mycetophagus *Hellw.*

quadripustulatus *L.* Assez commun dans les Champignons, dans la région calcaire.

piceus *Fabr.* Nancy, Dieuze ; Metz ; Epinal, Darney.

decempunctatus *Fabr.* Metz (*Géhin*).

atomarius *Fabr.* Nancy ; Remiremont, Darney.

multipunctatus *Hellw.* Assez rare. Nancy ; Briey ; Epinal.

fulvicollis *Fabr.* Rare. Darney (*Le Paige*).

Populi *Fabr.* Rare. Metz (*Géhin*).

Triphyllus *Latr.*

punctatus *Fabr.* Sarreguemines (*Géhin*) ; Verdun (*Liénard*).

Litargus *Erichs.*

bifasciatus *Fabr.* Dans les Champignons. Nancy ; Metz, Sarreguemines ; Remiremont ; Verdun.

Typhæa *Kirby.*

fumata *L.* Nancy ; Epinal, Remiremont ; Verdun.

FAM. 23. — DERMESTINS.

Dermestes *L.*

vulpinus *Fabr.* Peu commun. Metz ; Epinal.

Frischii *Kügel.* Assez commun à Nancy dans les cadavres.

murinus *L.* Commun.

undulatus *Brahm.* Assez rare. Nancy ; Remiremont.

laniarius *Ill.* Assez commun : dans les cadavres. Nancy ; Metz.

ater *Oliv.* Metz (*Géhin*) ; Vosges (*Puton*).

lardarius *L.* Très-commun dans les maisons.

Attagenus *Latr.*

pellio *L.* Très-commun : sur les fleurs. Attaque les pelleteries à l'état de larve.

megatoma *Fabr.* Très-rare. Metz (*Géhin*) ; Remiremont (*Puton*).

Megatoma *Herbst.*

undata *L.* Assez rare. Nancy ; Metz ; Epinal.

Hadrotoma *Erichs.*

marginata *Payk.* Vosges (*Puton*).

Trogoderma *Latr.*

elongatulum *Fabr.* Rare. Nancy (*Mathieu*).

Tirésias *Steph.*

serra *Fabr.* Vosges (*Berher*).

Anthrenus *Geoffr.*

Scrophulariæ *L.* Très-commun : sur les fleurs.
Pimpinellæ *Fabr.* Commun.
varius *Fabr.* Très-commun.
museorum *L.* Très-commun.
claviger *Erichs.* Remiremont (*Puton*).

FAM. 24. — BYRRHIENS.

Nosodendron *Latr.*

fasciculare *Oliv.* Rare. Dans les plaies des Ormes et des Sapins. Nancy, à la pépinière, et Phalsbourg (*Mathieu*); Metz (*Géhin*); Darney (*Le Paige*).

Syncalypta *Dillwyn.*

spinosa *Rossi.* Verdun (*Liénard*).

Byrrhus *L.*

ornatus *Panz.* Commun dans les forêts de la chaîne des Vosges.
pilula *L.* Très-commun.
fasciatus *Fabr.* Nancy; Metz; Epinal; Verdun.
signatus *Panz.* Rare. Darney (*Le Paige*).
dorsalis *Fabr.* Rare. Nancy (*Mathieu*); Metz (*Géhin*); Epinal

(*Berher*), Darney (*Le Paige*); Verdun (*Liénard*).
murinus *Ill.* Très-rare. Nancy (*Mathieu*); Verdun (*Liénard*).

Cytilus *Erichs.*

varius *Fabr.* Commun.

Morychus *Erichs.*

æneus *Fabr.* Metz; Epinal.
nitens *Panz.* Nancy; Metz; Epinal, Darney.

Simplocaria *Marsh.*

semistriata *Ill.* Rare. Nancy (*Mathieu*); Metz (*Géhin*).

Limnichus *Latr.*

pygmæus *Sturm.* Rare. Nancy (*Mathieu*).
sericeus *Dufts.* Nancy; Metz.

FAM. 25. — GÉORYSSINS.

Georyssus *Latr.*

pygmæus *Fabr.* Peu commun : vit dans les lieux humides, au bord des ruisseaux, dans la terre ou sur le sol; il est souvent couvert de boue ou de sable. Nancy; Metz.

FAM. 26. — PARNIDES.

Parnus *Fabr.*

prolifericornis *Fabr.* Commun : sur les plantes submergées.

luridus *Erichs.* Remiremont (*Puton*).

viennensis *Heer.* Peu commun. Nancy; Remiremont.

auriculatus *Ill.* Assez commun : sur les plantes submergées.

nitidulus *Heer.* Assez commun. Nancy; Metz.

Dumerilii *Latr.* Metz (*Géhin*).

Potamophilus *Germ.*

acuminatus *Fabr.* Très-rare : bords des eaux. Nancy (*Mathieu*); Metz (*Géhin*).

Limnius *Müll.*

tuberculatus *Müll.* Dans les ruisseaux. Metz (*Géhin*); Vosges (*Puton*).

troglodytes *Gyll.* Rare. Metz (*Géhin*).

Elmis *Latr.*

æneus *Müll.* Assez rare : sous les pierres au bord des eaux. Metz; Epinal, Remiremont, Darney; Verdun.

Maugetii *Latr.* Peu commun. Nancy; Metz; hautes Vosges jusqu'au Hohneck; Verdun.

obscurus *Müll.* Metz (*Géhin*).

Volkmari *Panz.* Verdun (*Liénard*).

Germari *Erichs.* Remiremont (*Puton*).

parallelipipedus *Müll.* Metz (*Géhin*); Verdun (*Liénard*).

angustatus *Müll.* Metz (*Géhin*); Vosges (*Puton*); Bourbonne-les-Bains (*Leprieur*).

cupreus *Müll.* Rare : sous les pierres dans les ruisseaux. Vosges (*Puton*).

Stenelmis *L. Duf.*

canaliculatus *Gyll.* Dans les eaux. Metz (*Géhin*).

Macronychus *Müll.*

quadrituberculatus *Müll.* Assez ré-
pandu, mais dans des localités restreintes : dans les ruisseaux. Dieuze (*Leprieur*); Metz (*Géhin*).

FAM. 27. — HÉTÉROCÉRIDES.

Heterocerus *Fabr.*

femoralis *Kiesw.* Assez commun : bord des eaux, dans la terre humide. Nancy (*Mathieu*).

marginatus *Fabr.* Assez commun. Nancy; Metz ; Epinal, Darney ; Verdun.

hispidulus *Fabr.* Rare. Dieuze (*Moye*); Sarreguemines (*Géhin*).

FAM. 28. — LUCANIDES.

Lucanus *L.*

Cervus *L.* Commun : dans les bois, sur les vieux Chênes.
var. *Capreolus Fabr.* Nancy, Thiaucourt; Epinal, Darney ; Verdun.

Dorcus *Mac Leay.*

parallelipipedus *L.* Assez commun : sur les arbres.

Platycerus *Geoffr.*

caraboïdes *L.* Commun : bois, sur les arbres.

Sinodendron *Fabr.*

cylindricum *L.* Rare : dans les vieux Saules. Nancy (*Mathieu*) ; Metz (*Géhin*) ; Epinal (*Berher*).

FAM. 29. — SCARABÉIDES.

Sisyphus *Latr.*

Schæfferi *L.* peu commun : dans les bouses. Nancy à la côte de Malzéville; Metz; Verdun.

Gymnopleurus *Ill.*

Mopsus *Pall.* Dans les bouses. Sur

les coteaux calcaires à Metz.

Copris *Geoffr.*

lunaris *L.* commun : dans les bouses.

Onthophagus *Latr.*

Taurus *L.* Rare : dans les bouses.

Nancy (*Mathieu*); Metz (*Géhin*); Epinal (*Berher*), Darney (*Le Paige*); Verdun (*Liénard*).

nutans *Fabr.* Darney; Verdun.

vacca *L.* Assez commun dans la région calcaire.

cœnobita *Herbst.* Nancy; Metz; Epinal, Darney; Verdun.

fracticornis *Fabr.* Commun.

nuchicornis *L.* Commun. Nancy; Metz; Epinal, Darney; Verdun.

lemur *Fabr.* Commun.

ovatus *L.* Commun.

Schreberi *L.* Commun.

Onitticellus *Lepell. et Serv.*

flavipes *Fabr.* Dans les bouses. Nancy; Metz; Epinal, Darney; Verdun.

pallipes *Fabr.* Très – rare. Metz (*Géhin*).

Aphodius *Ill.*

erraticus *L.* Très-commun : dans les bouses.

subterraneus *L.* Commun.

fossor *L.* commun.

hæmorrhoidalis *L.* Nancy; Metz; Epinal, Darney; Verdun.

scybalarius *Fabr.* Metz; Epinal, Remiremont, Darney.

fœtens *Fabr.* Rare. Nancy (*Mathieu*); Metz (*Géhin*).

fimetarius *L.* Très-commun.

ater *De Geer.* Assez rare. Metz (*Géhin*); Verdun (*Liénard*).

granarius *L.* Commun.

fœtidus *Fabr.* Rare. Nancy (*Mathieu*); Epinal (*Berher*); Verdun (*Liénard*).

sordidus *Fabr.* Nancy; Metz; Epinal; Verdun.

rufescens *Fabr.* Rare. Darney (*Le Paige*).

lugens *Creutz.* Très-rare. Nancy (*Mathieu*); Metz (*Géhin*).

nitidulus *Fabr.* Assez commun à Nancy et à Metz.

immundus *Creutz.* Nancy; Metz; Epinal, Darney; Verdun.

bimaculatus *Fabr.* Metz; Epinal, Darney; Verdun.

plagiatus *L.* Rare. Metz (*Géhin*); Verdun (*Liénard*).

lividus. *Oliv.* Metz (*Géhin*).

inquinatus *Fabr.* Très-commun avec ses nombreuses variétés.

melanostictus *Schaum.* Rare. Verdun (*Liénard*).

sticticus *Panz.* Peu commun. Nancy; Metz; Epinal, Darney.

pictus *Sturm.* Rare. Metz (*Géhin*); Epinal (*Berher*), Darney (*Le Paige*).

tessulatus *Payk.* Rare. Nancy (*Mathieu*); Metz (*Géhin*); Verdun (*Liénard*).

obscurus *Panz.* Rare. Sainte-Marie-aux-Mines (*Mathieu*).

porcus *Fabr.* Rare. Nancy (*Mathieu*); Metz (*Géhin*).

scrofa *Fabr.* Commun.

tristis *Panz.* Metz (*Géhin*).

pusillus *Herbst*. Nancy ; Metz ;
Verdun.

quadriguttatus *Herbst*. Dieuze ;
Metz ; Epinal.

quadrimaculatus *L.* Commun à la
côte de Malzéville près de Nancy ;
plus rare à Metz et à Epinal ;
Darney ; Verdun.

merdarius *Fabr*. Commun.

prodromus *Brahm*. Commun à Nancy ; Verdun.

punctato-sulcatus *Sturm*. Nancy
(*Mathieu*); Remiremont(*Puton*).
Généralement confondu avec le
précédent, mais distinct.

pubescens *Sturm*. Darney (*Le
Paige*).

consputus *Creutz*. Nancy ; Metz ;
Epinal ; Verdun.

obliteratus *Panz*. Rare. Verdun
(*Liénard*).

contaminatus *Herbst*. Nancy ; Metz ;
Epinal.

rufipes *L.* Commun.

luridus *Payk*. Très-commun, ainsi
que ses variétés.

depressus *Kügel*. Vosges (*Puton*).

pecari *Fabr*. Rare. Nancy (*Mathieu*) ; Metz (*Géhin*) ; Epinal
(*Berher*), Darney (*Le Paige*).

arenarius *Oliv*. Metz (*Géhin*).

Sus *Fabr*. Très-rare à Nancy ; plus
commun à Metz.

testudinarius *Fabr*. Assez commun
dans la région calcaire.

porcatus *Fabr*. Commun.

Ammœcius *Muls.*

brevis *Erichs*. Remiremont (*Puton*).

Rhyssemus *Muls.*

asper *Fabr*. Assez commun : dans
les bouses. A Nancy et à Metz.

Psammodius *Gyll.*

cæsus *Panz*. Commun : dans les
bouses. Nancy ; Metz ; Verdun.

vulneratus *Sturm*. Metz (*Géhin*).

sulcicollis *Ill.* Rare. Nancy (*Mathieu*) ; Metz (*Géhin*).

Ægialia *Latr.*

sabuleti *Payk*. Très-rare. Un seul
individu a été trouvé à Remiremont par M. Puton.

Odontæus *Klug.*

mobilicornis *Fabr*. Très-rare : dans
les champs de Trèfle. Nancy
(*Roubalet*); Metz (*Géhin*); Epinal
(*Berher*), Darney (*Le Paige*);
Verdun (*Liénard*).

Geotrupes *Latr.*

Typhœus *L.* Dans les bouses. Metz;
Epinal, Remiremont, Darney ;
Verdun.

stercorarius *L.* Commun.

putridarius *Erichs*. Nancy (*Mathieu*); Remiremont (*Puton*).

mutator *Marsh*. Commun à Nancy. Cette espèce, ainsi que les deux précédentes, quoique souvent confondues, sont très-distinctes et se trouvent probablement partout ensemble (*Mathieu*).

hypocrita *Ill*. Metz (*Géhin*), Bitche (*Gaubil*); Verdun (*Liénard*).

sylvaticus *Panz*. Nancy ; Metz ; Epinal, Darney ; Verdun.

vernalis *L*. Commun.

Trox *Fabr*.

perlatus *Scriba*. Rare : dans les bouses et les cadavres. Nancy (*Mathieu*); Metz (*Géhin*) ; Verdun (*Liénard*).

hispidus *Laich*. Metz (*Géhin*); Verdun (*Liénard*).

sabulosus *L*. Commun.

scaber *L*. Metz ; Epinal ; Verdun.

Hoplia *Ill*.

philanthus *Sulz*. Commun : sur les plantes.

praticola *Dufts*. Commun : sur les Saules.

farinosa *L*. Sur les Saules. Nancy, Pont-à-Mousson ; Darney ; Verdun.

Homaloplia *Steph*.

ruricola *Fabr*. Nancy à Malzéville; Metz ; Darney ; Verdun.

Serica *Mac Leay*.

holosericea *Scop*. Peu commun : sous les pierres. Nancy ; Metz ; Epinal, Darney.

brunnea *L*. Bords de la Moselle à Metz (*Géhin*) et à Remiremont (*Puton*) ; Verdun (*Liénard*).

Melolontha *Fabr*.

vulgaris *Fabr*. Trop commun : sur les arbres.

Hippocastani *Fabr*. Très-commun.

Polyphylla *Harris*.

fullo *L*. Très-rare. Un seul individu a été trouvé à Metz (*Géhin et Bellevoie*).

Rhizotrogus *Latr*.

solstitialis *L*. Commun.

ater *Fabr*. Très-commun.

ruficornis *Fabr*. Rare. Metz (*Géhin*); Darney *Le Paige*).

rufescens *Latr*. Commun à Nancy et à Metz ; Verdun.

æstivus *Oliv*. Commun.

Anisoplia *Lap*.

agricola *Fabr*. Sur les plantes. Nancy ; Metz ; Epinal, Darney.

Phyllopertha *Kirby*.

horticola *L*. Très-commun : sur les plantes.

Anomala *Köppe.*

Frischii *Fabr.* Assez commun : sur
les plantes.
Junii *Dufts.* Rare. Darney (*Le
Paige*).

Oryctes *Ill.*

nasicornis *L.* Très-rare. Metz (*Géhin*); Epinal (*Berher*); Verdun (*Liénard*).

Oxythyrea *Muls.*

stictica *L.* Très-commun : sur les
fleurs.

Cetonia *Fabr.*

hirta *Fabr.* Rare : sur les fleurs.
Metz (*Géhin*); Darney (*Le Paige*); Verdun (*Liénard*).
speciosissima *Scop.* Très-rare. Nancy (*Mathieu*); Metz (*Géhin*);
Darney (*Le Paige*).
affinis *Andersch.* Très-rare. Darney
(*Le Paige*).
marmorata *Fabr.* Rare. Nancy;
Metz ; Epinal, Darney ; Verdun.

metallica *Fabr.* Très-commun.
aurata *L.* Très-commun.

Osmoderma *Lepell. et Serv.*

eremita *L.* Rare : sur les arbres.
Nancy (*Mathieu*); Metz (*Géhin*);
Epinal (*Berher*), Darney (*Le
Paige*).

Gnorimus *Lepell. et Serv.*

variabilis *L.* Très-rare. Nancy (*Mathieu*); Metz (*Géhin*); Remiremont (*Puton*).
nobilis *L.* Commun, spécialement
sur les Rosiers, le Sureau et les
Ombellifères.

Trichius *Fabr.*

fasciatus *L.* Commun : sur les
fleurs.
abdominalis *Ménétr.* Assez commun, surtout dans les Vosges.

Valgus *Scriba.*

hemipterus *L.* Assez commun :
sous les écorces.

FAM. 30. — BUPRESTIDES.

Buprestis *L.*

berolinensis *Fabr.* Très-rare. Darney (*Le Paige*).

Pœcilonota *Eschsch.*

conspersa *Fabr.* Très-rare. Darney (*Le Paige*).

Ancylochira *Eschsch.*

Cupressi *Germ.* Metz (*Géhin*).
rustica *L.* Très-rare. Metz (*Géhin*).

Eurythyrea *Sol.*

austriaca *L.* Très-rare. Darney (*Le Paige*).

Anthaxia *Eschsch.*

Cichorii *Oliv.* Rare. Nancy (*Mathieu*) ; Metz (*Géhin*).
hypomelæna *Ill.* Assez rare. Nancy (*Mathieu*).
manca *Fabr.* Rare. Vosges (*Puton*).
Salicis *Fabr.* Assez commun : dans les perches à houblon et dans les Saules. Nancy ; Metz : Epinal, Darney ; Verdun.
nitidula *L.* Assez rare. Nancy ; Metz ; Darney.
nitida *Rossi.* Rare : dans les Saules. Nancy (*Mathieu*) ; Metz (*Géhin*).
sepulchralis *Fabr.* Assez rare. Nancy (*Mathieu*).
quadripunctata *L.* Nancy ; Epinal.

Chrysobothris *Eschsch.*

affinis *Fabr.* Très-rare : sur le tronc des vieux Hêtres. Nancy (*Mathieu*) ; Metz (*Géhin*) ; Darney (*Le Paige*).

Corœbus *Lap. et Gory.*

undatus *Fabr.* Très-rare : sur les vieux Chênes. Etain (*Géhin*) ; Epinal (*Berher*), Darney (*Le Paige*).

Agrilus *Solier.*

biguttatus *Fabr.* Rare : sur les jeunes Chênes. Nancy (*Mathieu*), Dieuze (*Moye*) ; Metz (*Géhin*) ; Epinal (*Berher*), Darney (*Le Paige*).
Guerinii *Lacord.* Très-rare : sur le *Salix Capræa.* Metz (*Géhin*) ; Darney (*Le Paige*).
sinuatus *Oliv.* Très-rare. Nancy (*Mathieu*) ; Metz (*Géhin*) ; Epinal (*Berher*), Darney (*Le Paige*) ; Verdun (*Liénard*). Sa larve vit dans le Poirier.
tenuis *Ratzeb.* Assez commun à Nancy ; Verdun.
angustulus *Ill.* Assez commun : sur le *Populus Tremula.*
cœruleus *Rossi.* Assez commun à Nancy ; Darney ; Verdun.
scaberrimus *Ratzeb.* Assez commun à Nancy.
rugicollis *Ratzeb.* Rare. Nancy (*Mathieu*).
pratensis *Ratzeb.* Peu commun. Nancy ; Verdun.
viridis *L.* Peu commun : sur les Chênes et les Saules et sur les bois abattus. On trouve aussi sa var. *Fagi Ratzeb.*

Hyperici *Creutz.* Commun à Nancy ; plus rare à Metz.

cinctus *Oliv.* Très-rare : sur le *Sarothamnus scoparius.* Darney (*Le Paige*).

aurichalceus *Redt.* Rare. Nancy (*Mathieu*).

integerrimus *Ratzeb.* Rare. Nancy (*Mathieu*).

Aphanisticus *Latr.*

emarginatus *Fabr.* Bords des eaux dans les herbes. Nancy ; Epinal. Darney.

pusillus *Oliv.* Rare. Nancy (*Mathieu*) ; Metz (*Géhin*) ; Vosges (*Puton*).

Trachys *Fabr.*

minutus *L.* Commun : sur les arbres.

nanus *Payk.* Très-rare. Nancy (*Mathieu*) ; Verdun (*Liénard*).

pygmæus *Fabr.* Rare. Darney (*Le Paige*).

FAM. 31. — EUCNÉMIDES.

Drapetes *Redt.*

equestris *Fabr.* Rare. Darney (*Le Paige*).

Throscus *Latr.*

dermestoïdes *L.* Rare : sur les fleurs. Metz (*Géhin*) ; Verdun (*Liénard*).

elateroïdes *Heer.* Nancy (*Mathieu*) ; Verdun (*Liénard*).

obtusus *Curt.* Nancy (*Mathieu*).

Cerophytum *Latr.*

elateroïdes *Latr.* Très-rare : dans les Champignons. Metz (*Géhin*) ; Verdun (*Liénard*).

Melasis *Oliv.*

buprestoïdes *L.* Rare : dans le tronc des Hêtres. Darney (*Le Paige*).

Tharops *Lap.*

melasoïdes *Lap.* (*Lepaigei Lacord.*) Dans le tronc des Hêtres. Darney (*Le Paige*), Epinal (*Berher*) ; Verdun (*Liénard*).

Eucnemis *Ahr.*

capucinus *Ahr.* Très-rare. Nancy (*Roubalet*) ; Metz (*Géhin*) ; Epinal (*Berher*), Darney (*Le Paige*).

Xylobius *Latr.*

Alni *Fabr.* Très-rare : sur les vieux arbres. Metz (*Géhin*).

FAM. 32. — ÉLATÉRIDES.

Adelocera *Latr.*

varia *Oliv.* Très-rare : vieux arbres. Dieuze (*Moye et Leprieur*); Metz (*Géhin*).

Lacon *Lap.*

murinus *L.* Très-commun : dans les prairies.

Ludius *Latr.*

ferrugineus *L.* Vosges (*Berher*); Etain (*Liénard*).

Corymbites *Latr.*

pectinicornis *L.* Commun dans les Hautes Vosges.

cupreus *Fabr.* Commun dans les Hautes Vosges.

castaneus *L.* Rare : sur les Pommiers fleuris. Nancy ; Metz ; Epinal, Darney ; Verdun.

serraticornis *Payk.* Rare. Verdun (*Liénard*).

hæmatodes *Fabr.* Bois. Nancy ; Metz ; Epinal, Darney ; Verdun.

tesselatus *L.* Assez commun : prairies.

affinis *Payk.* Très-rare. Remiremont (*Puton*).

Quercûs *Gyll.* Rare. Nancy (*Mathieu*) ; Darney (*Le Paige*); Remiremont (*Puton*).

impressus *Fabr.* Vosges (*Puton*).

metallicus *Payk.* Rare : sur les Saules. Nancy ; Metz ; Epinal, Darney.

æneus *L.* Assez commun : lieux arides.

latus *Fabr.* Très-commun : sur les Graminées.

cruciatus *Fabr.* Rare. Metz, au bois des Etangs ; Epinal (*Berher*), Darney (*Le Paige*).

bipustulatus *L.* Assez rare : sous les écorces. Nancy ; Metz ; Epinal, Darney ; Verdun.

holosericeus *L.* Commun.

cinctus *Payk.* Peu commun. Nancy ; Metz ; Remiremont ; Verdun.

Campylus *Fisch.*

rubens *Pill. et Mill.* Très-rare. Chaine des Vosges, au Champ du feu (*Mathieu*), à Remiremont (*Puton*).

linearis *L.* Nancy ; Metz ; Epinal, Darney ; Verdun.

Athous *Eschsch.*

rhombeus *Oliv.* Très-rare : coteaux herbeux. Metz (*Géhin*).

niger *L.* Commun : sur les Orties.

hæmorrhoidalis *Fabr.* Très-commun : sur les plantes.

vittatus *Fabr.* Commun : sur les Ombellifères.

puncticollis *Kiesenw.* Assez rare. Nancy (*Mathieu*).

Dejeanii *Casteln.* Rare. Darney (*Le Paige*).

longicollis *Fabr.* Peu commun : sur les Graminées. Nancy ; Metz; Epinal, Darney ; Verdun.

subfuscus *Gyll.* Assez commun : sur les Ombellifères.

Limonius *Eschsch.*

Bructeri *Fabr.* Bois. Nancy ; Metz; Epinal.

nigripes *Gyll.* Commun.

cylindricus *Payk.* Commun à Nancy, à Metz, à Verdun.

minutus *L.* Assez rare. Nancy ; Metz ; Epinal ; Verdun.

parvulus *Panz.* Assez rare. Nancy ; Metz; Epinal, Darney ; Verdun.

lythrodes *Germ.* Assez commun à Nancy et à Metz.

Sericosomus *Redt.*

brunneus *Fabr.* Assez rare. Nancy; Darney ; Verdun.

Dolopius *Eschsch.*

marginatus *L.* Commun : bois.

Agriotes *Eschsch.*

aterrimus *L.* Assez rare : sur les Chênes. Metz ; Epinal.

pilosus *Panz.* Commun : coteaux calcaires.

pallidulus *Ill.* Assez commun. Nancy ; Darney, Remiremont ; Verdun.

sobrinus *Kiesenw.* Remiremont (*Puton*).

lineatus *L.* Commun : prés, champs.

obscurus *L.* Commun : sur les Graminées.

sputator *L.* Commun : sur les Graminées.

ustulatus *Schall.* Très-commun : sur les Ombellifères. Nancy.

gallicus *Lap.* Assez commun. Nancy ; Metz ; Epinal, Darney ; Verdun.

Betarmon *Kiesenw.*

picipennis *Bach.* Vosges (*Puton*).

Adrastus *Eschsch.*

limbatus *Fabr.* Commun : sous les pierres.

luteipennis *Erichs.* Rare. Nancy (*Mathieu*).

pallens *Erichs.* Peu commun. Nancy ; Metz ; Remiremont.

pusillus *Fabr.* Nancy ; Metz ; Remiremont ; Verdun.

humilis *Erichs.* Commun à Nancy, à Metz et à Remiremont.

Synaptus *Eschsch.*

filiformis *Fabr.* Assez commun :

sur les plantes. Nancy ; Metz ; Verdun.

Melanotus *Eschsch.*

niger *Fabr.* Très-rare. Metz (*Géhin*) ; Remiremont (*Puton*) ; Verdun (*Liénard*).

brunnipes *Germ.* Metz ; Epinal, Remiremont ; Verdun.

castanipes *Payk.* Rare. Nancy (*Mathieu*) ; Metz (*Géhin*) ; Epinal (*Berher*).

rufipes *Herbst.* Assez commun à Nancy.

Elater *L.*

sanguineus *L.* Assez commun : sur les Pins dans les Vosges.

lythropterus *Germ.* Vosges (*Puton*).

sanguinolentus *Schrank.* Assez commun dans les Vosges sur le *Pinus sylvestris.*

præustus *Fabr.* Peu commun : sur les Saules. Nancy ; Metz.

pomorum *Geoffr.* Nancy ; Metz ; Remiremont ; Verdun.

crocatus *Geoffr.* Assez rare : dans les vieux Saules. Nancy ; Metz ; Epinal, Darney ; Verdun.

elongatulus *Schönh.* Assez rare : sur le *Salix Capræa.* Nancy ; Metz ; Epinal, Darney ; Verdun.

balteatus *L.* Rare : sous les écorces. Nancy ; Metz ; Epinal, Darney.

erythrogonus *Müll.* Remiremont (*Puton*).

Megerlei *Lacord.* Rare. Nancy (*Mathieu*) ; Metz (*Bellevoie*).

scrofa *Germ.* Vosges (*Puton*).

nigerrimus *Lacord.* Rare. Metz (*Géhin*) ; Vosges (*Puton*).

nigrinus *Herbst.* Vosges (*Puton*).

Ischnodes *Germ.*

sanguinicollis *Panz.* Sarreguemines (*Gayllot*).

Megapenthes *Kiesenw.*

tibialis *Lacord.* Rare. Nancy (*Mathieu*) ; Metz (*Géhin*).

Cryptohypnus *Eschsch.*

riparius *Fabr.* Bords des eaux. Sainte-Marie-aux-Mines (*Mathieu*) ; Verdun (*Liénard*).

pulchellus *L.* Assez commun.

tetragraphus *Germ.* Metz ; Epinal, Dompaire.

dermestoïdes *Herbst.* Vosges (*Puton*).

lapidicola *Germ.* Peu commun. Nancy ; Metz.

minutissimus *Germ.* Assez rare. Nancy ; Metz

quadripustulatus *Herbst.* Verdun (*Liénard*).

Cardiophorus *Eschsch.*

thoracicus *Fabr.* Rare. Nancy ;

Metz ; Epinal, Darney ; Verdun.
asellus *Erichs.* Remiremont (*Puton*).
cinereus *Herbst.* Assez commun à
Nancy.

Equiseti *Herbst.* Peu commun :
sur les plantes marécageuses.
rufipes *Fabr.* Rare : sur les fleurs.
Darney (*Le Paige*) ; Bourbonne-
les-Bains (*Leprieur*).

FAM. 33. — DASCILLIDES.

Dascillus *Latr.*

cervinus *L.* sur les fleurs et les
feuilles des buissons. Nancy ;
Metz ; commun dans les Vosges ;
Verdun.

Helodes *Latr.*

minuta *L.* Assez commun : sur les
plantes qui croissent au bord des
eaux et dans les prairies humides. Nancy ; Metz ; Epinal,
Remiremont ; Verdun.
marginata *Fabr.* Rare. Metz (*Géhin*) ; Sainte-Marie-aux-Mines
(*Mathieu*), Epinal (*Berher*),
Remiremont (*Puton*).
testacea *L.* Rare. Nancy (*Mathieu*) ;
Metz (*Géhin*) ; Darney (*Le Paige*) ;
Verdun (*Liénard*).

Cyphon *Payk.*

coarctatus *Payk.* Sur les plantes au
bord des eaux. Commun à Nancy ;
Vosges (*Puton*) ; Verdun (*Liénard*).

? palustris *Thoms.* Peu commun.
Nancy.
fuscicornis *Thoms.* Nancy ; Remi-
remont.
variabilis *Thunb.* Rare. Nancy
(*Mathieu*) ; Vosges (*Puton*) ;
Verdun (*Liénard*).
Padi *L.* Sur le *Cerasus Padus.*
Nancy, Lunéville ; Metz ; Vosges
où il est commun ; Verdun.

Hydrocyphon *Redt.*

deflexicollis *Müll.* Sur les plantes
aquatiques. Nancy ; Metz ; Remiremont.

Scirtes *Ill.*

hemisphæricus *L.* Sur les plantes
au bord des eaux. Nancy ; Metz ;
Verdun.
orbicularis *Panz.* Assez rare. Nancy (*Mathieu*).

Eburia *Redt.*

palustris *Germ.* Très-rare : sur les
plantes au bord des eaux. Metz
(*Géhin*) ; Verdun (*Liénard*).

FAM. 34. — MALACODERMES.

Dictyoptera *Latr.*

sanguinea *L.* Rare : sur les fleurs. Nancy (*Mathieu*) ; Metz (*Géhin*) ; Epinal (*Berher*), Darney (*Le Paige*) ; Verdun (*Liénard*).

Eros *Newm.*

Aurora *Fabr.* Toute la chaîne des Vosges.
minutus *Fabr.* Darney (*Le Paige*) ; Verdun (*Liénard*).
affinis *Payk.* Chaîne des Vosges, Sainte-Marie-aux-Mines , Remiremont.
Cosnardi *Chevr.* Rare. Verdun (*Liénard*).

Homalisus *Geoffr.*

suturalis *Fabr.* Assez commun : bois, sur les arbres.

Lampyris *L.*

noctiluca *L.* Très-commun dans la chaîne des Vosges ; plus rare dans la plaine.

Lamprorhiza *Duv.*

splendidula *L.* Commun à Nancy.

Phosphænus *Lap.*

hemipterus *Fabr.* Rare. Nancy (*Mathieu*) ; Metz (*Géhin*) ; Verdun (*Liénard*).

Drilus *Oliv.*

flavescens *Fabr.* Assez commun : sur les fleurs.

Telephorus *Schœff.*
(*Cantharis L.*).

alpinus *Payk.* Sur les plantes. Hautes Vosges (*Puton*).
abdominalis *Fabr.* Vosges (*Puton*).
violaceus *Payk.* Montagues des Vosges (*Puton*), Darney (*Le Paige*).
oculatus *Gebl.* Très-rare. Nancy (*Mathieu*).
fuscus *L.* Très-commun.
rusticus *Fall.* Nancy ; Remiremont.
tristis *Fabr.* Metz ; Vosges.
obscurus *L.* Commun.
pulicarius *Fabr.* Rare. Nancy (*Mathieu*) ; Metz (*Géhin*) ; Verdun (*Liénard*).
nigricans *Müll.* Nancy ; Metz ; Remiremont, Darney ; Verdun.
pellucidus *Fabr.* Commun.
lividus *L.* Metz (*Géhin*) ; montagnes des Vosges (*Puton*), Darney (*Le Paige*) ; Verdun (*Liénard*).
hæmorrhoidalis *Fabr.* Vosges.

rufus *L.* Nancy ; Metz ; Darney, Remiremont ; Verdun. On trouve aussi sa var. *lituratus Tall.*

bicolor *Panz.* Vosges (*Puton*) ; Verdun (*Liénard*).

melanurus *Fabr.* Darney ; Verdun.

figuratus *Mann.* Commun à Nancy.

pilosus *Payk.* Assez rare. Metz (*Géhin*) ; Remiremont (*Puton*).

fulvicollis *Fabr.* Rare. Metz (*Géhin*) ; Remiremont (*Puton*) ; Verdun (*Liénard*).

thoracicus *Gyll.* Assez rare. Nancy (*Mathieu*) ; Verdun (*Liénard*).

flavilabris *Fall.* Dieuze (*Moye et Leprieur*) ; Remiremont (*Puton*).

paludosus *Fall.* Vosges (*Puton*).

oralis *Germ.* Commun à Nancy et à Metz.

Rhagonycha *Eschsch.*

rufescens *Letzn.* Très-rare : sur les fleurs. Remiremont où M. Puton en a trouvé un seul individu.

fulva *Scop.* Vosges (*Puton*).

fuscicornis *Oliv.* Rare. Nancy (*Mathieu*) ; Metz (*Géhin*) ; Remiremont (*Puton*), Darney (*Le Paige*) ; Verdun.

testacea *L.* Commun.

pallida *Fabr.* Nancy ; Metz ; Remiremont, Darney ; Verdun.

atra *L.* Metz ; Epinal, Remiremont, Darney ; Verdun.

elongata *Fall.* Vosges (*Puton*).

Malthinus *Latr.*

fasciatus *Fall.* Sur les fleurs Nancy ; Metz.

flaveolus *Payk.* Nancy ; Metz.

biguttatus *Payk.* Metz ; Remiremont, Darney.

Malthodes *Kiesenw.*

sanguinolentus *Fall.* Commun sur les plantes dans les bois. Nancy.

modestus *Kiesenw.* Metz (*Bellevoie*).

marginatus *Latr.* Rare. Nancy (*Mathieu*) ; Metz (*Géhin*).

maurus *Redt.* Rare. Nancy et Ste Marie-aux-Mines (*Mathieu*).

Malachius *Fabr.*

æneus *L.* Très-rare : sur les fleurs. Nancy (*Mathieu*) ; Metz (*Géhin*) ; Epinal (*Berher*), Darney (*Le Paige*).

bipustulatus *L.* Commun.

viridis *Fabr.* Commun à Nancy et à Metz.

marginellus *Oliv.* Commun.

geniculatus *Germ.* Assez commun à Nancy.

elegans *Oliv.* Assez commun : sur les Ombellifères.

pulicarius *Fabr.* Assez commun : prairies.

marginalis *Erichs.* Assez commun à Nancy et à Metz.

rubricollis *Marsh.* Assez commun : prairies.

ruficollis *Fabr.* Rare. Nancy (*Ma-thieu*); Metz (*Géhin*).

Anthocomus *Erichs.*

sanguinolentus *Fabr.* Rare : sur les plantes dans les prairies. Metz (*Géhin*).
equestris *Fabr.* Assez rare. Nancy; Metz; Epinal, Darney.
fasciatus *L.* Assez commun.

Ebæus *Erichs.*

pedicularius *Schk.* Metz (*Bellevoie*).
thoracicus *Fabr.* Nancy (*Mathieu*); Verdun (*Liénard*).
flavipes *Fabr.* Epinal (*Berher*); Verdun (*Liénard*).

Charopus *Erichs.*

pallipes *Oliv.* Assez rare : bois. Metz (*Géhin*).

Troglops *Erichs.*

albicans *L.* Metz (*Géhin*).

Dasytes *Payk.*

niger *Fabr.* Assez rare : sur les plantes. Nancy; Metz; Epinal.
subæneus *Schönh.* Assez commun à Nancy et à Metz.
flavipes *Fabr.* Nancy; Metz; Epinal.
cœruleus *Fabr.* Nancy; Metz; Epinal, Darney.
plumbeus *Sturm.* Commun sur le Troène en fleurs.
antiquus *Schönh.* Metz (*Bellevoie*).
asphaltinus *Meg.* Remiremont (*Puton*).
pallipes *Ill.* Commun à Nancy et à Metz; Darney.

Dolichosoma *Steph.*

lineare *Fabr.* Commun : sur les plantes. Nancy; Metz.
nobile *Ill.* Remiremont (*Puton*), Darney (*Le Paige*).

Haplocnemus *Steph.*

nigricornis *Fabr.* Rare. Nancy (*Mathieu*); Metz (*Géhin*); Epinal (*Berher*).

FAM. 35. — TELMATOPHILIDES.

Psammœchus *Latr.*

bipunctatus *Fabr.* Très-commun au bord de l'étang de Champigneu-les (*Mathieu*), mais n'a pas été trouvé ailleurs.

Telmatophilus *Heer.*

Sparganii *Heer.* Assez commun : au bord des eaux sur le *Sparganium ramosum.* Nancy; Metz.
Typhæ *Fall.* Sur les plantes aqua-

tiques, au bord des eaux. Metz (*Géhin*).

Caricis *Oliv*. Rare : sur les plantes aquatiques, au bord des eaux et dans les prairies humides. Nancy (*Mathieu*); Metz (*Géhin*); Verdun (*Liénard*).

Byturus *Latr*.

fumatus *L*. Sur les fleurs. Nancy ; Metz ; Epinal ; Verdun.

tomentosus *Fabr*. Nancy, Pont-à-Mousson ; Metz ; Epinal, Darney ; Verdun.

FAM. 36. — CLÉRIDES.

Tillus *Oliv*.

elongatus *L*. Très-rare. Parasite d'Insectes xylophages. Nancy (*Mathieu*); Metz (*Géhin*); Darney (*Le Paige*); Verdun (*Liénard*).

unifasciatus *Fabr*. Assez commun à Nancy dans les perches à houblon (*Mathieu*), Dieuze (*Moye*); rare à Metz et à Epinal, Darney ; Verdun.

Opilus *Latr*.

mollis *L*. Assez rare : dans les maisons, parasite du *Gracilia pygmœa* qui vit dans les vieux paniers d'osier. Nancy (*Mathieu*); Metz (*Géhin*); Darney (*Le Paige*); Verdun (*Liénard*).

domesticus *Sturm*. Rare : dans les maisons et aussi parasite du même Longicorne. Nancy.

Clerus *Geoffr*.

mutillarius *Fabr*. Très-rare : pa-

rasite des *Helix*. Nancy (*Mathieu*); Metz (*Géhin*); Epinal (*Berher*), Darney (*Le Paige*); Verdun (*Liénard*).

formicarius *L*. Parasite des Xylopages. Commun dans les forêts des Vosges ; bien plus rare dans la plaine, par exemple à Nancy, à Darney et à Verdun.

Trichodes *Herbst*.

alvearius *Fabr*. Dans le nid des Abeilles maçonnes. Nancy ; Epinal, Darney ; Verdun.

apiarius *L*. Dans les ruchers où il mange les larves d'Abeilles. Nancy ; Metz ; Epinal, Darney ; Verdun.

Orthopleura *Spin*.

sanguinicollis *Fabr*. Très-rare. Vosges (*Berher*).

Corynetes *Herbst*.

cœruleus *De Geer*. Nancy ; Metz ; Epinal.

r uficornis *Sturm*. Remiremont (*Puton*).

violaceus *L*. Commun à Nancy ; Darney ; Verdun.

Laricobius *Rosenh*.

Erichsonii *Rosenh*. Très-rare. Sur le *Pinus Strobus*. Vosges (*Puton*).

FAM. 37. — LYMÉXYLONES.

Hylecœtus *Latr*.

dermestoïdes *L*. Sous les écorces, dans les forêts de Pins, les scieries. Assez commun à Gérardmer et dans la chaîne des Vosges ; rare à Nancy, à Metz, à Darney.

Lymexylon *Fabr*.

navale *L*. Très-rare. Darney (*Le Paige*) ; Verdun (*Liénard*).

FAM. 38. — PTINIORES.

Hedobia *Sturm*.

pubescens *Fabr*. Rare : sous les écorces, dans les chantiers. Metz (*Géhin*).

mperialis *L*. Metz ; Epinal, Remiremont, Darney ; Verdun.

Ptinus *L*.

nitidus *Dufts*. Rare : dans les habitations où il ronge le bois et les livres. Nancy (*Mathieu*).

germanus *Fabr*. Metz (*Géhin*).

sexpunctatus *Panz*. Rare. Nancy ; Metz ; Remiremont ; Verdun.

dubius *Sturm*. Nancy ; Metz ; Remiremont ; Verdun.

rufipes *Fabr*. Assez rare, mais assez répandu.

ornatus *Müll*. Metz (*Géhin*) ; Darney (*Le Paige*) ; Verdun (*Liénard*).

bicinctus *Sturm*. Rare. Nancy (*Mathieu*) ; Metz (*Bellevoie*).

pusillus *Sturm*. Metz (*Bellevoie*).

fur *L*. Très-commun. Il est le fléau des collections.

subpilosus *Sturm*. Rare. Nancy (*Mathieu*) ; Metz (*Bellevoie*).

brunneus *Dufts*. Metz (*Géhin*).

latro *Fabr*. Nancy ; Metz ; Remiremont.

testaceus *Oliv*. Metz (*Bellevoie*).

hirtellus *Sturm*. Peu commun. Nancy (*Mathieu*) ; Remiremont (*Puton*).

raptor *Sturm*. Rare. Nancy (*Mathieu*) ; Remiremont (*Puton*).

Gibbium *Scop.*

scotias *Fabr.* Dans les fourmilières.
Metz (*Géhin*); Verdun (*Liénard*).

Dryophilus *Chevr.*

pusillus *Gyll.* Metz (*Bellevoie*);
Vosges (*Puton*).
anobioïdes *Chevr.* Vosges (*Puton*).

Anobium *Fabr.*

denticolle *Panz.* Rare. Metz (*Géhin*); Epinal (*Berher*).
pertinax *L.* Commun.
striatum *Oliv.* Commun.
fulvicorne *Sturm.* Rare. Nancy
(*Mathieu*); Metz (*Bellevoie*).
rufipes *Fabr.* Nancy; Metz; Epinal.
paniceum *L.* Très-commun; mange les herbiers.
Chevrieri *Kunz* Metz (*Bellevoie*).
pulsator *Schall.* Assez rare : dans
le Chêne. Nancy; Metz; Epinal;
Verdun.
plumbeum *Ill.* Metz (*Bellevoie*).
molle *L.* Metz (*Géhin*); Verdun
(*Liénard*).
Abietis *Fabr.* Metz (*Géhin*),
abietinum *Gyll.* Metz (*Géhin*).
thoracicum *Rossi.* Metz (*Bellevoie*).

Oligomerus *Redt.*

brunneus *Oliv.* Commun dans le
Frêne et le Sapin.

Ochina *Sturm.*

Hederæ *Müll.* Metz (*Géhin*); Verdun (*Liénard*).

Ptilinus *Geoffr.*

costatus *Gyll.* Commun à Nancy;
Verdun.
pectinicornis *L.* Dans le bois de
Saule. Nancy, Pont-à-Mousson;
Metz; Epinal, Darney; Ver-
dun.

Xyletinus *Latr.*

pectinatus *Fabr.* Rare. Nancy (*Mathieu*); Epinal (*Berher*), Darney
(*Le Paige*).
ater *Panz.* Très-rare. Nancy (*Mathieu*); Metz (*Géhin*); Remiremont (*Puton*); Verdun (*Liénard*).

Mesocœlopus *Duv.*

Hederæ *L. Duf.* Metz (*Bellevoie*).

Dorcatoma *Herbst.*

? dresdensis *Herbst.* Rare : sous
les écorces. Metz (*Géhin*).
chrysomelina *Sturm.* Metz (*Bellevoie*).
flavicornis *Fabr.* Rare. Nancy (*Mathieu*).
Bovistæ *Ent. Heft.* Rare : dans
les *Lycoperdon*. Montagnes des

Vosges (*Puton*), Darney (*Le Paige*).

rubens *Ent. Heft.* Très-rare : dans les Bolets. Metz (*Géhin*).

Aspidiphorus *Latr.*

orbiculatus *Gyll.* Remiremont (*Puton*).

Xylopertha *Guér.*

sinuata *Fabr.* Nancy (*Roubalet*) ; Darney (*Le Paige*) ; Bourbonne-les-Bains (*Leprieur*).

Apate *Fabr.*

capucina *L.* Commun sur les Chênes abattus. Nancy ; Metz ; Verdun.
varia *Ill.* Très-rare. Saint-Avold (*Géhin*) ; Epinal (*Berher*), Darney (*Le Paige*) ; Bourbonne-les-Bains (*Leprieur*).

Rhizopertha *Steph.*

pusilla *Fabr.* Nancy, dans du Riz avarié.

Lyctus *Fabr.*

canaliculatus *Fabr.* Commun dans les maisons, où il fait de grands dégâts dans les boiseries de chêne.
pubescens *Panz.* Rare. Nancy (*Mathieu*).

Hendecatomus *Mellié.*

reticulatus *Herbst.* Très-rare. Longwy (*Géhin*).

FAM. 39. — CISIDES.

Xylographus *Mellié.*

bostrichoïdes *L. Duf.* Assez commun : dans les Champignons. Nancy et Dieuze.

Rhopalodontus *Mellié.*

perforatus *Gyll.* Commun : dans les Champignons. Nancy ; Vosges.
fronticornis *Panz.* Vosges (*Puton*); Verdun (*Liénard*).

Cis *Latr.*

Boleti *Scop.* Très-commun : dans les Champignons. Nancy, Phalsbourg ; Darney ; Verdun.
rugulosus *Mellié.* Nancy ; Vosges.
setiger *Mellié.* Nancy ; Remiremont.
micans *Herbst.* Assez commun. Nancy ; Metz ; Epinal.
hispidus *Payk.* Metz (*Bellevoie*) ; Remiremont (*Puton*) ; Verdun (*Liénard*).

striatulus *Mellié.* Rare. Nancy (*Mathieu*).

flavipes *Lucas.* Metz (*Bellevoie*).

comptus *Gyll.* Metz (*Bellevoie*).

bidentatus *Oliv.* Nancy ; Vosges.

nitidus *Herbst.* Commun dans les Vosges.

glabratus *Mellié.* Verdun (*Liénard*).

oblongus *Mellié.* Rare. Nancy (*Mathieu*).

punctulatus *Gyll.* Sarreguemines (*Géhin*) ; Epinal (*Berher*).

castaneus *Mellié.* Metz (*Bellevoie*),

Ennearthron *Mellié.*

cornutum *Gyll.* Dans les Champignons. Remiremont (*Puton*).

affine *Gyll.* Phalsbourg (*Gaubil*) ; Remiremont (*Puton*).

Octotemnus *Mellié.*

glabriusculus *Gyll.* Commun : dans les Champignons.

FAM. 40. — TÉNÉBRIONIDES.

Blaps *Fabr.*

mucronata *Latr.* Assez commun : lieux obscurs et humides des habitations. Nancy ; Metz ; Verdun.

similis *Latr.* Commun.

Asida *Latr.*

grisea *Fabr.* Commun dans notre chaîne jurassique, sous les pierres.

Crypticus *Latr.*

quisquilius *L.* Rare : sous les détritus. Metz (*Géhin*) ; Verdun (*Liénard*).

Pedinus *Latr.*

femoralis *L.* Très-rare. Saint-Avold (*Géhin*).

Opatrum *Fabr.*

sabulosum *L.* Très-commun : prés et champs.

Microzoum *Redt.*

tibiale *Fabr.* Très-rare : lieux arides, sous les pierres. Metz (*Géhin*) ; Verdun (*Liénard*).

Bolitophagus *Ill.*

reticulatus *L.* Dans les Champignons. Metz (*Géhin*).

Eledona *Latr.*

agaricicola *Latr.* Rare : dans les Champignons. Phalsbourg (*Gaubil*) ; Darney (*Le Paige*) ; Verdun (*Liénard*).

Diaperis *Geoffr.*

Boleti *L.* Commun : dans les Champignons. Metz; Remiremont, Darney ; Verdun.

Hoplocephala *Lap.*

bituberculata *Oliv.* Très-rare : dans les Champignons. Sarreguemines (*Gayllot*).

Scaphidema *Redt.*

æneum *Payk.* Rare : dans les Champignons. Nancy (*Mathieu*) ; Metz (*Géhin*).

Platydema *Lap.*

violaceum *Fabr.* Très-rare : dans les Champignons. Metz (*Géhin*); Darney (*Le Paige*).

Pentaphyllus *Latr.*

testaceus *Fabr.* Très-rare. Metz (*Géhin*).

Tribolium *Mac Leay.*

ferrugineum *Fabr.* Dans le Riz avarié. Nancy (*Roubalet*).

Hypophlœus *Hellw.*

depressus *Fabr.* Très-rare. Nan-cy (*Mathieu*) ; Metz (*Gehin*); Epinal (*Berher*), Darney (*Le Paige*).

castaneus *Fabr.* Assez rare. Nan-cy (*Mathieu*), Phalsbourg (*Gaubil*) ; Epinal (*Berher*), Remire-mont (*Puton*), Darney (*Le Paige*).

bicolor *Oliv.* Assez commun. Nan-cy ; Bitche ; Epinal, Darney ; Verdun.

fasciatus *Fabr.* Rare. Nancy (*Mathieu*) ; Epinal (*Berher*), Darney (*Le Paige*).

Uloma *Redt.*

culinaris *L.* Très-rare : dans les Hêtres pourris. Phalsbourg (*Mathieu*).

Tenebrio *L.*

molitor *L.* Commun : dans la farine.

obscurus *Fabr.* Lieux obscurs des maisons. Nancy; Metz; Epinal, Darney; Verdun.

Enoplopus *Solier.*

caraboïdes *Petagna.* Sur le *Pinus sylvestris.* Vosges ; Verdun.

Helops *Fabr.*

lanipes *L.* Nancy ; Metz ; Epinal, Darney ; Verdun.

FAM. 41. — CISTÉLIDES.

Cistela *Fabr.*

Luperus *Herbst.* Rare. Nancy (*Mathieu*); Verdun (*Liénard*).

ceramboïdes *L.* Assez rare : sur les Saules. Nancy ; Metz ; Epinal, Darney ; Verdun.

varians *Fabr.* Metz (*Géhin*).

fusca *Ill.* Rare. Metz et Briey (*Géhin*).

murina *L.* Commun à Nancy ; Vosges ; Verdun.

atra *Fabr.* Rare : au pied des vieux Chènes. Nancy (*Mathieu*) ; Metz (*Géhin*) ; Darney (*Le Paige*) ; Verdun.

Mycetochares *Latr.*

barbata *Latr.* Assez commun : dans les Saules. Nancy ; Metz ; Epinal, Remiremont, Darney ; Verdun.

bipustulata *Ill.* Dieuze (*Moye et Leprieur*) ; Remiremont (*Puton*), Darney (*Le Paige*) ; Verdun (*Liénard*).

Cteniopus *Solier.*

sulphureus *L.* Assez commun. Nancy ; Metz.

bicolor *Fabr.* Rare. Nancy (*Mathieu*) ; Metz (*Géhin*).

Omophlus *Solier.*

Amerinæ *Curt.* Très-rare. Nancy (*Mathieu*) ; Epinal (*Berher*).

lividipes *Muls.* Pagny-sur-Moselle (*Mathieu*) ; Metz (*Géhin*).

lepturoïdes *Fabr.* Rare. Nancy (*Mathieu*) ; Epinal (*Berher*), Darney (*Le Paige*).

FAM. 42. — PYTHIDES.

Pytho *Fabr.*

depressus *L.* Sous l'écorce du *Pinus sylvestris.* Pris une fois en grande quantité à Haguenau et n'a plus été revu depuis (*Mathieu*). Se retrouvera peut-être dans les Vosges.

Salpingus *Ill.*

castaneus *Panz.* Metz (*Bellevoie*).

Lissodema *Curt.*

denticolle *Gyll.* Très-rare : sous les écorces. Nancy (*Mathieu*) ; Metz (*Géhin*).

Rhinosimus *Latr.*

ruficollis *L.* Très-rare. Sur un Maronnier décortiqué de l'hôpital militaire de Nancy (*Leprieur*) ;

Bitche et Phalsbourg (*Gaubil*).
planirostris *Fabr.* Dieuze ; Saint-Avold, Briey.
viridipennis *Latr.* Rare. Metz (*Bellevoie*).

FAM. 43. — MÉLANDRYDES.

Tetratoma *Fabr.*

fungorum *Fabr.* Très-rare : dans les Champignons. Epinal (*Berher*).
ancora *Fabr.* Metz (*Bellevoie*).

Eustrophus *Latr.*

dermestoïdes *Fabr.* Très-rare : dans les vieux bois. Metz (*Géhin*) ; Epinal (*Berher*), Remiremont (*Puton*), Darney (*Le Paige*).

Orchesia *Latr.*

micans *Panz.* Très-rare. Trouvé une fois abondamment à Nancy (*Roubalet*) ; Darney (*Le Paige*) ; Verdun (*Liénard*).

Serropalpus *Hell.*

striatus *Hell.* Vosges (*Puton*).

Dircæa *Fabr.*

lævigata *Hell.* Remiremont où M. Puton en a trouvé un seul individu ; Darney (*Le Paige*).

Abdera *Steph.*

flexuosa *Payk.* Très-rare. Darney (*Le Paige*).

Melandrya *Fabr.*

caraboïdes *L.* Dans les vieux arbres. Nancy ; Metz ; Epinal, Darney ; Verdun.

FAM. 44. — LAGRIIDES.

Lagria *Fabr.*

atripes *Muls.* Sur les arbres. Nancy ; Remiremont.
hirta *L.* Commun : sur les feuilles

des arbres et des arbustes Nancy, Pont-à-Mousson, Lunéville ; Metz, Briey, Hayange ; Epinal, Remiremont, Darney ; Verdun, Saint-Mihiel, Commercy.

FAM. 45. — PÉDILIDES.

Scraptia *Latr.*

fusca *Latr.* Sur les Saules en fleurs. Nancy (*Mathieu*) ; Verdun (*Liénard*).
fuscula *Müll.* Très-rare : sur les arbres en fleurs. Verdun (*Liénard*).

Xylophilus *Latr.*

populneus *Fabr.* Epinal (*Berher*).

FAM. 46. — ANTHICIDES.

Notoxus *Geoffr.*

monoceros *L.* Commun.

Anthicus *Payk.*

minutus *Laferté.* Marais salants. Dieuze (*Moye et Leprieur*), Marsal (*Gaubil*).
bifasciatus *Rossi.* Rare. Metz (*Bellevoie*).

floralis *Fabr.* Assez commun. Nancy ; Metz ; Epinal, Darney ; Verdun.
gracilis *Panz.* Metz (*Géhin*).
antherinus *L.* Commun dans toute la Lorraine.
quadriguttatus *Rossi.* Rare. Nancy (*Mathieu*).
flavipes *Panz.* Nancy , Pont-à-Mousson ; Metz ; Epinal , Remiremont.

FAM. 47. — PYROCROÏDES.

Pyrochroa *Fabr.*

coccinea *L.* Assez commun : sur les arbres et sur les bois empilés.

rubens *Fabr.* Rare. Nancy ; Metz ; Epinal, Darney ; Verdun.
pectinicornis *Fabr.* Très-rare. Un seul individu a été trouvé à Remiremont (*Puton*).

FAM. 48. — MORDELLIDES.

Mordella *L.*

asciata *Fabr.* Commun : sur les fleurs, surtout des Ombellifères.
aculeata *L.* Metz ; Epinal, Darney ; Verdun.

8

Mordellistena *Costa.*

abdominalis *Fabr.* Sur les fleurs. Metz (*Géhin*).

humeralis *L.* Assez commun à Nancy; Darney.

axillaris *Gyll.* Nancy (*Mathieu*).

brunnea *Fabr.* Nancy; Metz; Verdun.

lateralis *Oliv.* Rare : sur les fleurs de Sureau. Nancy (*Mathieu*); Metz (*Géhin*).

pumila *Gyll.* Rare. Nancy (*Mathieu*); Metz (*Bellevoie*); Verdun (*Liénard*).

minima *Costa.* Très-rare. Nancy (*Mathieu*).

Anaspis *Geoffr.*

monilicornis *Muls.* Assez commun : sur les fleurs. Nancy.

rufilabris *Gyll.* Rare : sur les Ombellifères. Nancy (*Mathieu*); Metz (*Géhin*); Verdun (*Liénard*).

frontalis *L.* Commun : sur les Ombellifères. Nancy, Pont-à-Mousson; Metz; Épinal.

forcipata *Muls.* Assez commun. Nancy (*Mathieu*).

Geoffroyi *Müll.* Nancy; Metz; Darney; Verdun.

ruficollis *Fabr.* Rare. Metz (*Géhin*); Verdun (*Liénard*).

thoracica *L.* Rare : sur les Roses. Nancy (*Mathieu*); Metz (*Géhin*); Epinal (*Berher*).

flava *L.* Assez commun.

subtestacea *Steph.* Vosges (*Puton*).

maculata *Fourcr.* Assez commun. Nancy; Metz; Remiremont.

varians *Muls.* Vosges (*Puton*).

quadripustulata *Müll.* Vosges (*Puton*); Verdun (*Liénard*).

FAM. 49. — RHIPIPHORIDES.

Rhipiphorus *Fabr.*

paradoxus *L.* Très-rare : sur les fleurs des Ombellifères ; sa larve vit dans les nids de guêpes ; elle y subit ses métamorphoses et c'est là qu'on trouve facilement l'Insecte parfait. Dieuze (*Moye*).

FAM. 50. — MÉLOÏDES.

Meloe *L.*

proscarabæus *L.* Commun : sur la terre. Nancy; Metz; Darney; Verdun.

cyaneus *Muls.* Rare. Darney (*Le Paige*).

violaceus *Marsh.* Commun à Nancy.

autumnalis *Oliv.* Assez rare : co-

teaux calcaires. Nancy; Metz;
Darney; Verdun.

coriaceus *Br. et Er.* Assez commun à Nancy.

variegatus *Donov.* Rare. Nancy
(*Mathieu*); Darney (*Le Paige*).

scabriusculus *Br. et Er.* Nancy;
Remiremont.

rugosus *Marsh.* Metz (*Bellevoie*).

brevicollis *Panz.* Nancy; Metz;
Remiremont; Verdun.

Cerocoma *Geoffr.*

Schæfferi *L.* Rare : sur les fleurs
d'*Achillœa Millefolium.* Nancy

(*Mathieu*); Metz (*Géhin*); Darney (*Le Paige*); Verdun (*Liénard*).

Mylabris *Fabr.*

variabilis *Bilb.* Verdun (*Liénard*).

Lytta *L.*

vesicatoria *L.* Commun sur les
Frênes.

Stenoria *Muls.*

thoracica *Kraatz.* Rare. Metz
(*Géhin*).

FAM. 51. — OEDÉMÉRIDES.

Nacerdes *Schmidt.*

melanura *L.* Rare. Verdun (*Liénard*).

Asclera *Schmidt.*

sanguinicollis *Fabr.* Sur les Ombellifères. Nancy; Metz; Epinal,
Darney; Verdun.

cœrulea *L.* Sur les Ombellifères.
Nancy; Metz; Epinal, Darney;
Verdun.

Œdemera *Oliv.*

Podagrariæ *L.* Commun : sur les
fleurs.

flavescens *L.* Nancy; Epinal, Remiremont, Darney; Verdun.

subulata *Oliv.* Nancy; Metz; Epinal, Remiremont; Verdun.

cœrulea *L.* Commun.

tristis *Schmidt.* Remiremont (*Puton*).

flavipes *Fabr.* Nancy; Metz; Verdun.

virescens *L.* Assez commun dans
la région calcaire.

lurida *Marsh.* Commun.

Chrysanthia *Schmidt.*

viridissima *L.* Rare. Nancy (*Mathieu*).

viridis *Schmidt*. Nancy et Pont-à-
Mousson (*Mathieu*).

Anoncodes *Schmidt*.

rufiventris *Scop*. Verdun (*Liénard*).
ustulata *Fabr*. Très-rare : sur les
fleurs. Nancy au vallon de Champigneules ; Sarralbe (*Géhin*) ;
Verdun (*Liénard*).
adusta *Panz*. Très-rare. Metz (*Bellevoie*).
azurea *Schmidt*. Très-rare. Verdun
(*Liénard*).

FAM. 52. — BRUCHIDES.

Bruchus *L*.

dispergatus *Schönh*. Peu commun.
Nancy (*Mathieu*).
marginellus *Fabr*. Metz (*Géhin*).
varius *Oliv*. Metz (*Géhin*).
imbricornis *Panz*. Metz (*Géhin*).
pusillus *Germ*. Metz (*Géhin*).
Cisti *Fabr*. Nancy ; Metz ; Epinal ;
Verdun.
debilis *Schönh*. Rare. Nancy (*Mathieu*).
olivaceus *Germ*. Assez commun à
Nancy ; Verdun.
Pisi *L*. Commun.
rufimanus *Schönh*. Commun à Nancy et à Metz ; Verdun.
affinis *Fræhl*. Commun à Nancy.
sertatus *Ill*. Nancy ; Metz ; Verdun.
seminarius *L*. Très-commun.
nubilus *Schönh*. Darney (*Le Paige*) ; Verdun (*Liénard*).
nigripes *Schönh*. Metz (*Bellevoie*).
luteicornis *Ill*. Assez commun. Nancy ; Metz.
Loti *Payk*. Metz (*Géhin*) ; Verdun
(*Liénard*).

Spermophagus *Stev*.

Cardui *Schönh*. Nancy ; Metz.

Urodon *Schönherr*.

rufipes *Fabr*. Sur le *Reseda lutea*.
Nancy ; Metz ; Verdun.
suturalis *Fabr*. Commun sur le
Reseda lutea.

FAM. 53. — CURCULIONIDES.

Brachytarsus *Schönherr*.

scabrosus *Fabr*. Nancy ; Metz ; Epinal, Remiremont, Darney ; Verdun.
varius *Fabr*. Nancy ; Remiremont ;
Verdun.

Tropideres *Schönherr*.

albirostris *Herbst*. Rare : dans le bois.

sepicola *Herbst*. Metz (*Bellevoie*).
niveirostris *Fabr.* Rare. Nancy; St-
Avold, Sarreguemines; Epinal,
Darney; Etain.

Platyrhinus *Clairv.*

latirostris *Fabr.* Rare : dans le
bois. Nancy (*Mathieu*), Phalsbourg (*Gaubil*); Epinal (*Berher*),
Darney (*Le Paige*); Verdun (*Liénard*).

Anthribus *Geoffr.*

albinus *L.* Très-rare : dans le bois.
Phalsbourg (*Gaubil*); Metz (*Géhin*); Epinal (*Berher*), Remiremont (*Puton*), Darney (*Le Paige*); Verdun (*Liénard*).

Choragus *Kirby.*

Sheppardi *Kirb.* Vosges (*Puton*).

Apoderus *Oliv.*

Coryli *L.* Assez commun : sur le
Corylus Avellana dont il roule
les feuilles en cornet. Nancy;
Metz; Epinal, Darney; Verdun.
intermedius *Hellw.* Très-rare. Remiremont où M. Puton en a trouvé un seul individu.

Attelabus *L.*

cucurlionoïdes *L.* Rare : sur les
jeunes pousses du Chêne. Nancy

(*Mathieu*); Metz (*Géhin*); Epinal (*Berher*), Darney (*Le Paige*);
Verdun (*Liénard*).

Rhynchites *Herbst.*

rectirostris *Schönh.* Verdun (*Liénard*).
auratus *Scop.* Peu commun. Nancy
(*Mathieu*); Metz (*Bellevoie*);
Verdun (*Liénard*).
Bacchus *L.* Commun : sur le *Vitis
vinifera.*
cœruleocephalus *Schall.* Rare. Briey
(*Géhin*); Verdun (*Liénard*).
æqualus *L.* Assez commun : sur
les fleurs d'Aune et de Prunel-
lier.
cupreus *L.* Assez rare. Nancy (*Mathieu*); Metz (*Géhin*); Verdun
(*Liénard*).
æneovirens *Marsh.* Sur les haies.
Nancy; Epinal. On trouve aussi
sa var. *Fragariæ Schönh.*
Alliariæ *Payk.* Très-rare. Nancy
(*Mathieu*).
conicus *Ill.* Commun : sur les
haies.
pauxillus *Germ.* Metz; Remiremont.
germanicus *Herbst.* Commun.
nanus *Payk.* Nancy (*Mathieu*);
Metz (*Bellevoie*); Remiremont
(*Puton*); Verdun (*Liénard*).
betuleti *Fabr.* Commun.
Populi *L.* Très-commun.
sericeus *Herbst.* Rare. Nancy (*Roubalet*); Metz (*Bellevoie*); Remi-

remont (*Puton*); Verdun (*Liénard*).

pubescens *Herbst.* Nancy; Epinal, Darney, Remiremont; Etain, Verdun.

ophthalmicus *Steph.* Rare. Nancy (*Mathieu*); Remiremont (*Puton*).

tristis *Fabr.* Très-rare. Remiremont, où M. Puton en a trouvé un seul individu.

Betulæ *L.* Commun.

Rhinomacer *Fabr.*

attelaboïdes *Fabr.* Metz (*Bellevoie*); Remiremont (*Puton*); Verdun (*Liénard*).

Diodyrhynchus *Schönherr.*

austriacus *Schönh.* Sur le *Pinus sylvestris.* Metz (*Bellevoie*); Vosges (*Puton*).

Apion *Herbst.*

Pomonæ *Fabr.* Sur les plantes. Nancy; Metz; Remiremont; Verdun.

Craccæ *L.* Commun.

Cerdo *Gerst.* Metz (*Bellevoie*).

subulatum *Kirb.* Assez commun. Nancy, Pont-à-Mousson; Vosges.

opticum *Bach.* Metz (*Bellevoie*).

ochropus *Schönh.* Metz (*Bellevoie*); Remiremont (*Puton*).

confluens *Kirb.* Metz (*Bellevoie*).

stolidum *Germ.* Rare. Nancy (*Mathieu*).

vicinum *Kirb.* Très-rare. Remiremont où M. Puton en a trouvé un seul individu.

atomarium *Kirb.* Sur le *Thymus Serpillum.* Nancy; Metz, Briey, Sarreguemines; Remiremont.

penetrans *Germ.* Rare. Nancy (*Mathieu*); St-Avold (*Géhin*).

pubescens *Kirb.* Metz (*Bellevoie*).

basicorne *Ill.* Rare. Nancy (*Mathieu*).

tenue *Kirb.* Metz (*Géhin*).

pubescens *Kirb.* Nancy; Metz; Verdun.

æneum *Fabr.* Commun : sur les Mauves.

radiolus *Kirb.* Assez rare : sur les Mauves. Nancy; Metz; Remiremont, Darney.

Onopordi *Kirb.* Sur les Carduacées. Nancy; Metz.

Carduorum *Kirb.* Sur les Chardons. Metz (*Géhin*).

Caullei *Wenck.* Metz (*Bellevoie*).

rugicolle *Germ.* Rare : sur les herbes. Metz (*Géhin*).

lævigatum *Kirb.* Rare. Nancy (*Roubalet*); Metz (*Bellevoie*).

Hydrolapathi *Kirb.* Vosges (*Puton*).

aciculare *Germ.* Metz (*Géhin*).

brevirostre *Herbst.* Sur les *Hypericum.* Remiremont (*Puton*).

pallipes *Kirb.* Rare. Nancy (*Mathieu*); Sarreguemines (*Géhin*).

fuscirostre *Fabr.* Sur le *Sarotham-*

nus scoparius. Nancy ; Metz ; Epinal, Remiremont.

difficile *Herbst*. Rare. Nancy (*Mathieu*) ; Forbach (*Géhin*).

Genistæ *Kirb*. Assez rare. Nancy (*Mathieu*).

rufirostre *Fabr*. Metz (*Géhin*) ; Remiremont (*Puton*) ; Verdun (*Liénard*).

flavofemoratum *Herbst*. Nancy ; Metz ; Verdun.

Malvæ *Fabr*. Nancy ; Metz.

vernale *Fabr*. Commun à Nancy, à Metz, à Verdun.

Viciæ *Payk*. Assez commun. Nancy ; Metz.

varipes *Germ*. Nancy ; Metz.

Fagi *L*. Très-commun dans la plaine et dans la région calcaire.

Ononidis *Gyll*. Nancy ; Metz.

flavipes *Fabr*. Nancy ; Epinal, Darney ; Etain, Verdun.

Trifolii *L*. Nancy ; Metz, Sarreguemines ; Epinal, Darney.

assimile *Kirb*. Nancy ; Metz.

nigritarse *Kirb*. Commun à Nancy et à Metz.

miniatum *Schönh*. Assez commun dans la région calcaire.

hæmatodes *Kirb*. Assez commun à Nancy, à Metz, à Varennes et à Verdun.

rubens *Steph*. Metz (*Bellevoie*) ; Remiremont (*Puton*).

sanguineum *De Geer*. Rare. Nancy (*Mathieu*) ; Metz (*Géhin*).

cruentatum *Walt*. Metz (*Bellevoie*).

Gyllenhalii *Kirb*. Nancy ; Metz.

elongatum *Germ*. Metz (*Bellevoie*).

seniculus *Kirb*. Commun.

denominandum *Duval*. Commun à Nancy.

columbinum *Germ*. Nancy ; Metz, Boulay, Bouzonville.

simile *Kirb*. Metz (*Géhin*).

ebeninum *Kirb*. Metz (*Géhin*).

platalea *Germ*. Metz (*Bellevoie*).

Ononis *Kirb*. Metz (*Bellevoie*).

Ervi *Kirb*. Peu commun. Nancy ; Briey ; Remiremont ; Verdun.

languidum *Schönh*. Rare. Nancy (*Mathieu*).

Loti *Kirb*. Assez commun. Nancy ; Boulay ; Remiremont.

validirostre *Schönh*. Rare. Nancy (*Mathieu*) ; Metz (*Bellevoie*) ; Remiremont (*Puton*).

scutellare *Kirb*. Assez rare. Nancy ; Metz ; Remiremont.

filirostre *Kirb*. Assez rare. Nancy ; Metz ; Remiremont ; Verdun.

Meliloti *Kirb*. Rare. Nancy ; Metz ; Verdun.

virens *Herbst*. Commun à Nancy.

punctigerum *Germ*. Metz (*Géhin*) ; Remiremont (*Puton*).

sulcifrons *Herbst*. Assez commun à Nancy.

æthiops *Herbst*. Nancy ; Metz ; Remiremont.

livescerum *Schönh*. Metz (*Géhin*) ; Vosges (*Puton*) ; Verdun (*Liénard*).

Waltoni *Steph*. Metz (*Bellevoie*).

Astragali *Payk*. Assez commun à Nancy et à Metz.

elegantulum *Payk*. Nancy ; Metz.

vorax *Herbst*. Nancy ; Remiremont.

pavidum *Germ*. Metz (*Bellevoie*) ; Vosges (*Puton*).

Pisi *Fabr*. Nancy ; Metz ; Epinal, Darney ; Verdun.

Sorbi *Herbst*. Metz (*Géhin*).

striatum *Marsh*. Commun sur le *Sarothamnus scoparius*.

immune *Kirb*. Assez commun à Nancy ; Metz.

humile *Germ*. Commun.

Sedi *Germ*. Rare. Nancy (*Mathieu*) ; Metz (*Bellevoie*).

simum *Germ*. Remiremont (*Puton*).

minimum *Herbst*. Nancy ; Metz ; Verdun.

violaceum *Kirb*. Nancy ; Metz, Boulay ; Darney ; Verdun.

aterrimum *L*. Rare : sur le *Sarothamnus scoparius*. Nancy (*Mathieu*).

affine *Kirb*. Nancy ; Metz.

Rhamphus *Clairv*.

flavicornis *Clairv*. Rare : sur les Bouleaux. Nancy (*Mathieu*) ; Metz (*Géhin*) ; Verdun (*Liénard*).

æneus *Schönh*. Rare. Metz (*Bellevoie*).

Cneorhinus *Schönherr*.

geminatus *Fabr*. Assez rare : sur les plantes. Metz (*Géhin*) ; Darney (*Le Paige*).

exaratus *Marsh*. Rare. Etain (*Géhin*) ; Verdun (*Liénard*).

Strophosomus *Billb*.

Coryli *Fabr*. Commun.

obesus *Marsh*. Commun.

retusus *Marsh*. Metz (*Géhin*).

faber *Herbst*. Nancy ; Metz ; Epinal, Remiremont, Darney.

limbatus *Fabr*. Nancy ; Vosges.

hirtus *Schönh*. Metz (*Bellevoie*).

hispidus *Schönh*. Longwy (*Géhin*).

squamulatus *Herbst*. Rare. Nancy (*Mathieu*) ; Metz (*Géhin*).

Sciaphilus *Schönherr*.

muricatus *Fabr*. Assez commun à Nancy ; Verdun.

Brachideres *Schönherr*.

incanus *L*. Rare : sur les troncs du *Pinus sylvestris*. Nancy (*Mathieu*), Phalsbourg (*Gaubil*) ; Darney (*Le Paige*) ; Verdun (*Liénard*).

pubescens *Schönh*. Verdun (*Liénard*).

Eusomus *Germ*.

ovulum *Ill*. Sur les gazons. Nancy ; Metz ; Epinal, Darney ; Verdun.

Tanymecus *Germ.*

palliatus *Fabr.* Commun.

Sitones *Schônherr.*

griseus *Fabr.* Assez commun.

cambricus *Steph.* Rare. Nancy (*Mathieu*).

regensteinensis *Herbst.* Metz; Epinal; Verdun.

globulicollis *Schönh.* Assez commun à Nancy, à Metz, à Verdun.

tibialis *Herbst.* Peu commun. Nancy; Verdun.

ambiguus *Schônh.* Peu commun. Nancy.

sulcifrons *Thunb.* Très-commun.

crinitus *Oliv.* Très-commun. Sa var. *lineellus Schônh.* est à Verdun.

flavescens *Marsh.* Nancy; Metz; Epinal, Darney; Verdun.

discoideus *Schönh.* Metz (*Bellevoie*).

humeralis *Steph.* Metz (*Géhin*).

lineatus *L.* Commun.

tibiellus *Schônh.* Verdun (*Liénard*).

Pisi *Steph.* Verdun (*Liénard*).

rotundicollis *Chev.* Verdun (*Liénard*).

hispidulus *Fabr.* Commun.

Chlorophanus *Dalm.*

viridis *L.* Rare : sur les Saules. Nancy, Pont-à-Mousson; Metz; Epinal; Verdun.

Polydrosus *Germ.*

undatus *Fabr.* Sur les plantes. Nan-

cy; Metz; Epinal, Remiremont, Darney; Verdun.

planifrons *Schönh.* Assez commun.

impressifrons *Schônh.* Commun.

flavipes *De Geer.* Commun.

pterygomalis *Schönh.* Rare. Metz (*Géhin*); Remiremont (*Puton*).

corruscus *Germ.* Vosges (*Puton*).

flavovirens *Schônh.* Verdun (*Liénard*).

cervinus *Gyll.* Nancy; Metz.

chrysomela *Oliv.* Nancy; Remiremont.

confluens *Steph.* Rare. Nancy (*Mathieu*); Metz (*Bellevoie*).

Picus *Fabr.* Très-rare Briey (*Géhin*).

sericeus *Schall.* Commun.

micans *Fabr.* Nancy; Metz; Epinal Remiremont, Darney; Verdun.

amœnus *Germ.* Metz (*Bellevoie*).

Metallites *Schônherr.*

mollis *Germ.* Sur l'Epicéa. Vosges.

atomarius *Oliv.* Metz (*Géhin*); Remiremont (*Puton*).

marginatus *Steph.* Commun à Nancy, à Metz, à Verdun.

Cleonus *Schönherr.*

marmoratus *Fabr.* Rare. Nancy; Metz; Epinal, Darney; Verdun.

morbillosus *Fabr.* Verdun (*Liénard*).

nebulosus *L.* Rare. Sarreguemines

(*Géhin*) ; Epinal (*Berher*), Remiremont (*Puton*).

turbatus *Schönh.* Verdun (*Liénard*).

ophthalmicus *Rossi*. Assez commun dans la région calcaire.

obliquus *Fabr*. Verdun (*Liénard*).

excoriatus *Schönh*. Assez rare. Nancy ; Metz ; Epinal, Darney ; Verdun.

trisulcatus *Herbst*. Nancy (*Mathieu*) ; Verdun (*Liénard*).

cinereus *Schrank*. Nancy ; Metz.

alternans *Oliv*. Rare. Darney (*Le Paige*) ; Verdun (*Liénard*).

cœnobita *Oliv*. Verdun (*Liénard*).

palmatus *Oliv*. Très-rare. Nancy (*Mathieu*) ; Metz (*Géhin*) ; Epinal (*Berher*), Darney (*Le Paige*) ; Verdun (*Liénard*).

sulcirostris *L*. Assez commun dans la région calcaire.

scutellatus *Schönh*. Metz (*Bellevoie*).

brevirostris *Schönh*. Assez rare. Metz (*Géhin*).

albidus *Fabr*. Rare. Metz (*Géhin*) ; Epinal (*Berher*) ; Darney (*Le Paige*).

glaucus *Fabr*. Très-rare. Darney (*Le Paige*).

Alophus *Schönherr*.

triguttatus *Fabr*. Commun : sous les pierres.

Liophlœus *Germ*.

nubilus *Fabr*. Assez commun : sous les pierres. Nancy ; Metz.

chrysopterus *Schönh*. Hautes-Vosges, au Hohneck (*Mathieu*).

Herbstii *Schönh*. Très-rare. Nancy (*Mathieu*).

Barynotus *Germ*.

marginatus *Germ*. Rare : sous les pierres. Nancy (*Mathieu*) ; Metz (*Géhin*).

obscurus *Fabr*. Très-commun.

alternaus *Schönh*. Rare. Nancy (*Mathieu*).

squalidus *Schönh*. Hautes-Vosges, jusqu'au Hohneck (*Puton*).

Tropiphorus *Schönherr*.

Mercurialis *Fabr*. Rare. Nancy (*Mathieu*) ; Metz (*Géhin*) ; Epinal (*Berher*), Remiremont (*Puton*).

globatus *Herbst*. Vosges (*Puton*).

Minyops *Schönherr*.

variolosus *Fabr*. Commun : sous les pierres.

carinatus *L*. Rare. Metz (*Géhin*).

Lepyrus *Germ*.

colon *Fabr*. Assez commun : sur les Saules.

binotatus *Fabr*. Commun : sur les plantes.

Tanysphyrus *Germ.*

Lemnæ *Fabr.* Rare : sur les plantes aquatiques. Nancy (*Mathieu*) ; Metz (*Géhin*).

Hylobius *Schönherr.*

Abietis *L.* Commun : sur le *Pinus sylvestris.*

fatuus *Rossi.* Nancy ; Sarreguemines ; Epinal, Darney.

Molytes *Schönherr.*

coronatus *Latr.* Commun.

germanus *L.* Rare. Nancy, au Montet (*Mathieu*) ; Metz (*Géhin*) ; Epinal (*Berher*), Darney (*Le Paige*) ; Verdun (*Liénard*).

Liosomus *Kirby.*

ovatulus *Clairv.* Rare. Nancy (*Mathieu*) ; Bitche (*Gaubil*) ; Remiremont (*Puton*).

cribrum *Schönh.* Vosges (*Puton*).

Adexius *Schönherr.*

scrobipennis *Schönh.* Metz (*Bellevoie*).

Plinthus *Germ.*

Megerlei *Panz.* Hautes-Vosges (*Puton*).

caliginosus *Fabr.* Rare. Nancy (*Mathieu*) ; Metz (*Géhin*) ; Dom-

paire (*l'abbé Lallement*), Remiremont (*Puton*), Darney (*Le Paige*) ; Verdun (*Liénard*).

Phytonomus *Schönherr.*

punctatus *Fabr.* Très-commun : sur les plantes.

fasciculatus *Herbst.* Nancy ; Metz ; Verdun.

palumbarius *Germ.* Assez commun. Nancy ; Remiremont.

comatus *Schönh.* Nancy ; Remiremont.

elongatus *Payk.* Vosges (*Puton*).

Oxalidis *Herbst.* Rare. Metz (*Bellevoie*).

Rumicis *L.* Nancy (*Mathieu*) ; Sarreguemines (*Géhin*) ; Verdun (*Liénard*).

Pollux *Fabr.* Nancy ; Metz ; Darney ; Verdun.

suspiciosus *Herbst.* Assez commun.

Viciæ *Schönh.* Rare. Nancy (*Mathieu*) ; Metz (*Géhin*) ; Verdun (*Liénard*).

Plantaginis *De Geer.* Nancy ; Metz ; Verdun.

murinus *Fabr.* Commun.

variabilis *Herbst.* Très - commun dans la région calcaire.

Polygoni *Fabr.* Très-commun dans la région calcaire.

Kunzei *Germ.* Rare. Nancy (*Mathieu*).

Meles *Fabr.* Commun dans la région calcaire.

posticus *Schönh.* Rare. Nancy (*Ma-*

thieu) ; St-Avold (*Géhin*).

Porcus *Schönh.* Rare. Nancy (*Ma-thieu*).

constans *Schönh.* Commun.

nigrirostris *Fabr.* Très-commun.

Limobius *Schönherr.*

dissimilis *Herbst.* Rare : sur les plantes. Nancy (*Mathieu*) ; Metz (*Bellevoie*).

mixtus *Schönh.* Très-rare. Nancy (*Mathieu*) ; Metz (*Bellevoie*).

Coniatus *Germ.*

repandus *Fabr.* Très-rare : sur les plantes. Nancy (*Mathieu*) ; Metz (*Géhin*).

Gronops *Schönherr.*

lunatus *Fabr.* Très-rare : sous les pierres. Nancy (*Mathieu*) ; Metz (*Géhin*) ; Epinal (*Berher*), Darney (*Le Paige*) ; Verdun (*Liénard*).

Phyllobius *Schönherr.*

calcaratus *Fabr.* Commun : sur le Poirier. La var. *carniolicus Oliv.* a été prise à Verdun.

atrovirens *Schönh.* Nancy (*Mathieu*) ; Boulay (*Géhin*).

alneti *Fabr.* Très-commun.

pomaceus *Schönh.* Metz (*Géhin*).

psittacinus *Germ.* Rare. Nancy (*Mathieu*).

argentatus *L.* Commun.

maculicornis *Germ.* Verdun (*Liénard*).

oblongus *L.* Très-commun.

sinuatus *Fabr.* Très-rare. Metz (*Géhin*).

Pyri. *L.* Commun.

Betulæ *Fabr.* Nancy ; Briey ; Darney ; Verdun.

Pomonæ *Oliv.* Assez commun à Nancy et à Metz.

uniformis *Marsh.* Commun dans la région calcaire.

Trachyphlœus *Germ.*

scaber *Schönh.* Rare : sous les pierres. Nancy (*Mathieu*).

scabriculus *L.* Rare. Nancy (*Mathieu*) ; Boulay (*Géhin*) , Bitche (*Gaubil*) ; Verdun (*Liénard*).

spinimanus *Germ.* Metz (*Géhin* ; Verdun (*Liénard*).

squamosus *Schönh.* Peu commun. Nancy ; Metz.

squamulatus *Oliv.* Assez rare. Nancy.

alternans *Schönh.* Rare. Metz (*Géhin*).

inermis *Schönh.* Metz (*Bellevoie*).

Omias *Germ.*

rotundatus *Fabr.* Sous les pierres. Metz (*Géhin*).

hirsutulus *Fabr.* Rare. Metz (*Géhin*), Bitche (*Gaubil*) ; Epinal (*Berher*).

villosulus *Germ.* Assez rare. Nancy (*Mathieu*).

brunnipes *Oliv.* Assez commun dans la région calcaire.

mollicomus *Ahr.* Metz (*Géhin*).

pellucidus *Schönh.* Rare. Nancy (*Mathieu*); Briey, Boulay (*Géhin*); Verdun (*Liénard*).

ebeninus *Schönh.* Metz (*Bellevoie*).

oblongus *Schönh.* Metz (*Bellevoie*).

Peritelus *Germ.*

rusticus *Schönh.* Sous les pierres. Verdun (*Liénard*).

griseus *Oliv.* Assez commun à Nancy.

Otiorhynchus *Germ.*

fuscipes *Oliv.* Assez commun, ainsi que ses variétés.

tenebricosus *Herbst.* Coupe les jeunes pousses d'Epicéa. Nancy; Sarralbe; Epinal et toute la chaîne des Vosges, Darney; Verdun.

niger *Fabr.* Vosges (*Puton*).

lævigatus *Fabr.* Verdun (*Liénard*).

unicolor *Herbst.* Commun dans toute la chaîne des Vosges et à Darney.

raucus *Fabr.* Très-rare. Metz (*Géhin*).

hirticornis *Herbst.* Remiremont (*Puton*), Darney (*Le Paige*); Verdun (*Liénard*).

ligneus *Oliv.* Rare. Nancy (*Ma-* thieu); Darney (*Le Paige*); Verdun (*Liénard*).

scabrosus *Marsh.* Verdun (*Liénard*).

porcatus *Herbst.* Commun.

septentrionis *Herbst.* Rare : sur l'Epicéa. Nancy; Epinal, Remiremont, Darney.

picipes *Fabr.* Commun.

pupillatus *Schönh.* Sur les Sapins. Vosges (*Puton*).

sulcatus *Fabr.* Nancy; Metz; Epinal, Darney; Verdun.

gracilis *Schönh.* Verdun (*Liénard*).

Ligustici *L.* Commun.

ovatus *L.* Commun : sur les Cerisiers.

monticola *Germ.* Verdun (*Liénard*).

Lixus *Fabr.*

paraplecticus *L.* Rare. Nancy (*Mathieu*); Metz (*Géhin*); Darney (*Le Paige*); Verdun (*Liénard*).

cylindricus *Fabr.* Sarreguemines (*Géhin*).

Ascanii *L.* Nancy; Metz; Epinal, Darney; Verdun.

Myagri *Oliv.* Très-rare. Nancy (*Mathieu*); Sarreguemines (*Géhin*).

angustatus *Fabr.* Nancy; Metz; Verdun.

cribricollis *Schönh.* Très-rare. Nancy (*Mathieu*); Darney (*Le Paige*).

Spartii *Oliv.* Rare. Metz (*Géhin*).

bicolor *Oliv.* Très-rare. Nancy (*Mathieu*); Metz (*Géhin*).

abdominalis *Schönh.* Très-rare. Nancy (*Mathieu*).

filiformis *Fabr.* Metz (*Géhin*).

Larinus *Germ.*

conspersus *Schönh.* Peu commun : sur les fleurs des Carduacées. Nancy.

Jaceæ *Fabr.* Commun.

turbinatus *Schönh.* Darney (*Le Paige*).

Ursus *Fabr.* Commun à Verdun.

Carlinæ *Oliv.* Assez commun.

Rhinocyllus *Germ.*

latirostris *Latr.* Sur les fleurs des Carduacées. Nancy ; Metz.

Olivieri *Schönh.* Très-rare. Nancy (*Mathieu*); Metz (*Géhin*); Verdun (*Liénard*).

Pissodes *Germ.*

Piceæ *Ill.* Trop commun dans les forêts de Sapins de la chaîne des Vosges, où il ronge le bois.

notatus *Fabr.* Dans les forêts de *Pinus sylvestris* de la chaîne des Vosges ; Verdun.

Magdalinus *Schönherr.*

violaceus *L.* Assez rare : sur les plantes. Nancy ; Metz.

frontalis *Gyll.* Metz (*Géhin*), Bitche (*Gaubil*); Verdun (*Liénard*).

duplicatus *Germ.* Nancy ; Boulay ; Remiremont.

Cerasi *L.* Assez commun.

memnonius *Fald.* Nancy ; Metz ; Remiremont.

asphaltinus *Germ.* Très-rare. Nancy (*Mathieu*).

aterrimus *Fabr.* Rare. Nancy (*Mathieu*) ; Remiremont (*Puton*) ; Verdun (*Liénard*).

atramentarius *Germ.* Rare. Darney (*Le Paige*).

rufus *Germ.* Rare. Nancy (*Mathieu*) ; Metz (*Bellevoie*).

barbicornis *Latr.* Nancy ; Metz ; Epinal, Remiremont ; Verdun.

Pruni *L.* Assez commun.

flavicornis *Schönh.* Vosges (*Puton*).

Erirhinus *Schönherr.*

bimaculatus *Fabr.* Très-rare : sur les plantes. Nancy (*Mathieu*) ; Metz (*Géhin*); Verdun (*Liénard*).

Scirpi *Fabr.* Très-rare. Nancy (*Mathieu*) ; Darney (*Le Paige*).

acridulus *L.* Commun.

pillumus *Schönh.* Très-rare. Nancy (*Mathieu*).

Capreæ *Chevr.* Verdun (*Liénard*).

Sparganii *Schönh.* Très-rare. Nancy (*Mathieu*).

Festucæ *Herbst.* Rare. Nancy; Metz; Verdun.

Nereis *Payk.* Nancy ; Metz ; Epinal, Darney.

scirrhosus *Schönh.* Nancy ; Sarreguemines ; Epinal ; Verdun.

vorax *Fabr.* Commun.

macropus *Redt.* Nancy ; Remiremont.

Tremulæ *Payk.* Nancy ; Metz ; Remiremont.

variegatus *Schönh.* Vosges (*Puton*).

costirostris *Schönh.* Nancy ; Briey ;
Remiremont, Darney ; Verdun.

affinis *Payk.* Commun à Nancy ;
Metz.

validirostris *Schönh.* Commun.

tæniatus *Fabr.* Metz (*Géhin*).

flavipes *Panz.* Metz (*Bellevoie*) ;
Vosges (*Puton*).

salicinus *Gyll.* Metz (*Géhin*).

agnathus *Schönh.* Metz (*Bellevoie*) ;
Verdun (*Liénard*).

majalis *Payk.* Nancy ; Metz ; Remiremont.

pectoralis *Panz.* Assez commun à
Nancy et à Metz.

villosulus *Schönh.* Vosges (*Puton*).

tortrix *L.* Nancy ; Metz ; Remiremont.

filirostris *Schönh.* Nancy ; Metz ;
Remiremont.

dorsalis *Fabr.* Dieuze (*Moye et Leprieur*) ; Metz (*Géhin*) ; Remiremont (*Puton*), Darney (*Lepaige*) ;
Verdun (*Liénard*).

Grypidius *Schönherr.*

Equiseti *Fabr.* Sur les plantes au
bord des eaux. Nancy ; Metz ;
Epinal ; Verdun.

brunnirostris *Fabr.* Nancy ; Metz ;
Epinal ; Verdun.

atrirostris *Fabr.* Assez rare. Nancy.

Hydronomus *Schönherr.*

Alismatis *Marsh.* Assez commun ;
sur les plantes aquatiques. Nancy.

Elleschus *Schönherr.*

scanicus *Payk.* Sur les plantes.
Metz (*Bellevoie*) ; Vosges (*Puton*).

bipunctatus *L.* Commun : sur le
Salix Capræa.

Lignyodes *Schönherr.*

enucleator *Panz.* Rare : sur les
plantes. Nancy (*Mathieu*) ; Forbach (*Géhin*) ; Verdun, à la vallée de la Bième (*Liénard*).

Brachonyx *Schönherr.*

indigena *Herbst.* Rare : sur le *Pinus sylvestris.* Vosges (*Puton*).

Bradybatus *Germ.*

Creutzeri *Germ.* Très-rare : sur les
plantes. Nancy (*Mathieu*) ; Metz
(*Bellevoie*) ; Verdun (*Liénard*).

Anthonomus *Germ.*

Ulmi *De Geer.* Nancy ; Metz ; Remiremont ; Verdun.

pedicularius *L.* Neufchâteau.

cinctus *Redt.* Très-rare. Nancy (*Mathieu*).

pomorum *L.* Commun.

incurvus *Panz.* Assez commun. Nancy; Metz; Remiremont; Verdun.

pubescens *Payk.* Metz et Briey (*Géhin.*

varians *Payk.* Nancy; Metz.

Sorbi *Germ.* Boulay (*Géhin*); Verdun (*Liénard.*).

Rubi *Herbst.* Commun à Nancy, à Metz, à Verdun.

druparum *L.* Rare. Nancy; Metz; Epinal, Darney.

Coryssomerus *Schönherr.*

capucinus *Beck.* Rare : sur les plantes. Nancy (*Mathieu*).

Balaninus *Germ.*

glandium *Marsh.* Peu commun : dans les glands. Nancy; Metz; Remiremont.

nucum *L.* Rare : sur le *Corylus Avellana.* Nancy; Metz; Epinal, Darney; Verdun.

turbatus *Schönh.* Assez commun : dans les glands. Nancy; Metz.

Cerasorum *Herbst.* Metz (*Bellevoie*); Vosges (*Puton*).

villosus *Herbst.* Nancy; Metz; Remiremont; Verdun.

rubidus *Schönh.* Boulay (*Géhin*).

crux *Fabr.* Nancy; Metz; Verdun.

Brassicæ *Fabr.* Nancy; Epinal; Verdun.

pyrrhoceras *Marsh.* Assez commun. Nancy; Verdun.

Amalus *Schönherr.*

scortillum *Herbst.* Rare : dans les prairies. Nancy (*Mathieu*); Etain (*Géhin*).

Tychius *Germ.*

quinquepunctatus *L.* Sur les plantes. Nancy; Metz; Epinal, Darney; Verdun.

venustus *Fabr.* Commun : sur le *Sarothamnus scoparius.*

tomentosus *Herbst.* Nancy; Metz; Epinal; Verdun.

Meliloti *Steph.* Rare. Nancy (*Mathieu*); Metz (*Bellevoie*); Verdun (*Liénard*).

hæmatocephalus *Schönh.* Rare. Verdun (*Liénard*).

junceus *Reich.* Metz (*Bellevoie*).

picirostris *Fabr.* Nancy; Metz; Epinal; Verdun.

sparsutus *Oliv.* Verdun (*Liénard*).

posticinus *Schönh.* Commun à Nancy; Verdun.

Smicronyx *Schönherr.*

cicur *Reich.* Assez rare : sur les plantes. Nancy; Metz; Verdun.

Sibynes *Schönherr.*

canus *Herbst.* Rare : sur les plantes. Nancy (*Mathieu*); Metz (*Bellevoie*); Verdun (*Liénard*).

Viscariæ *L*. Sur les Orties. Nancy; Epinal, Remiremont; Verdun.

vulpinus *Schönh*. Rare. Nancy (*Mathieu*).

Potentillæ *Germ*. Metz; Remiremont.

phaleratus *Schönh*. Metz (*Bellevoie*).

primitus *Herbst*. Metz; Remiremont.

Acalyptus *Schönherr*.

Carpini *Herbst*. Très-rare : sur les plantes. Nancy (*Mathieu*).

rufipennis *Schönh*. Rare. Verdun (*Liénard*).

Litodactylus *Redt*.

velatus *Beck*. Nancy, au bord de l'étang de Champigneules (*Mathieu*) ; Sarreguemines (*Géhin*).

leucogaster *Marsh*. Metz (*Géhin*).

Phytobius *Schönherr*.

notula *Schönh*. Rare : sur les plantes. Nancy (*Mathieu*); Remiremont (*Puton*).

quadrinodosus *Gyll*. Rare. Metz (*Géhin*).

Comari *Herbst*. Rare. Nancy (*Mathieu*); Verdun (*Liénard*).

quadrituberculatus *Fabr*. Vosges (*Puton*).

quadricornis *Gyll*. Très-rare. Metz (*Géhin*).

Anoplus *Schönherr*.

plantaris *Gyll*. Verdun (*Liénard*).

Orchestes *Ill*.

Quercus *L*. Commun : sur les feuilles des végétaux. La var. *depressus Steph*. à Verdun.

scutellaris *Fabr*. Rare. Phalsbourg (*Gaubil*) ; St-Avold (*Géhin*) ; Remiremont (*Puton*).

rufus *Oliv*. Peu commun. Nancy; Metz; Epinal, Remiremont.

semirufus *Schönh*. Vosges (*Puton*).

melanocephalus, *Oliv*. Remiremont (*Puton*).

Alni *L*. Commun à Nancy et à Metz ; Darney.

Ilicis *Fabr*. Rare. Metz (*Géhin*); Verdun (*Liénard*).

pubescens *Stev*. Bitche ; Darney, Remiremont et probablement toute la chaîne des Vosges.

Fagi *L*. Très-commun dans la chaîne des Vosges. Il coupe les pétioles des feuilles.

rhodopus *Marsh*. Rare. Verdun (*Liénard*).

pratensis *Germ*. Rare. Nancy (*Mathieu*) ; Metz (*Bellevoie*).

tomentosus *Schönh*. Rare. Nancy (*Mathieu*) ; Verdun (*Liénard*).

jota. *Fabr*. Rare. Nancy (*Mathieu*).

Loniceræ *Fabr.* Nancy; Metz.

Populi *Fabr.* Nancy; Metz; Epinal, Darney; Verdun.

signifer *Creutz.* Peu commun. Nancy; Verdun.

Rusci *Herbst.* Metz, Briey; Epinal; Verdun.

? cinereus *Schönh.* Assez rare. Nancy (*Mathieu*).

Salicis *L.* Nancy; Metz; Epinal, Remiremont; Verdun.

rufitarsis *Germ.* Briey (*Géhin*); Remiremont (*Puton*), Darney (*Le Paige*).

decoratus *Germ.* Nancy; Metz; Remiremont.

stigma *Germ.* Nancy; Metz; Remiremont; Verdun.

saliceti *Fabr.* Metz (*Géhin*).

Styphlus *Schönherr.*

setiger *Germ.* Rare : sur les plantes. Nancy (*Géhin*); Metz (*Bellevoie*; Remiremont (*Puton*).

Tracodes *Schönherr.*

hispidus *L.* Sur les plantes. Metz (*Bellevoie*); Vosges (*Puton*).

Baridius *Schönherr.*

Artemisiæ *Herbst.* Sur les plantes. Nancy; Metz; Epinal.

picinus *Germ.* Commun à Nancy, à Metz, à Verdun.

? atramentarius *Schönh.* Très-rare. Nancy (*Mathieu*).

cuprirostris *Fabr.* Metz (*Géhin*).

chloris *Fabr.* Commun à Nancy.

cærulescens *Scop.* Assez commun à Nancy.

chlorizans *Germ.* Nancy; Metz; Verdun.

Lepidii *Germ.* Commun. Nancy; Briey; Epinal; Verdun.

punctatus *Schönh.* Assez commun à Nancy.

Armeniacæ *Oliv.* Rare. Nancy (*Mathieu*).

T-album *L.* Très-commun : sur les plantes aquatiques.

Cryptorhynchus *Ill.*

Lapathi *L.* Sur les Saules. Nancy; Metz; Epinal, Darney; Verdun.

Cœliodes *Schönherr.*

Quercus *Fabr.* Sur les Chênes. Metz (*Géhin*); Remiremont (*Puton*); Darney (*Le Paige*).

ruber *Marsh.* Nancy; Metz; Remiremont.

rubicundus *Payk.* Nancy.

Epilobii *Payk.* Metz; Remiremont.

guttula *Fabr.* Commun à Nancy; Darney; Verdun.

fuliginosus *Marsh.* Vosges (*Puton*).

subrufus *Herbst.* Metz; Remiremont; Verdun.

quadrimaculatus *L.* Commun : sur les Orties.

Lamii *Herbst.* Nancy; Metz; Remiremont, Darney; Verdun.

punctulum *Herbst*. Verdun (*Liénard*).

Geranii *Payk*. Sur le *Geranium sylvaticum*. Chaîne des Vosges.

exiguus *Oliv*. Nancy ; Metz ; Remiremont.

Mononychus *Schönherr*.

Pseudacori *Fabr*. Commun sur l'*Iris Pseudacorus*.

Salviæ *Germ*. Très-rare. Nancy (*Mathieu*).

Acalles *Schönherr*.

hypocrita *Schönh*. Metz (*Géhin*).

abstersus *Schönherr*. Phalsbourg (*Gaubil*) ; Metz (*Bellevoie*).

Navieresi *Schönh*. Metz (*Bellevoie*).

Camelus *Fabr*. Rare. Metz (*Bellevoie*).

ptinoïdes *Marsh*. Rare. Nancy (*Mathieu*), Phalsbourg (*Gaubil*).

echinatus *Germ*. Metz (*Géhin*).

Scleropterus *Schönherr*.

globulus *Herbst*. Rare. Forbach (*Géhin*) ; Remiremont (*Puton*).

Orobitis *Germ*.

cyaneus *L*. Metz (*Bellevoie*).

Ceuthorhynchus *Schönherr*.

albovittatus *Germ*. Sur les plantes. Metz (*Géhin*).

macula-alba *Herbst*. Briey (*Géhin*) ; Epinal (*Berher*), Darney (*Le Paige*) ; Verdun (*Liénard*).

suturalis *Fabr*. Assez commun. Nancy ; Metz ; Remiremont, Darney.

assimilis *Payk*. Commun à Nancy, à Metz, à Verdun.

rubescens *Schönh*. Rare. Nancy (*Mathieu*).

Erysimi *Fabr*. Très-commun.

contractus *Marsh*. Commun : sur les Crucifères.

atratulus *Gyll*. Rare. Nancy (*Mathieu*) ; Metz (*Géhin*) ; Verdun (*Liénard*).

setosus *Schönh*. Vosges (*Puton*).

querceti *Gyll*. Metz (*Géhin*).

posthumus *Germ*. Metz (*Géhin*).

pulvinatus *Gyll*. Sarreguemines (*Géhin*) ; Verdun (*Liénard*).

nanus *Schönh*. Rare. Nancy (*Mathieu*) ; Remiremont (*Puton*).

floralis *Payk*. Rare. Verdun (*Liénard*).

Ericæ *Gyll*. Sur le *Calluna Erica*. Sarreguemines (*Géhin*) ; Remiremont (*Puton*).

Echii *Fabr*. Commun : sur l'*Echium vulgare*.

horridus *Panz*. Assez commun. Nancy ; Metz.

Raphani *Fabr*. Nancy ; Metz ; Epinal, Remiremont, Darney ; Verdun.

Boraginis *Fabr*. Assez commun : dans les jardins.

abbreviatulus *Schönh.* Metz (*Belle-voie*).

peregrinus *Schönh.* Metz (*Belle-voie*).

cruciger *Oliv.* Verdun (*Liénard*).

litura *Fabr.* Rare. Nancy (*Mathieu*).

trimaculatus *Fabr.* Nancy (*Mathieu*); Bitche (*Gaubil*); Verdun (*Liénard*).

albosignatus *Schönh.* Metz (*Belle-voie*), Bitche (*Gaubil*); Verdun (*Liénard*).

asperifoliarum *Gyll.* Commun à Nancy et à Metz.

campestris *Schönh.* Commun.

Chrysanthemi *Schönh.* Assez commun à Nancy; Metz.

rugulosus *Herbst.* Metz (*Géhin*).

melanostictus *Marsh.* Assez commun à Nancy; Verdun.

quadridens *Panz.* Nancy; Metz; Remiremont; Verdun.

marginatus *Payk.* Nancy; Metz.

puncliger *Schönh.* Rare. Nancy (*Mathieu*); Briey (*Géhin*); Remiremont (*Puton*).

denticulatus *Schrank.* Peu commun. Nancy; Metz; Verdun.

pollinarius *Forst.* Commun à Nancy; Metz.

picitarsis *Schönh.* Assez commun à Nancy.

sulcicollis *Gyll.* Nancy; Metz; Remiremont; Verdun.

Alauda *Fabr.* Metz (*Géhin*).

Rapæ *Gyll.* Nancy; Metz.

Napi *Schönh.* Nancy; Metz; Remiremont; Verdun.

hirtulus *Germ.* Rare. Nancy (*Mathieu*).

Troglodytes *Fabr.* Nancy; Metz, Briey; Verdun.

Rhinoncus *Schönherr.*

topiarius *Germ.* Rare : sur les plantes. Nancy (*Mathieu*).

Castor *Fabr.* Nancy; Metz; Epinal, Remiremont, Darney.

granulipennis *Schönh.* Rare. Nancy (*Mathieu*).

bruchoïdes *Herbst.* Metz (*Belle-voie*); Vosges (*Puton*).

inconspectus *Herbst.* Nancy; Metz; Epinal; Verdun.

pericarpius *Fabr.* Nancy (*Mathieu*); Gorze (*Géhin*); Verdun (*Liénard*).

gramineus *Fabr.* Metz (*Géhin*); Verdun (*Liénard*).

subfasciatus *Gyll.* Commun.

guttalis *Grav.* Metz (*Géhin*); Verdun (*Liénard*).

albocinctus *Schönh.* Très-rare. Nancy (*Mathieu*).

Poophagus *Schönherr.*

Sisymbrii *Fabr.* Rare : sur les plantes. Nancy (*Mathieu*); Metz (*Géhin*); Verdun (*Liénard*).

Nasturtii *Germ.* Rare. Verdun (*Liénard*).

Tapinotus *Schönherr.*

stellatus *Fabr.* Très-rare : sur les plantes. Nancy (*Mathieu*).

Bagous *Germ.*

diglyptus *Schönh.* Très-rare : bords des eaux. Nancy (*Mathieu*).

lutulosus *Gyll.* Rare. Nancy (*Mathieu*) ; Metz (*Bellevoie*).

lutulentus *Gyll.* Assez rare. Nancy.

puncticollis *Schönh.* Assez commun à Nancy.

frit *Herbst.* Rare. Metz (*Bellevoie*).

validitarsus *Schönh.* Nancy (*Mathieu*).

Lyprus *Schönherr.*

cylindrus *Payk.* Très-rare. Forbach (*Géhin*).

Cionus *Clairv.*

Scrophulariæ *L.* Commun : sur le *Scrophularia Balbisii.*

Verbasci *Fabr.* Commun : sur les *Verbascum.*

Olivieri *Rosenh.* Rare. Nancy (*Mathieu*).

Thapsus *Fabr.* Commun.

ungulatus *Germ.* Rare. Nancy (*Mathieu*).

hortulanus *Marsh.* Nancy ; Remiremont.

olens *Fabr.* Nancy; Metz ; Epinal; Verdun.

Blattariæ *Fabr.* Rare. Epinal (*Berher*), Dompaire (*l'abbé Lallement*), Remiremont (*Puton*) , Darney (*Le Paige*) ; Verdun (*Liénard*).

pulchellus *Herbst.* Rare. Nancy (*Mathieu*).

Solani *Fabr.* Nancy ; Metz ; Remiremont ; Verdun.

Fraxini *De Geer.* Sur le *Fraxinus excelsior.* Metz ; Remiremont ; Verdun.

Gymnetron *Schönherr.*

pascuorum *Gyll.* Rare. Nancy (*Mathieu*), Phalsbourg (*Gaubil*).

Veronicæ *Germ.* Nancy ; Metz ; Epinal.

Beccabungæ *L.* Metz (*Géhin*).

concinnus *Schönh.* Rare. Nancy (*Mathieu*).

labilis *Herbst.* Nancy ; Metz ; Verdun.

rostellum *Herbst.* Metz (*Géhin*) ; Verdun (*Liénard*).

melanarius *Germ.* Metz (*Bellevoie*).

teter *Fabr.* Metz (*Géhin*).

plagiatus *Schönh.* Assez commun à Nancy.

Antirrhini *Germ.* Commun à Metz ; Verdun.

Graminis *Schönh.* Nancy ; Epinal, Darney.

plantarum *Schönh.* Metz et Forbach (*Géhin*) ; Verdun (*Liénard*).

Campanulæ *L.* Sur le *Campanula persicifolia.* Très-commun à

Nancy ; Metz ; Epinal ; Verdun.

Linariæ *Panz.* Verdun (*Liénard*).

micros *Germ.* Rare. Nancy (*Mathieu*).

Mecinus *Germ.*

pyraster *Herbst.* Sur les plantes au bord des eaux. Nancy (*Mathieu*) ; Boulay (*Géhin*) ; Verdun (*Liénard*). La var. *hæmorrhoïdalis Herbst.* est à Remiremont et Verdun.

circulatus *Marsh.* Nancy ; Metz ; Epinal.

Nanophyes *Schönherr.*

hemisphæricus *Oliv.* Assez commun : sur les plantes aquatiques. Nancy ; Metz.

Lythri *Fabr.* Commun : sur le *Lythrum Salicaria.*

globulus *Germ.* Rare. Nancy (*Mathieu*).

Sphenophorus *Schönherr.*

mutilatus *Laich.* Sur la terre. Nancy ; Metz ; Darney, Epinal, Remiremont.

Sitophilus *Schönherr.*

granarius *L.* Trop commun : dans les magasins de céréales où il fait de grands ravages ; c'est la Calandre du blé.

Oryzæ *L.* Dans le Riz avarié. Nancy ; Metz.

Cossonus *Schönherr.*

linearis *L.* Assez commun : sous les écorces. Nancy ; Metz ; Darney ; Verdun.

ferrugineus *Clairv.* Assez commun à Nancy.

cylindricus *Sahlb.* Assez commun à Nancy.

Phlœophagus *Schönherr.*

spadix *Herbst.* Dans les bois. Phalsbourg et Bitche (*Gaubil*).

Rhyncolus *Creutz.*

cylindricus *Schönh.* Vosges.

chloropus *Fabr.* Vosges à Liézey (*l'abbé Jacquel*).

elongatus *Gyll.* Assez commun à Nancy.

porcatus *Germ.* Nancy ; Metz.

culinaris *Reich.* Rare. Nancy (*Mathieu*).

exiguus *Schönh.* Metz (*Bellevoie*).

submuricatus *Schönh.* Rare. Nancy (*Mathieu*) ; Verdun (*Liénard*).

truncorum *Germ.* Nancy ; Forbach.

cylindrirostris *Oliv.* Assez commun à Nancy et à Metz.

punctatulus *Schönh.* Metz (*Géhin*).

Dryophthorus *Schönherr.*

lymexylon *Fabr.* Très-rare : sous l'écorce du *Pinus sylvestris.* Vosges.

FAM. 54. — XYLOPHAGES.

Hylastes *Erichs.*

ater *Payk.* Assez rare : dans le *Pinus sylvestris.* Darney et toute la chaîne des Vosges.

cunicularius *Erichs.* Dans l'*Abies excelsa* et le *Pinus sylvestris.* Chaîne des Vosges.

palliatus *Gyll.* Dans l'*Abies excelsa.* Chaîne des Vosges.

Trifolii *Müll.* Sur le *Trifolium pratense.* Nancy ; Epinal, Remiremont.

Hylurgus *Latr.*

minor *Hartig.* Dans le *Pinus uncinata.* Hautes Vosges.

piniperda *L.* Très-commun : sur le *Pinus sylvestris,* dont il perfore les jeunes pousses. Chaîne des Vosges.

Dendroctonus *Erichs.*

micans *Kug.* Très-rare : dans l'*Abies excelsa.* Gérardmer (*Muel*).

Phlœophthorus *Wollast.*

Spartii *Nördl.* Commun sur le *Sarothamnus scoparius.*

Hylesinus *Fabr.*

crenatus *Fabr.* Dans le *Fraxinus excelsior.* Nancy ; Briey.

Fraxini *Fabr.* Très-commun dans le *Fraxinus excelsior.* La var. varius *Fabr.*, à Nancy et à Metz.

vittatus *Fabr.* Assez rare : sur les *Ulmus montana* et *campestris.* Nancy ; Verdun.

Polygraphus *Erichs.*

pubescens *Erichs.* Dans l'*Abies excelsa.* Vosges (*Puton*).

Scolytus *Geoff.*

Ratzeburgii *Jans.* Rare : dans le *Betula alba.*

destructor *Oliv.* Commun dans les *Ulmus montana* et *campestris,* qu'il détruit sur nos promenades.

pygmæus *Herbst.* Nancy ; Metz, St-Avold, Bitche ; Epinal ; Verdun.

intricatus *Ratz.* Commun à Nancy dans les perches à houblon en chêne.

multistriatus *Marsh.* Commun dans les *Ulmus.*

Pruni *Ratz.* Assez commun dans le *Prunus domestica.*

rugulosus *Ratz.* Sous l'écorce des arbres fruitiers ; mais a été en outre trouvé par M. Roubalet, sous l'écorce d'un *Thuya.*

Carpini *Erichs.* Rare : dans le

Carpinus Betulus. Etain (*Géhin*).

noxius *Ratz*. Très-rare. Nancy (*Mathieu*).

armatus *Com*. Rare. Metz (*Géhin*).

Xyloterus *Erichs*.

domesticus *L*. Rare : sur le *Fagus sylvatica*. Nancy, Phalsbourg ; Metz.

lineatus *Oliv*. Très-commun dans les forêts de Pins et de Sapins, où il produit la vermoulure noire. Chaîne des Vosges.

Crypturgus *Erichs*.

pusillus *Gyll*. Dans le *Pinus sylvestris* et l'*Abies pectinata*. Chaîne des Vosges.

Cryphalus *Erichs*.

Piceæ *Ratz*. Dans l'*Abies pectinata*. Remiremont (*Puton*).

Fagi *Nördl*. Metz (*Bellevoie*).

Abietis *Ratzb*. Metz (*Bellevoie*).

Bostrychus *Fabr*.

typographus *L*. Dans l'*Abies excelsa*. Dans les Hautes Vosges, où il ravage actuellement les forêts de Gérardmer ; plus rare en plaine, à Darney.

stenographus *Dufts*. Très-commun dans le *Pinus sylvestris*. Chaîne des Vosges.

Laricis *Fabr*. Dans le *Pinus sylvestris*. Chaîne des Vosges.

acuminatus *Gyll*. Dans le *Pinus sylvestris*. Chaîne des Vosges.

bispinus *Ratz*. Dans le *Clematis Vitalba*. Pont-à-Mousson, Dieuze.

micrographus *Gyll*. Dans l'*Abies pectinata* et le *Pinus sylvestris*. Chaîne des Vosges.

curvidens *Germ*. Très-rare : sous l'écorce de l'*Abies pectinata*. Chaîne des Vosges ; Sarreguemines (*Géhin*).

chalcographus *L*. Dans l'*Abies excelsa*. Chaîne des Vosges.

autographus *Ratz*. Dans l'*Abies excelsa*. Assez commun à Gérardmer.

villosus *Fabr*. Rare : dans le Chêne. Nancy ; Epinal.

dispar *Fabr*. Rare : dans le Platane (*Mathieu*) et dans le Chêne. Nancy ; Metz ; Darney ; Verdun.

monographus *Fabr*. Peu commun : dans le Chêne. Nancy ; Briey ; Epinal, Darney ; Verdun.

dryographus *Erichs*. Peu commun : dans le Chêne. Nancy ; Sarreguemines ; Darney.

Platypus *Herbst*.

cylindrus *Fabr*. Dans le Chêne. Nancy ; Metz ; Epinal, Darney ; forêt d'Argonne.

FAM. 55. — CÉRAMBYCIDES.

Spondylis *Fabr.*

buprestoïdes *L.* Dans les souches du *Pinus sylvestris*. Chaîne des Vosges.

Ægosoma *Serv.*

scabricorne *Fabr.* Rare. St-Avold (*Géhin*) ; Epinal (*Berher*).

Prionus *Geoffr.*

coriarius *L.* Rare à Nancy, à Metz, à Darney, sur les Chênes ; commun dans la chaîne des Vosges, sur les Pins et les Sapins.

Cerambyx *L.*

heros *Fabr.* Commun : sur les Chênes.

cerdo *L.* Très-commun : sur les vieux Saules et le Cornouiller sanguin.

Purpuricenus *Serv.*

Kœhleri *L.* Très-rare : sur les Saules. Lunéville.

Rosalia *Serv.*

alpina *L.* Très-rare. Vosges (*Le-Paige*).

Aromia *Serv.*

moschata *L.* Commun : sur les Saules. Nancy ; Metz ; Epinal, Darney ; Verdun.

Callidium *Fabr.*

insubricum *Germ.* Très-rare : sur l'*Acer pseudoplatanus*. Bussang (*Puton*), Retournemer (*D*r *Marmottau*).

clavipes *Fabr.* Rare : sur les Saules. Metz ; Epinal, Darney ; Verdun.

femoratum *L.* Assez rare. Nancy ; Metz ; Epinal, Remiremont, Darney ; Verdun.

brevicolle *Schönh.* Assez rare. Verdun (*Liénard*).

violaceum *L.* Assez commun dans les Hautes Vosges jusqu'au Hohneck. A l'état parfait sur les fleurs du *Spiræa Aruncus* (*Mathieu*).

dilatatum *Payk.* Vosges (*Puton*).

sanguineum *L.* Sur les Chênes. Nancy ; Metz ; Epinal, Darney ; Verdun.

Alni *L.* Commun à Nancy sur les perches à houblon.

rufipes *Fabr.* Rare. Metz *Géhin*) ; Epinal (*Berher*), Darney (*Le Paige*).

variabile *L.* Très-commun : bois mis en œuvre, maisons.

Hylotrupes *Serv.*

bajulus *L.* Très-commun : bois de Sapin mis en œuvre, maisons.

Tetropium *Kirby.*

aulicum *Fabr.* Rare : dans les *Abies pectinata* et *excelsa.* Gérardmer (*Mathieu*), Remiremont (*Puton*).

Criocephlus *Muls.*

rusticus *L.* Très-rare : dans le *Pinus sylvestris.* Chaîne des Vosges.

Asemum *Eschsch.*

striatum *L.* Rare : sur les troncs de *Pinus sylvestris.* Metz ; Vosges.

Clytus *Fabr.*

liciatus *L.* Rare : sur les fleurs. Nancy (*Mathieu*) ; Epinal (*Berher*), Darney (*Le Paige*).

detritus *L.* Rare. Dieuze (*Moye*) ; Metz (*Géhin*) ; Epinal (*Berher*), Darney (*Le Paige*) ; Verdun (*Liénard*).

arcuatus *L.* Commun sur les bois exploités.

tropicus *Panz.* Rare. St-Avold (*Géhin*) ; Epinal (*Berher*), Remire-

mont (*Puton*), Darney (*Le Paige*).

Arietis *L.* Commun : sur les Ombellifères.

Antilope *Ill.* Très-rare. Verdun (*Liénard*).

Rhamni *Germ.* Très-rare. Verdun (*Liénard*).

massiliensis *L.* Commun : sur les Ombellifères.

plebejus *Fabr.* Commun : sur les Ombellifères.

mysticus *L.* Rare : sur le *Cornus sanguinea* et le *Sambucus nigra.* Nancy (*Mathieu*) ; Metz (*Géhin*) ; Epinal (*Berher*), Darney (*Le Paige*) ; Verdun (*Liénard*).

Cartallum *Serv.*

ebulinum *L.* Très-rare : sur les fleurs. Nancy où M. Mathieu en a pris un seul individu.

Obrium *Latr.*

cantharinum *L.* Très-rare : sur les fleurs. Epinal (*Berher*), Remiremont (*Puton*), Darney (*Le Paige*) ; Verdun (*Liénard*).

brunneum *Fabr.* Sur le *Spiræa Aruncus.* Hohneck. (*Mathieu*).

Gracilia *Serv.*

pygmæa *Fabr.* Rare : dans les vieux paniers d'osier. Nancy (*Mathieu*) ; Metz (*Géhin*) ; Remiremont (*Puton*) ; Verdun (*Liénard*).

Stenopterus *Oliv.*

rufus **L.** Très-commun : sur les Ombellifères.

Dorcadion *Dalm.*

fuliginator *L.* Commun : coteaux arides.

Lamia *Fabr.*

textor *L.* Commun : sur les Saules.

Monochammus *Latr.*

sartor *Fabr.* Dans l'*Abies pectinata.* Hautes Vosges.

sutor *L.* Dans l'*Abies pectinata.* Hautes Vosges ; plus rare dans la plaine, à Darney.

Acanthoderus *Serv.*

varius *Fabr.* Rare. Dans les chantiers. Nancy (*Mathieu*) ; Metz (*Géhin*) ; Darney (*Le Paige*).

Astynomus *Steph.*

ædilis *L.* Très-commun dans le *Pinus sylvestris.* Chaîne des Vosges.

atomarius *Fabr.* Assez commun dans l'*Abies pectinata.* Chaîne des Vosges ; se retrouve, assure-t-on, à Darney.

Leiopus *Serv.*

nebulosus *L.* Rare : dans le *Carpinus Betulus.* Nancy ; Metz ; Epinal, Darney.

Exocentrus *Muls.*

balteatus *L.* Rare. Nancy (*Mathieu*) ; Metz (*Géhin*) ; Remiremont (*Puton*).

adspersus *Muls.* Vosges (*Puton*).

Pogonocherus *Latr.*

fascicularis *Panz.* Vosges (*Puton*).

hispidus *L.* Nancy ; Metz ; Epinal, Remiremont, Darney ; Verdun.

scutellaris *Muls.* Metz (*Bellevoie*).

pilosus *Fabr.* Assez commun : dans les chantiers.

ovalis *Gyll.* Très-rare. Nancy (*Mathieu*) ; Metz (*Géhin*) ; Remiremont (*Puton*).

Mesosa *Serv.*

curculionoïdes *L.* Assez rare : dans les chantiers. Nancy ; Metz ; Epinal, Darney.

nubila *Oliv.* Rare. Nancy (*Mathieu*) ; Epinal (*Berher*), Darney (*Le Paige*).

Anæsthetis *Muls.*

testacea *Fabr.* Très-rare. Dieuze (*Moye*).

Agapanthia *Serv.*

lineatocollis *Marsh.* Rare : sur les Carduacées. Nancy : Metz ; Ste-Marie-aux-Mines.

angusticollis *Schönh.* Rare : sur les Carduacées. Nancy ; Epinal, Remiremont, Darney.

Cardui *L.* Sur les *Carduus.* Nancy (*Mathieu*) ; Verdun (*Liénard*).

cœrulea *Schönh.* Rare. Nancy ; Metz ; Epinal, Darney, Remiremont, Hohneck.

violacea *Fabr.* Verdun (*Liénard*).

Saperda *Fabr.*

carcharias *L.* Assez commun dans les Peupliers sur pied. Nancy ; Metz ; Epinal, Darney ; Verdun.

phoca *Fröhl.* Très-rare. Verdun (*Liénard*).

scalaris *L.* Assez rare : Cerisiers, Poiriers, etc. Nancy ; Metz ; Epinal, Remiremont, Darney ; Verdun.

populnea *L.* Commun : sur les Trembles. Nancy ; Metz ; Vosges ; Verdun.

Polyopsia *Muls.*

præusta *L.* Commun : sur les Ombellifères.

Stenostola *Redt.*

nigripes *Fabr.* Rare : dans les chantiers. Nancy (*Mathieu*) ; Metz (*Géhin*) ; Epinal (*Berher*), Darney (*Le Paige*) ; Verdun (*Liénard*).

Oberea *Muls.*

oculata *L.* Assez rare : sur les Saules. Nancy, Phalsbourg ; Metz ; Epinal, Darney ; Verdun.

pupillata *Schönh.* Sur le Troène et le Chèvrefeuille en fleurs. Nancy ; Metz ; Epinal, Darney.

linearis *L.* Vit dans le *Corylus Avellana* et le *Sambucus nigra.* Nancy ; Metz ; Epinal, Darney ; Verdun.

Phytœcia *Muls.*

Jourdani *Muls.* Très-rare. Nancy sur la côte de Malzéville (*Mathieu*) ; Metz (*Bellevoie*).

ephippium *Fabr.* Assez rare. Nancy (*Mathieu*) ; Epinal (*Berher*), Darney (*Le Paige*) ; Verdun (*Liénard*).

cylindrica *L.* Rare. Nancy (*Roubalet*) ; Metz (*Bellevoie*) ; Darney (*Le Paige*).

molybdæna *Schönh.* Très-rare. Verdun (*Liénard*).

nigricornis *Fabr.* Rare. Darney (*Le Paige*).

virescens *Fabr.* Assez commun : sur les Boraginées.

Necydalis *L.*

major *L.* Très-rare. Metz (*Géhin*) ; Epinal (*Berher*).

minor *L.* Assez rare. Nancy ; Metz ; Epinal, Remiremont.

Umbellatarum *L.* Très-rare : sur les Ombellifères. Pompey (*Mathieu*) ; Epinal (*Berher*), Remiremont (*Puton*) ; Verdun (*Liénard*).

Rhamnusium *Latr.*

Salicis *Fabr.* Rare. Nancy à la Pépinière (*Mathieu*), Dieuze (*Leprieur*) ; Metz (*Géhin*) ; Epinal (*Berher*), Darney (*Le Paige*) ; Verdun (*Liénard*).

Rhagium *Fabr.*

mordax *Fabr.* Très-commun : tronc et souches des vieux Chênes.

inquisitor *Fabr.* Commun : forêts de *Pinus sylvestris* et d'*Abies pectinata* de la chaîne des Vosges.

indagator *L.* Commun : avec le précédent.

bifasciatum *Fabr.* Rare : forêts de Pins et de Sapins de la chaîne des Vosges.

Toxotus *Serv.*

cursor *L.* Très-commun : forêts de Sapins des Vosges.

meridianus *L.* Commun : sur les fleurs. Présente beaucoup de variétés.

dispar *Schönh.* Très-rare. Sarreguemines (*Cantner*) ; Nancy (*Mathieu*).

Pachyta *Serv.*

octomaculata *Fabr.* Sur les fleurs. Nancy, Dieuze ; Metz ; Epinal, Darney, Remiremont ; Verdun.

virginea *L.* Sur les fleurs. Hautes Vosges, Gérardmer, Hohneck.

collaris *L.* Commun : sur les fleurs. Nancy ; Metz ; Darney ; Verdun.

Strangalia *Serv.*

aurulenta *Fabr.* Rare. Darney (*Le Paige*) ; Verdun (*Liénard*).

quadrifasciata *L.* Très-rare : dans les *Pinus sylvestris* et *Abies pectinata*. Sarreguemines ; montagnes des Vosges, Darney ; Verdun.

revestita *L.* Rare. Nancy (*Mathieu*) ; Epinal (*Berher*), Darney (*Le Paige*) ; Verdun (*Liénard*). Présente de nombreuses variétés.

atra *Fabr.* Nancy ; Metz ; Epinal, Darney ; Verdun.

armata *Herbst.* Assez commun. Nancy, Phalsbourg ; Darney ; Verdun.

nigra *L.* Sur les fleurs. Nancy, Phalsbourg ; Metz ; Epinal, Darney ; Verdun.

bifasciata *Müll.* Nancy ; Bitche ; Epinal, Darney ; Verdun.

melanura *L.* Commun : sur les fleurs.

Leptura *L.*

testacea *L.* Nancy, Phalsbourg ; Metz ; Epinal.

scutellata *Fabr.* Très-rare : souches de *Carpinus Betulus*. Phalsbourg (*Gaubil*) ; Epinal (*Berher*), Darney (*Le Paige*).

tomentosa *Fabr.* Commun : sur les fleurs.

cincta *Fabr.* Nancy ; Metz.

sanguinolenta *L.* Nancy ; Metz.

maculicornis *De Geer.* Commun dans les Hautes Vosges.

livida *Fabr.* Nancy ; Metz ; Vosges ; Verdun.

Anoplodera *Muls.*

sexguttata *Fabr.* Très-rare. Dieuze (*Moye*) ; vallée de Celles (*Mathieu*), Epinal (*Berher*), Remiremont (*Puton*), Darney (*Le Paige*).

rufipes *Schall.* Rare. Nancy (*Mathieu*), Dieuze (*Moye*) ; Metz (*Géhin*) ; Epinal (*Berher*), Darney (*Le Paige*).

lurida *Fabr.* Hautes Vosges, Remiremont, Hohneck.

Grammoptera *Serv.*

lævis *Fabr.* Nancy, Phalsbourg ; Metz ; Epinal, Darney ; Verdun.

quadriguttata *Fabr.* Phalsbourg (*Gaubil*) ; Darney (*Le Paige*).

ruficornis *Fabr.* Nancy , Dieuze ; Metz ; Epinal, Remiremont, Darney ; Verdun.

præusta *Fabr.* Metz (*Géhin*) ; Verdun (*Liénard*).

analis *Panz.* Rare. Darney (*Le Paige*).

FAM. 56. — CHRYSOMÉLIDES.

Orsodacna *Latr.*

nigriceps *Latr.* Rare : sur les plantes. Pompey (*Mathieu*) ; Darney (*Le Paige*) ; Verdun (*Liénard*).

Donacia *Fabr.*

crassipes *Fabr.* Rare : sur les plantes aquatiques. Nancy ; Metz ; Epinal, Darney ; Verdun.

bidens *Oliv.* Assez rare. Nancy ; Metz ; Epinal ; Verdun.

dentata *Hoppe.* Nancy (*Mathieu*) ; Auboué au bord de l'Orne (*Géhin*) ; Verdun (*Liénard*).

Sparganii *Ahr.* Vosges (*Puton*).

reticulata *Schönh.* Rare. Nancy (*Mathieu*).

dentipes *Fabr.* Nancy, Phalsbourg ; Metz ; Epinal, Darney ; Verdun.

Lemnæ *Fabr.* Commun, ainsi que

la var. *Sagittariæ Fabr.*

obscura *Gyll.* Nancy ; Metz ; Remiremont.

brevicornis *Ahr.* Etain (*Géhin*).

thalassina *Germ.* Commun à Nancy et à Metz.

impressa *Payk.* Commun à Nancy et à Metz.

sericea *L.* Très-commun et présente beaucoup de variétés.

nigra *Fabr.* Nancy à l'étang de Champigneules (*Mathieu*).

discolor *Hoppe.* Commun.

affinis *Kunze.* Nancy à l'étang de Champigneules ; Metz ; Epinal, Remiremont.

semicuprea *Panz.* Très-commun.

Menyanthidis *Fabr.* Nancy, à l'étang de Champigneules ; Metz ; Epinal, Remiremont, Darney ; Verdun.

linearis *Hoppe.* Assez commun. Nancy ; Epinal, Darney ; Verdun.

Typhæ *Brahm.* Nancy ; Metz.

fennica *Payk.* Metz, aux bords de la Seille (*Géhin*).

Hydrocharidis *Fabr.* Rare. Briey (*Géhin*).

tomentosa *Ahr.* Parfois commun. Nancy, dans les mares de la prairie de Tomblaine ; Metz ; Remiremont.

Hæmonia *Latr.*

Equiseti *Fabr.* Très-rare : vit submergé sur les tiges de *Pota-*

mogeton. Frouard (*Roubalet*) Verdun (*Liénard*).

Zeugophora *Künze.*

subspinosa *Fabr.* Sur les arbres. Nancy ; Metz ; Epinal, Darney ; Verdun.

scutellaris *Suffr.* Très-rare. Nancy (*Roubalet*).

frontalis *Suffr.* Rare. Metz (*Géhin*).

flavicollis *Marsh.* Nancy ; Metz ; Epinal ; Verdun.

Lema *Fabr.*

puncticollis *Curt.* Très-rare : sur les plantes. Nancy (*Mathieu*) ; Metz (*Géhin*).

cyanella *L.* Commun : sur les céréales.

Erichsonii *Suffr.* Très-rare. Nancy (*Mathieu*) ; Metz (*Géhin*).

flavipes *Suffr.* Rare. Nancy *Mathieu*).

melanopa *L.* Commun : sur les céréales.

Crioceris *Geoffr.*

merdigera *L.* Très-commun sur le *Lilium album.*

brunnea *Fabr.* Peu commun : sur le *Maianthemum bifolium* et les *Allium.*

duodecimpunctata *L.* Très-commun sur l'*Asparagus officinalis,* ainsi que sa variété *dodecastigma . Suffr.*

Asparagi *L.* Très-commun : sur l'*Asparagus officinalis.*

Clythra *Laich.*

cyanicornis *Germ.* Sur les plantes. Metz ; Epinal, Darney.

tridentata *L.* Sur les plantes. Nancy ; Sarralbe ; Epinal, Remiremont.

humeralis *Schneid.* Rare. Nancy (*Mathieu*) ; Remiremont (*Puton*).

longimana *L.* Nancy ; Metz ; Epinal, Darney, Remiremont ; Verdun.

longipes *Fabr.* Rare. Nancy (*Mathieu*) ; Bitche (*Gaubil*).

quadripunctata *L.* Très-commun : sur les Saules. Sa variété *quadrisignata Märk.* a été trouvée à Phalsbourg par Gaubil.

læviuscula *Ratz.* Commun : sur les Saules. Nancy ; Remiremont.

nigritarsis *Lacord.* Trouvé abondamment, en 1848, au Hohneck sur le *Polygonum Bistorta* (*Mathieu*) ; Briey (*Géhin*) ; Verdun (*Liénard*).

cyanea *Fabr.* Nancy ; Metz ; Epinal.

affinis *Ill.* Très-rare. Nancy (*Mathieu*) ; Metz (*Géhin*).

aurita *L.* Montagnes des Vosges.

bucephala *Fabr.* Nancy ; Epinal, Darney ; Verdun.

scopolina *L.* Nancy ; Epinal, Darney ; Verdun.

quadrimaculata *L.* Très-rare. Nancy (*Mathieu*).

floralis *Oliv.* Très-rare. Nancy (*Mathieu*).

Lamprosoma *Kirby.*

concolor *Sturm.* Très-rare : sur les plantes. Nancy (*Mathieu*) ; Remiremont (*Puton*).

Eumolpus *Kugel.*

obscurus *L.* Rare : sur l'*Epilobium spicatum.* Nancy ; Metz ; Epinal, Remiremont, Darney ; Verdun.

Vitis *Fabr.* Assez commun : sur le *Vitis vinifera.*

Chrysochus *Redt.*

pretiosus *Fabr.* Rare : sur le *Vincetoxicum officinale.* Verdun (*Liénard*).

Cryptocephalus *Geoffr.*

imperialis *Fabr.* Très-rare. Verdun (*Liénard*).

Coryli *L.* Sur les plantes. Nancy, Phalsbourg ; Epinal , Remiremont ; Verdun.

cordiger *L.* Très-rare. Nancy (*Mathieu*) ; Epinal (*Berher*).

variabilis *Schneid.* Nancy, Phalsbourg ; Metz ; Epinal, Darney, Remiremont ; Verdun.

sexpunctatus *L.* Nancy, Phalsbourg ;

Metz ; Epinal, Darney ; Verdun.

violaceus *Fabr*. Commun : sur les Saules.

aureolus *Suffr*. Nancy ; Remiremont.

Hypochæridis *L*. Commun sur le *Thrincia hirta* et le *Taraxacum Dens-Leonis*.

lobatus *Fabr*. Très-rare. Nancy (*Mathieu*) ; Metz (*Bellevoie*).

nitens *L*. Nancy ; Metz ; Epinal ; Verdun.

nitidulus *Gyll*. Rare. Nancy (*Mathieu*) ; Epinal (*Berher*).

marginellus *Oliv*. Assez rare. Nancy (*Mathieu*).

Moræi *L*. Commun dans toute la Lorraine.

flavipes *Fabr*. Commun : sur les Saules.

decempunctatus *L*. Très-Rare. Nancy (*Mathieu*) ; St-Avold (*Géhin*).

janthinus *Germ*. Metz (*Bellevoie*).

fulcratus *Germ*. Très-rare. Nancy (*Mathieu*).

flavilabris *Payk*. Vosges (*Puton*).

marginatus *Fabr*. Très-rare. Nancy (*Mathieu*), Phalsbourg (*Gaubil*).

vittatus *Fabr*. Nancy ; Metz ; Epinal, Darney, Remiremont ; Verdun.

bilineatus *L*. Nancy ; Metz.

pygmæus *Fabr*. Sur les *Thymus Serpyllum* et *Chamœdrys*. Nancy, Phalsbourg ; Epinal, Remiremont ; Verdun et Etain.

minutus *Fabr*. Nancy ; Metz ; Epinal, Remiremont.

Populi *Suffr*. Rare. Nancy (*Mathieu*).

pusillus *Fabr*. Rare. Nancy (*Mathieu*) ; Remiremont (*Puton*).

gracilis *Fabr*. Nancy ; Metz ; Remiremont, Darney ; Verdun.

Hübneri *Fabr*. Assez rare. Nancy (*Mathieu*) ; Metz (*Bellevoie*) ; Verdun (*Liénard*).

labiatus *L*. Nancy, Phalsbourg ; Epinal, Remiremont ; Verdun.

sexpustulatus *Rossi*. Darney (*Le Paige*).

digrammus *Suffr*. Rare. Nancy (*Mathieu*) ; Remiremont (*Puton*).

Wasastjernæ *Gyll*. Très-rare. Nancy (*Mathieu*).

geminus *Gyll*. Nancy, Phalsbourg ; Remiremont, Darney ; Verdun.

bipunctatus *L*. Nancy, Pont-à-Mousson ; Metz, Verdun (*Liénard*). Sa var. *bipustulatus Fabr*. est aussi à Verdun.

Pachybrachys *Suffr*.

hieroglyphicus *Fabr*. Commun : sur les Saules.

histrio *Oliv*. Remiremont (*Puton*) ; Verdun (*Liénard*).

Timarcha *Latr*.

tenebricosa *Fabr*. Commun : sur les plantes. Nancy, Pont-à-Mousson ; Metz ; Darney ; Verdun.

coriaria *Fabr*. Commun. Nancy ; Metz ; Darney ; Verdun.

metallica *Fabr*. Rare. Nancy (*Mathieu*) ; Remiremont (*Puton*).

Chrysomela *L*.

staphylea *L*. Sur les plantes. Nancy ; Metz ; Epinal, Darney ; Verdun.

crassimargo *Germ*. Phalsbourg ; Metz ; Remiremont.

cœrulea *Dufts*. Très-rare. Nancy (*Roubalet*) ; Darney (*Le Paige*).

varians *Fabr*. Nancy ; Metz ; Epinal ; Verdun.

gœttingensis *L*. Nancy, Phalsbourg ; Metz ; Remiremont ; Verdun.

hemisphærica *Dufts*. Hautes Vosges, Remiremont, Ballon d'Alsace.

hæmoptera *L*. Très - commun en Lorraine.

Molluginis *Suffr*. Sur le *Centaurea Scabiosa*. Commun à Nancy, à la carrière de Balin.

sanguinolenta. *L*. Très - commun partout.

marginalis *Dufts*. Assez rare. Nancy (*Mathieu*) ; Remiremont (*Puton*).

limbata *Fabr*. Assez rare : sur les coteaux jurassiques.

carnifex *Fabr*. Nancy ; Metz ; Remiremont.

marginata *L*. Rare. Nancy (*Mathieu*) , Phalsbourg (*Gaubil*) ;

Commercy et Verdun (*Liénard*).

depressa *Suffr*. Très-rare. Nancy (*Mathieu*).

lurida *L*. Rare. Epinal (*Berher*), Darney (*Le Paige*).

violacea *Panz*. Commun. Nancy ; Metz.

Menthastri *Suffr*. Commun à Nancy et à Metz.

graminis *L*. Nancy ; Metz ; Darney ; Verdun.

fastuosa *L*. Très-commun : sur le *Galeopsis Tetrahit*.

americana *L*. Phalsbourg (*Gaubil*).

cerealis *L*. Très-commun, ainsi que ses variétés.

polita *L*. Nancy ; Metz ; Epinal, Darney ; Verdun.

lamina *Fabr*. Nancy, Phalsbourg ; Epinal, Remiremont.

rufoœnea *Suffr*. Metz (*Bellevoie*); Remiremont (*Puton*).

fucata *Fabr*. Verdun (*Liénard*).

geminata *Payk*. Metz (*Bellevoie*) ; Verdun (*Liénard*).

duplicata *Zenk*. Très-rare. Nancy (*Mathieu*).

intricata *Germ*. Très-rare. Vosges (*Puton*).

diluta *Germ*. Très-rare. Verdun (*Liénard*).

gloriosa *Fabr*. Très-rare. Vosges (*Puton*).

tristis *Fabr*. Rare. Nancy (*Mathieu*) ; Remiremont (*Puton*), Darney (*Le Paige*). Sa var. *Cacaliæ Schrank* est très-commune

dans la chaîne des Vosges, sur
l'*Adenostyles albifrons* et le *Se-
necio Fuchsii* (*Puton*).

Lina *Redt.*

ænea *L.* Sur les plantes. Nancy,
Phalsbourg ; Epinal, Darney, Remiremont ; Verdun.

vigentipunctata *Scop.* Dans les ose-
raies. Metz ; Remiremont.

cuprea *Fabr.* Sur les Graminées.
Metz ; Ste-Marie-aux-Mines, Remiremont.

lapponica *L.* Sur les Saules. Hautes
Vosges, Hohneck, Ballons.

Populi *L.* Très-commun : sur le
Populus Tremula.

Tremulæ *Fabr.* Très-commun avec
le précédent.

longicollis *Suffr.* Vosges (*Puton*).

Gonioctena *Redt.*

rufipes *De Geer.* Sur les plantes.
Phalsbourg (*Gaubil*) ; Metz (*Géhin*).

viminalis *L.* Sur les Saules. Nancy,
Phalsbourg ; Metz ; Epinal, Remiremont ; Verdun.

triandræ *Suffr.* Sur les Saules. Remiremont (*Puton*).

affinis *Schönh.* Sur les Saules.
Commun à Nancy ; Metz ; Verdun.

litura *Fabr.* Nancy, Phalsbourg ;
Epinal ; Verdun.

quinquepunctata *Fabr.* Vosges (*Puton*) ; Verdun (*Liénard*).

pallida *L.* Sur les Saules. Nancy ;
Metz, Bitche ; Epinal, Remiremont ; Verdun.

Gastrophysa *Redt.*

Polygoni *L.* Très-commun : sur le
Polygonum aviculare.

Plagiodera *Redt.*

Armoraciæ *L.* Très-commun : sur
les Saules.

Phædon *Latr.*

pyritosum *Oliv.* Sur les plantes.
Assez commun à Nancy et à
Metz.

Cochleariæ *Fabr.* Verdun (*Liénard*).

Betulæ *L.* Rare. Nancy (*Mathieu*) ;
Briey (*Géhin*) ; Verdun (*Liénard*).

neglectum *Sahlb.* Assez commun
à Nancy.

Phratora *Redt.*

Vitellinæ *L.* Très-commun : sur les
Saules.

tibialis *Suffr.* Vosges (*Puton*).

vulgatissima *L.* Vosges (*Puton*) ;
Verdun (*Liénard*).

Prasocuris *Latr.*

aucta *Fabr.* Commun.

marginella *L.* Sur les Saules. Commun à Nancy et à Metz.

Phellandrii *L.* Nancy; Metz; Epinal; Verdun.
Beccabungæ *Ill.* Commun à Nancy; Metz; Verdun.

Adimonia *Laich.*

Tanaceti *L.* Commun partout.
rustica *Schall.* Commun partout.
Capreæ *L.* Très-commun.
sanguinea *Fabr.* Nancy; Metz; Epinal, Darney; Verdun.

Galleruca *Fabr.*

Cratægi *Forst.* Rare. Metz (*Belle-voie*).
lineola *Fabr.* Nancy; Metz; Epinal; Verdun.
calmariensis *L.* Sur les *Equisetum.* Commun à Nancy; Metz; Verdun.
tenella *L.* Assez rare. Nancy (*Mathieu*); Metz (*Bellevoie*).
Sagittariæ *Gyll.* Sur les plantes aquatiques. Metz (*Géhin*).
Nymphææ *L.* Sur les Saules. Commun à Nancy; Metz; Verdun.
Viburni *Payk.* Rare. Dieuze (*Moye et Leprieur*); Metz (*Bellevoie*).

Malacosoma *Rosenh.*

lusitanicum *L.* Assez rare : coteaux calcaires exposés au midi. Nancy; Metz; Verdun.

Agelastica *Redt.*

Alni *L.* Très-commun : sur l'*Alnus glutinosa.*
halensis *L.* Nancy; Metz; Epinal; Verdun.

Phyllobrotica *Redt.*

quadrimaculata *L.* Nancy; Metz; Epinal, Remiremont, Darney; Verdun.

Luperus *Geoffr.*

circumfusus *Marsh.* Sur le *Sarothamnus scoparius.* Vosges (*Puton*).
pinicola *Dufts.* Commun sur le *Pinus sylvestris,* dans la chaîne des Vosges.
rufipes *Fabr.* Sur les Saules. Commun à Nancy et à Metz; Verdun, Commercy.
flavipes *L.* Très-commun : sur les haies. Nancy, Pont-à-Mousson; Metz; Epinal; Verdun.

Haltica *Geoffr.*

Lythri *Aubé.* Sur le *Lythrum Salicaria.* Nancy; Remiremont; Verdun.
ericeti *All.* Très-rare. Vosges (*Puton*).
Erucæ *Oliv.* Sur les pousses de Chêne. Vosges (*Puton*).
oleracea *L.* Très-commun : sur les Crucifères.

pusilla *Dufts.* Très-rare. Vosges (*Puton*).

cognata *Kutsch.* Remiremont au bord de la Moselle (*Puton*).

Mercurialis *Fabr.* Très-commun : sur le *Mercurialis annua.*

rufipes *L.* Commun à Nancy ; Vosges (*Puton*).

nitidula *L.* Très-rare. Vosges (*Puton*) ; Verdun (*Liénard*).

versicolor *Kutsch.* Vosges (*Puton*).

chloris *Foudr.* Vosges (*Puton*).

Helxines *L.* Très-commun : sur les Saules.

pubescens *Ent. Heft.* Sur les Solanées. Nancy ; Vosges ; Verdun.

transversa *Marsh.* Très-commun.

ferruginea *Scop.* Très-commun.

femorata *Gyll.* Très-rare. Vosges (*Puton*).

melanostoma *Redt.* Très-rare. Vosges (*Puton*).

Modeeri *L.* Commun à Nancy ; Verdun.

Salicariæ *Payk.* Très-commun : sur le *Lythrum Salicaria.*

ventralis *Ill.* Vosges (*Puton*).

fuscipes *Fabr.* Très-commun : sur les Malvacées.

fuscicornis *L.* Très-commun : sur les Malvacées.

Armoraciæ *Ent. Heft.* Sur les Crucifères ainsi que beaucoup des espèces suivantes. Commun à Nancy et à Verdun.

tetrastigma *Com.* Assez rare. Nancy (*Mathieu*).

flexuosa *Ill.* Remiremont (*Puton*) ; Verdun (*Liénard*).

Brassicæ *Fabr.* Assez rare à Nancy ; commun dans les Vosges.

ochripes *Curt.* Assez commun à Nancy ; rare dans les Vosges.

sinuata *Redt.* Nancy ; Remiremont.

undulata *Kutsch.* Commun. Nancy ; Remiremont.

nemorum *L.* Commun partout.

vittula *Redt.* Assez commun à Nancy.

variipennis *Boïeld.* Très-rare. Vosges (*Puton*).

atra *Ent. Heft.* Assez commun. Nancy ; Vosges ; Verdun.

obscurella *Ill.* Commun dans les Vosges.

diademata *Foudr.* Remiremont (*Puton*).

punctulata *Marsh.* Rare. Nancy (*Mathieu*).

melæna *Ill.* Rare. Nancy (*Mathieu*).

Lepidii *Ent. Heft.* Commun.

antennata *Ent. Heft.* Sur le *Reseda luteola.* Nancy ; Metz.

Rubi *Payk.* Sur les *Rubus.* Metz (*Géhin*).

ærata *Foudr.* Rare : sur les *Rubus.* Vosges (*Puton*).

Cyparissiæ *Ent. Heft.* Sur les *Euphorbia*, ainsi que plusieurs des espèces suivantes. Commun à Nancy et à Verdun ; rare dans les montagnes des Vosges.

lutescens *Gyll.* Nancy ; Vosges.

cœrulea *Payk.* Commun à Nancy, à Pont-à-Mousson et à Verdun ;

rare dans les Vosges.

hilaris *All.* Sur les Cerisiers en fleurs. Vosges (*Puton*); Verdun (*Liénard*).

venustula *Kutsch.* Très-commun : sur les *Euphorbia*, ainsi que le suivant.

cyanella *Redt.* Nancy ; Vosges.

violacea *Ent. Heft.* Sur l'*Iris Pseudacorus.* Dans la plaine de Lorraine.

rustica *L.* Nancy ; Vosges ; Verdun.

Chrysanthemi *Ent. Heft.* Très-rare. Vosges (*Puton*).

obtusata *Gyll.* Rare. Nancy (*Mathieu*) ; Vosges (*Puton*).

Mathewsii *Curt.* Rare. Nancy (*Mathieu*).

Longitarsus *Latr.*

Echii *Ent. Heft.* Rare. Nancy (*Mathieu*) ; Bricy (*Géhin*).

fusco-æneus *Redt.* Rare. Nancy (*Mathieu*).

obliteratus *Rosenh.* Sur le *Thymus Serpillum.* Vosges (*Puton*).

Anchusæ *Payk.* Assez rare : sur les Boraginées. Nancy ; Vosges.

niger *Ent. Heft.* Assez commun à Nancy.

parvulus *Payk.* Commun partout.

apicalis *Beck.* Metz (*Géhin*) ; Verdun (*Liénard*).

holsaticus *L.* Nancy ; Metz ; Vosges.

quadripustulatus *Fabr.* Rare. Nan-

cy (*Mathieu*) ; Metz (*Géhin*) ; Verdun (*Liénard*).

luridus *Scop.* Vosges (*Puton*).

dorsalis *Fabr.* Phalsbourg (*Gaubil*) ; Verdun (*Liénard*).

Nasturtii *Fabr.* Rare. Nancy (*Mathieu*) ; Vosges (*Puton*) ; Verdun (*Liénard*).

suturalis *Marsh.* Rare. Nancy (*Mathieu*).

thoracicus *All.* Remiremont (*Puton*).

Verbasci *Panz.* Très-commun : sur les *Verbascum.* La var. *Thapsi Marsh.* Nancy ; Vosges. La var. *pallens Foudr.* Remiremont.

Sisymbrii *Fabr.* Assez commun à Nancy ; Metz ; Verdun.

lateralis *Ill.* Vosges (*Puton*).

atricillus *Gyll.* Verdun (*Liénard*).

melanocephalus *Gyll.* Nancy ; Vosges.

piciceps *Foudr.* Vosges (*Puton*) ; Verdun (*Liénard*).

Ballotæ *Marsh.* Vosges (*Puton*).

Medicaginis *All.* Assez commun à Nancy.

pusillus *Gyll.* Vosges (*Puton*) ; Verdun (*Liénard*).

femoralis *Marsh.* Vosges (*Puton*).

tabidus *Fabr.* Verdun (*Liénard*).

rufulus *Foudr.* Vosges (*Puton*).

abdominalis *Dufts.* Commun à Nancy.

flavicornis *Kirb.* Rare. Nancy (*Mathieu*).

brunniceps *All.* Rare. Nancy (*Mathieu*).

Plectroscelis *Redt.*

concinna *Marsh.* Commun partout.
arida *Foudr.* Rare. Vosges (*Puton*).
aridella *Payk.* Commun.
Mannerheimii *Gyll.* Commun à Nancy ; Verdun.
aridula *Gyll.* Commun.
confusa *Bohem.* Très-rare. Vosges (*Puton*).

Psylliodes *Latr.*

Dulcamaræ *Ent. Heft.* Sur le *Solanum Dulcamara.* Assez commun à Nancy ; Metz ; Verdun.
chalcomera *Ill.* Rare. Nancy (*Mathieu*).
chrysocephala *L.* Commun : sur les Crucifères. Nancy ; Darney ; Verdun.
Napi *Ent. Heft.* Nancy ; Epinal.
attenuata *Ent. Heft.* Très-commun et ravage les houblonnières.
affinis *Payk.* Commun sur les Solanées.
rufilabris *Ent. Heft.* Assez rare. Nancy ; Metz ; Vosges. Sa variété *picina Marsh.* à Nancy.
luteola *Müll.* Rare. Verdun (*Liénard*).

Dibolia *Latr.*

femoralis *Redt.* Rare. Verdun (*Liénard*).
occultans *Ent. Heft.* Rare. Nancy

(*Mathieu*) ; Remiremont (*Puton*).
Försteri *Bach.* Rare. Vosges (*Puton*).
timida *Ill.* Rare. Vosges (*Puton*) ; Verdun (*Liénard*).

Apteropeda *Redt.*

globosa *Ill.* Très-rare. Nancy (*Mathieu*).
graminis *Ent. Heft.* Assez commun partout.

Hypnophila *Foudr.*

obesa *Walll.* Très-rare : lieux humides. Vosges (*Puton*).

Mniophila *Steph.*

Muscorum *Ent. Heft.* Sur les Mousses. Nancy, Dieuze ; Vosges ; Verdun.

Sphæroderma *Steph.*

testacea *Fabr.* Sur les *Carduus.* Nancy ; Darney, Remiremont ; Verdun.
Cardui *Gyll.* Très-rare : sur les *Carduus.* Nancy (*Mathieu*) ; Vosges (*Puton*) ; Verdun (*Liénard*).

Hispa *L.*

atra *L.* Commun : sur la Luzerne.

Cassida *L*.

equestris *Fabr.* Nancy ; Metz ;
  Epinal, Darney ; Verdun.
hemisphærica *Herbst.* Nancy; Metz.
murræa *L.* Nancy ; Metz ; Epinal,
  Darney ; Verdun.
rubiginosa *Ill.* Nancy ; Epinal, Remiremont, Darney ; Verdun.
thoracica *Kugel.* Nancy ; Epinal,
  Darney.
vibex *L.* Commun.
languida *Corn.* Metz (*Bellevoie*) ;
  Vosges (*Puton*).
sanguinolenta *Fabr.* Nancy ; Metz;
  Epinal, Remiremont, Darney ;
  Verdun.
azurea *Fabr.* Sur le *Silene inflata*.
  Metz ; Epinal, Remiremont, Mi-

recourt, Darney.
lucida *Suffr.* Rare. Metz (*Bellevoie*).
margaritacea *Schall.* Nancy, Pont-
  à-Mousson ; Metz ; Epinal, Remiremont ; Verdun.
nobilis *L.* Assez commun partout.
oblonga *Ill.* Rare. Nancy (*Mathieu*) ; Metz (*Bellevoie*) ; Remiremont (*Puton*).
pusilla *Walll.* Remiremont (*Puton*).
obsoleta *Ill.* Nancy ; Remiremont.
ferruginea *Fabr.* Nancy ; Remiremont ; Verdun.
nebulosa *L.* Commun à Nancy et à
  Metz ; Vosges ; Verdun.
chloris *Suffr.* Rare. Metz (*Bellevoie*).

FAM. 57. — ÉROTYLIDES.

Engis *Fabr*.

humeralis *Fabr.* Dans les Champignons. Nancy ; Metz ; Epinal,
  Darney ; Verdun.

ruficollis *Steph.* Metz (*Géhin*).
ænea *Payk.* Rare. Darney (*Le
  Paige*).
rufipes *Fabr.* Assez commun à
  Nancy et à Metz.

Triplax *Payk*.

russica *L.* Dans les Champignons.
  Nancy ; Metz ; Epinal, Darney,
  Dompaire ; Verdun.

Tritoma *Fabr*.

bipustulata *Fabr.* Dans les Champignons. Nancy, Phalsbourg ; Epinal, Darney.

FAM. 58. — COCCINELLIDES.

Hyppodamia *Muls*.

tredecimpunctata *L.* Très-commun :
  sur les plantes aquatiques.

Coccinella *L*.

novemdecimpunctata *L.* Sur les
  plantes aquatiques. Commun à

Nancy et à Metz ; plus rare à Epinal ; Verdun.

mutabilis *Scriba*. Très-commun.

obliterata *L.* Sur le *Pinus sylvestris*. Dans la chaîne des Vosges ; Verdun.

bipunctata *L.* Commun à Nancy et à Metz ; Darney ; Verdun.

undecimnotata *Schneid*. Nancy ; Metz ; Verdun.

marginepunctata *Schall*. Rare. Bitche (*Gaubil*).

impustulata *L.* Nancy ; Metz ; Epinal ; Verdun.

duodecimpustulata *Fabr*. Metz (*Géhin*) ; Verdun (*Liénard*).

quatuordecimpustulata *L.* Commun dans la plaine de Lorraine.

variabilis *Ill.* Nancy ; Epinal, Darney, Hautes Vosges ; Verdun.

undecimpunctata *L.* Très-rare. Nancy à l'étang de Champigneules (*Roubalet*) ; Metz ; Epinal.

hieroglyphica *L.* Nancy ; Metz ; Epinal, Darney, Remiremont ; Verdun.

quinquepunctata *L.* Commun. Nancy ; Metz ; Epinal, Darney ; Verdun.

septempunctata *L.* Très-commun.

conglobata *L.* Rare. Darney (*Le Paige*).

Halyzia *Muls.*

ocellata *L.* Très-rare. Metz (*Géhin*) ; Epinal (*Berher*), Darney (*Le Paige*).

oblongoguttata *L.* Sur les arbres résineux. Metz (*Bellevoie*) ; Vosges (*Puton*).

tigrina *L.* Metz ; Epinal, Remiremont, Darney.

octodecimguttata *L.* Très-rare. Metz (*Géhin*) ; Epinal (*Berher*), Darney (*Le Paige*).

quatuordecimguttata *L.* Nancy ; Briey ; Epinal ; Verdun.

decemguttata *L.* Très-rare. Verdun (*Liénard*) ; Darney (*Le Paige*).

biseptemguttata *Schall*. Metz (*Géhin*).

sexdecimguttata *L.* Nancy ; Metz ; Epinal, Darney.

vigentiduopunctata *L.* Commun. Nancy ; Epinal ; Verdun.

quatuordecimpunctata *L.* Commun. Nancy ; Metz ; Darney ; Verdun.

Micraspis *Redt.*

duodecimpunctata *L.* Très-commun.

Chilocorus *Leach.*

renipustulatus *Scriba*. Nancy ; Metz ; Epinal, Darney ; Verdun.

bipustulatus *L.* Assez commun. Nancy ; Epinal, Darney ; Verdun.

Exochomus *Redt.*

auritus *Scriba*. Rare. Nancy (*Mathieu*) ; Epinal (*Berher*), Darney (*Le Paige*) ; Verdun (*Liénard*).

quadripustulatus *L.* Nancy ; Metz ; Epinal, Darncy ; Verdun.

Hyperaspis *Redt.*

campestris *Herbst.* Rare. Nancy (*Mathieu*) ; Epinal (*Berher*).
Hoffmannseggii *Muls.* Assez commun à Nancy ; Verdun.
reppensis *Herbst.* Assez rare. Nancy ; Metz ; Verdun.

Epilachna *Chevr.*

Argus *Fourcr.* Sur le *Bryonia dioïca.* Nancy ; Metz ; Vosges ; Verdun.
globosa *Schneid.* Commun.
impunctata *L.* Metz (*Géhin*) ; Verdun (*Liénard*).

Platynaspis *Redt.*

villosa *Fourcr.* Nancy ; Metz ; Epinal ; Verdun.

Scymnus *Kugel.*

quadrilunulatus *Ill.* Nancy ; Metz ; Epinal, Darncy, Remiremont; Verdun.
biverrucatus *Panz.* Metz (*Géhin*).
nigrinus *Kug.* Rare. Nancy (*Mathieu*) ; Metz (*Bellevoie*) ; Epinal (*Berher*), Remiremont (*Puton*).
pygmæus *Fourcr.* Nancy ; Metz ; Epinal, Remiremont.
marginalis *Rossi.* Vosges (*Puton*).

Ahrensii *Muls.* Rare. Verdun (*Liénard*).
frontalis *Fabr.* Commun.
impexus *Muls.* Rare. Nancy (*Mathieu*) ; Vosges (*Puton*).
fasciatus *Fourcr.* Bitche (*Gaubil*) ; Verdun (*Liénard*).
discoïdeus *Ill.* Sur le *Pinus sylvestris.* Nancy ; Metz ; Vosges.
analis *Fabr.* Sur les Cerisiers en fleurs. Nancy ; Metz ; Epinal, Remiremont.
hæmorrhoïdalis *Herbst.* Nancy ; Metz ; Vosges.
capitatus *Fabr.* Nancy ; Metz ; Darncy.
ater *Kug.* Rare. Nancy (*Mathieu*); Epinal (*Berher*).
minimus *Payk.* Rare. Nancy (*Mathieu*) ; Metz (*Bellevoie*) ; Remiremont (*Puton*) ; Verdun (*Liénard*).

Rhizobius *Steph.*

litura *Fabr.* Commun dans la région calcaire.
discimacula *Muls.* Très-rare. Nancy (*Mathieu*).

Coccidula *Kugel.*

scutellata *Herbst.* Nancy (*Mathieu*) ; Metz (*Bellevoie*) ; Epinal (*Berher*), Darncy (*Le Paige*), Dompaire (*l'abbé Lallement*) ; Verdun (*Liénard*).

rufa *Herbst.* Commun à Nancy ; Metz.

Alexia *Steph.*

globosa *Sturm.* Metz (*Géhin*).

pilifera *Müll.* Rare. Nancy (*Mathieu*) ; Metz (*Bellevoie*) ; Verdun (*Liénard*).

pilosa *Panz.* Rare. Nancy et Pont-à-Mousson (*Mathieu*); Metz (*Bellevoie*).

FAM. 59. — CORYLOPHIDES.

Sericoderus *Steph.*

lateralis *Gyll.* Rare. Nancy (*Mathieu*) ; Metz (*Bellevoie*) ; Remiremont (*Puton*).

Corylophus *Steph.*

cassidoïdes *Marsh.* Extrêmement rare. Metz, où M. Géhin l'a trouvé une seule fois.

Orthoperus *Steph.*

brunnipes *Gyll.* Très - rare. Metz (*Bellevoie*).

atomus *Gyll.* Metz (*Bellevoie*).

atomarius *Heer.* Metz (*Bellevoie*).

FAM. 60. — ENDOMYCHIDES.

Endomychus *Panz.*

coccineus *L.* Rare. Nancy et Pont-à-Mousson (*Mathieu*); Metz (*Géhin*).

Lycoperdina *Latr.*

Bovistæ *Fabr.* Très-rare : dans les Champignons. Nancy (*Roubalet*), Saint - Nicolas - de - Port (*Mathieu*); Metz (*Géhin*) ; Epinal (*Berher*), Mirecourt (*Gaulard*).

Mycetæa *Steph.*

hirta *Marsh.* Très-commun à Nancy ; Verdun.

Symbiotes *Redt.*

latus *Redt.* Très-rare. Nancy (*Mathieu*) ; Metz (*Bellevoie*).

Myrmecoxenus *Chevr.*

subterraneus *Chevr.* Dans les fourmillières. Nancy (*Mathieu*); Bitche (*Gaubil*).

Ordre 2. — Orthoptères.

FAM. 1. — ORTHOPTÈRES COUREURS.

Forficula *L.*

auricularia *L.* Très-commun partout : sous les pierres et les écorces, dans les fruits gâtés, etc.

minor *L.* Assez commun : sur les fumiers et quelquefois dans les appartements.

Kakerlac *Latr.*

orientalis *Latr.* Originaire d'Orient; assez répandu dans les maisons et surtout chez les boulangers.

Blatta *L.*

germanica *L.* Sur les arbres et sous les feuilles sèches. Darney (*Le Paige*).

livida *Fabr.* Commun dans les bois : sur les Chênes et sous les Mousses.

laponica *L.* Sur les Chênes et sous les Mousses. Darney (*Le Paige*).

Mantis *L.*

religiosa *L.* Très-rare et seulement dans les années chaudes. Darney (*Le Paige*).

FAM. 2. — ORTHOPTÈRES SAUTEURS.

Gryllotalpa *Latr.*

vulgaris *Latr.* Trop commun dans nos jardins, où il creuse des terriers et détruit les racines des plantes potagères.

Gryllus *Oliv.*

campestris *Oliv.* Commun sur les coteaux secs.

domesticus *Oliv.* Commun dans les maisons près des foyers et surtout du four des boulangers.

Nemobius *Serv.*

sylvestris *Bosc.* Commun dans les bois, parmi les feuilles mortes.

Phaneroptera *Aud.-Serv.*

falcata *Scop.* Très-rare : dans les années chaudes. Nancy (*Mathieu*) ; Darney (*Le Paige*).

Decticus *Aud.-Serv.*

verrucivorus *L.* Commun dans les prairies.

griseus *Fabr*. Peu commun. Darney (*Le Paige*).

Xiphidion *Aud.-Serv.*

fuscum *Fabr*. Prairies humides.

Locusta *Fabr*.

viridissima *Fabr*. Commun dans les prairies, les champs, les jardins.

Calliptamus *Aud.-Serv.*

italicus *L*. Dans les années chaudes seulement. Darney (*Le Paige*).

Œdipoda *Latr*.

germanica *Latr*. Assez commun :
sur les sols secs et chauds.

cærulescens *L*. Commun.

migratoria *L*. Rare et seulement dans les années chaudes. Nancy (*Mathieu*) ; Darney (*Le Paige*).

grossa *L*. Commun : dans les prairies humides.

biguttata *L*. Très-commun : dans les prairies et sur nos coteaux calcaires.

parallela *Serv*. Très-commun partout.

Tetrix *Latr*.

subulata *L*. Commun : dans les lieux secs.

bipunctata *L*. Commun : dans les bois et dans les champs arides.

Ordre 3. — Névroptères.

FAM. 1. — PSOCIDES.

Psocus *Fabr*.

infucatus *Ramb*. Sur les arbres et les buissons. Nancy.

bipunctatus *L*. Commun : bois.

quadripunctatus *Fabr*. Dans les bois. Epinal (*Berher*).

variegatus *Latr*. Rare. Epinal (*Berher*).

pedicularius *Villers*. Commun : dans l'intérieur des habitations.

Atropos *Leach*.

pulsatorius *L*. Habite les maisons, sous les livres, le papier, etc. Nancy : Metz, Briey ; Epinal ; Verdun.

FAM. 2. — SUBULICORNES.

Libellula *L*.

quadrimaculata *L*. Très-commun : le
long des mares dans les bois.

depressa *L*. Commun.

cærulescens *Fabr*. Peu commun :

bord des étangs et des mares.

cancellata *L.* Très-commun partout :
le long des étangs et des cours
d'eau.

vulgata *L.* Très-commun.

Rœselii *Curt.* Très-commun.

flaveola *L.* Commun. Nancy ; Epinal.

rubicunda *L.* Le long des mares
dans les bois.

Cordulia *Leach.*

ænea *L.* Commun : bord des étangs
dans les bois.

Gomphus *Leach.*

forcipatus *L.* Commun : dans les
clairières des bois.

zebratus *Ramb.* Commun : bois.

Anax *Leach.*

formosus *Vand-Lind.* Peu commun. Nancy, au bord des mares
de la prairie de Tomblaine.

Æschna *Fabr.*

grandis *L.* Rare. Epinal (*Berher*).

rufescens *Vand.-Lind.* Assez commun : bord des étangs.

maculatissima *Latr.* Dans les bois.

Calopteryx *Leach.*

virgo *L.* Peu commun : au bord
des eaux courantes. Nancy (*Mathieu*).

Ludoviciana *Leach.* Très-commun :
le long des eaux courantes.

Lestes *Leach.*

forcipula *Charp.* Commun : bord
des étangs.

sponsa *Hans.* Au bord des étangs.
Nancy, à l'étang de Champi-
gueules.

fusca *Vand.-Lind.* Commun partout : clairières des bois.

Agrion *Fabr.*

puella *Vand.-Lind.* Assez commun :
bord des étangs. Nancy ; Epinal.

elegans *Vand.-Lind.* Très-commun :
bord des eaux stagnantes.

Ephemera *L.*

vulgata *L.* Très-commun : bord
des rivières.

lutea *L.* Très-commun : bord des
eaux.

albipennis *Latr.* Sur la Moselle
à Metz.

FAM. 3. — PLANIPENNES.

Panorpa *Fabr.*

communis *L.* Commun : dans les lieux humides, sur les haies et les buissons.

Myrmeleon *Fabr.*

formicarius *L.* Rare : dans les lieux sablonneux. Toul, Lunéville.

Osmylus *Latr.*

maculatus *Fabr.* Dans les prés, le long des fossés. Epinal.

Sisyra *Burm.*

fuscata *Fabr.* Commun : bord des marais.

Megalomus *Ramb.*

phalænoïdes *L.* Peu commun : dans les bois. Epinal (*Berher*).

Hemerobius *L.*

perla *L.* Très - commun partout : bois.
prasinus *Burm.* Nancy.
chrysops *L.* Assez rare. Vosges (*Berher*).

FAM. 4. — SEMBLIDES.

Raphidia *L.*

ophiopsis *Burm.* Rare : dans les bois. Nancy ; Epinal.

Semblis *Fabr.*

lutarius *L.* Très-commun : lieux humides.

FAM. 5. — PERLIDES.

Perla *Geoffr.*

bicaudata *Latr.* Très - commun. Bords de la Meurthe, de la Seille,

de la Moselle et de la Meuse.

Nemura *Latr.*

nebulosa *L.* Très-commun.

FAM. 6. — TRICHOPTÈRES.

Phryganea *L.*

grandis *L.* L long des étangs.

Oligotricha *Ramb.*

reticulata *L.* Epinal (*Berher*).

Limnephila *Leach.*

striata *Pict.* Peu commun. Epinal.
rhombica *L.* Commun.
flavicornis *Fabr.* Commun : bord
  des étangs.

Psychomia *Latr.*

annulicornis *Pict.* Commun. Bords
de la Meurthe et de la Moselle.

Mystacida *Latr.*

nigra *L.* Commun : bord des ruisseaux et des rivières.
  Nota. D'autres espèces de
cette famille seront, sans aucun
doute, découvertes en Lorraine.

Ordre 4. — Hyménoptères.

FAM. 1. — MYRMICIDES.

Myrmica *Latr.*

rubra *L.* Sous les pierres et sous
  les Mousses. Nancy ; Epinal.
lævinodis *Nyland.* Metz (*De Saulcy*).
scabrinodis *Nyland.* Metz. (*id.*)
cingulata *Schenck.* Metz (*id.*).
unifasciata *Latr.* Metz (*id.*).
ruginodis *Nyland.* Metz (*id.*).
lippula *Nyland.* Metz (*id.*).
nitidula *Nyland.* Metz (*id.*).
fugax *Latr.* Metz (*id.*).
cæspitum *Scop.* Metz (*id.*).

Formica *L.*

rufa *L.* Très-commun : dans les bois,
  les friches, les bruyères.
fusca *L.* Epinal (*Berher*).
nigra *L.* Jardins, où il endommage
  les fruits. Nancy ; Metz ; Epinal.
emarginata *Latr.* Commun dans les
fentes des arbres et des vieux
murs ; il pénètre dans les maisons pour y manger les fruits et
les préparations sucrées.
flava *Fabr.* Prés secs et bords des
  chemins. Nancy ; Metz ; Epinal.
fuliginosa *Latr.* Metz (*De Saulcy*).
sanguinea *Latr.* Metz (*id.*).
cunicularia *Latr.* Metz (*id.*).
pygmæa *Latr.* Metz (*id.*).
umbrata *Nyland.* Metz (*id.*).
erratica *Latr.* Metz (*id.*).
congerens *Nyland.* Metz (*id.*).
Herculanea *L.* Rare : habite les
  arbres pourris et y établit son
  nid. Metz (*De Saulcy*) ; Epinal
  (*Berher*).
pubescens *Fabr.* Très-rare : habite
  les arbres creux. Epinal (*Berher*).

Ponera *Latr.*

contracta *Latr.* Metz (*De Saulcy*).

FAM. 2. — APIARIDES.

Apis *L.*

mellifera *L.* C'est l'espèce qui peu-ple nos ruchers ; on l'élève dans la plaine et dans nos vallées ju-rassiques.

FAM. 3. — BOMBIDES.

Bombus *Fabr.*

lapidarius *Fabr.* Commun : fait son nid dans la terre et dans les murs. Nancy; Metz; Epinal.
subinterruptus *Dahlb.* Rare. Epinal (*Berher*).

sylvarum *L.* Bois. Nancy ; Metz ; Epinal.
hortorum *L.* Très-commun.
terrestris *Fabr.* Très-commun : prairies sèches ou champs de Luzerne; il fait son nid dans une motte de terre.

FAM. 4. — POLISTIDES.

Vespa *L.*

crabro *Fabr.* Commun dans les fo-rêts, où il fait son nid dans les arbres creux.
germanica *Fabr.* Rare : bois; fait son nid dans la terre. Nancy (*Mathieu*).
vulgaris *Fabr.* Très-commun : fait son nid dans la terre.

rufa *L.* Rare. Dieuze (*Mathieu*) ; Epinal (*Berher*).

Polistes *Latr.*

gallica *Fabr.* Commun. Nancy ; Metz ; Epinal.
Geoffroyi *Serv. et St-Farg.* Nancy (*Mathieu*).
diadema *Latr.* Commun à Nancy.

FAM. 5 — PODILÉGIDES.

Anthophora *Latr.*

crassipes *St-Farg.* Rare : bois.

Nancy (*Mathieu*).
pilipes *Encycl.* Commun à Nancy.
intermedia *St-Farg.* Nancy et

Pont-à-Mousson (*Mathieu*).
retusa *Encycl.* Commun à Nancy.
parietina *Latr.* Epinal (*Berher*).

Macrocera *Latr.*

Malvæ *Latr.* Commun.

Eucera *Fabr.*

longicornis *Latr.* Nancy ; Epinal.

Xylocapa *Latr.*

violacea *Fabr.* Commun. Nancy ;
Metz ; Epinal.

FAM. 6. — MÉRILÉGIDES.

Dasypoda *Fabr.*

hirtipes *Latr.* Epinal (*Berher*).

Andrena *St-Farg.*

pilipes *Fabr.* Epinal (*Berher*).
cineraria *Fabr.* Sur les fleurs des
Crucifères. Nancy ; Epinal.
fulva *Schrank.* Sur les fleurs et
spécialement sur celles du *Ribes
grossularia.* Nancy ; Epinal.
albicans *Kirb.* Nancy (*Mathieu*).
Hattorfiana *Fabr.* Rare. Nancy
(*collection de la Faculté des
Sciences*).

Halictus *Latr.*

quadristrigatus *Latr.* Nancy; Metz;
Epinal.
fodiens *Latr.* Epinal (*Berher*).
zebrus *Walck.* Nancy (*Mathieu*).
sexcinctus *Latr.* Nancy ; Epinal.
lævigatus *Kirb.* Nancy (*Mathieu*).
leucozonius *Kirb.* Nancy ; Metz.
vulpinus *St-Farg.* Nancy.
albipes *Fabr.* Nancy (*Mathieu*).

Colletes *Latr.*

succincta *Latr.* Fait son nid dans
les murs. Epinal (*Berher*).

FAM. 7. — GASTRILÉGIDES.

Calicodoma *St-Farg.*

muraria *Fabr.* Nancy ; Epinal.

Osmia *Latr.*

cornuta *Latr.* Nancy ; Epinal.

bicornis *Latr.* Nancy (*Mathieu*).
bicolor *Latr.* Nancy (*Mathieu*).
fulvo-hirta *Latr.* Nancy.

Megachile *Latr.*

pyrina *St-Farg.* Fait son nid dans

les arbres creux. Nancy (*Mathieu*).

centuncularis *St-Farg*. Commun. Nancy ; Metz ; Epinal.

Anthocopa *Serv. et St-Farg.*

Papaveris *Latr*. Rare. Epinal (*Berher*).

Anthidium *Latr.*

manicatum *Latr*. Assez commun. Nancy ; Metz ; Epinal.

Heriades *Spin.*

truncorum *Spin*. Epinal (*Berher*), Darney (*Lepaige*).

Campanularum *Kirb*. Nancy ; Metz ; Epinal.

Chelostoma *Latr.*

maxillosa *Latr*. Assez commun. Nancy, Pont-à-Mousson ; Epinal et Darney.

culmorum *St-Farg*. Nancy (*Mathieu*).

FAM. 8. — PSITHYRIDES.

Psithyrus *St-Farg.*

rupestris *St-Farg*. Paraît très-rare et se montre seulement dans les années chaudes. Nancy (*Mathieu*) ; Epinal (*Berher*).

FAM. 9. — DIMORPHIDES.

Melecta *Latr.*

punctata *Latr*. Commun. Nancy ; Epinal.

Epeolus *Latr.*

variegatus *Latr*. Epinal (*Berher*).

Nomada *Latr.*

succincta *Encycl*. Commun. Nancy et Metz.

sexfasciata *Encycl*. Nancy (*Mathieu*).

germanica *Fabr*. Commun. Nancy ; Metz.

Jacobææ *Encycl*. Epinal (*Berher*).

ruficornis *Fabr*. Nancy ; Epinal.

Cœlioxys *Latr.*

conica *Latr*. Assez commun. Nancy ; Epinal.

rufescens *Encycl*. Nancy (*Mathieu*).

FAM. 10. — MONOMORPHIDES.

Prosopis *Fabr.*

signata *Encycl.* Assez commun. Nancy ; Epinal.

Sphecodes *Latr.*

gibbus *St-Farg.* Assez rare. Epinal (*Berher*).

FAM. 11. — EUMÉNIDES.

Eumenes *Latr.*

pomiformis *Fabr.* Nancy ; Epinal.
Olivieri *St-Farg.* Rare. Epinal (*Berher*).
coarctata. *Fabr.* Nancy.

Odynerus *Latr.*

parietum *L.* Commun à Nancy.
trifasciatus *Wesm.* Rare. Nancy (*Mathieu*).
melanocephalus *Wesm.* Nancy.

FAM. 12. — CRABRONIDES.

Cerceris *Latr.*

labiata *Vand.-Lind.* Commun à Nancy.
Ferreri *Vand.-Lind.* Nancy (*Mathieu*).
interrupta *Vand.-Lind.* Rare. Nancy (*Mathieu*).
ornata *Fabr.* Commun à Nancy.
quadricincta *Panz.* Epinal (*Berher*).

Philanthus *Fabr.*

apivorus *Latr.* Assez commun : redoutable pour les ruches. Nancy; Metz ; Epinal.

Psen *Latr.*

ater *St-Farg.* Epinal (*Berher*).

Gorytes *Latr.*

campestris *L.* Commun à Nancy et à Metz.

Hoplisus *St-Farg.*

quinquecinctus *St-Farg.* Commun à Nancy.

Cemonus *Jur.*

lugubris *Latr.* Epinal (*Berher*).

Crabro *Latr.*

cephalotes *Fabr.* Nancy ; Epinal.

Solenius *St-Farg. et Brullé.*

lapidarius *Fabr.* Nancy (*Mathieu*).
vagus *Fabr.* Nancy (*Mathieu*).
fossorius *Fabr.* Epinal (*Berher*).

Ceratocolus *St-Farg. et Brullé.*

philanthoïdes *Panz.* Nancy ; Metz ;
Epinal.

Thyreopus *St-Farg. et Brullé.*

cribrarius *Fabr.* Epinal (*Berher*).
clypeatus *Panz.* Rare. Vosges.

Oxybelus *Latr.*

uniglumis *Oliv.* Epinal (*Berher*).

Trypoxylon *Latr.*

figulus *Fabr.* Assez commun. Nancy ; Epinal.

FAM. 13. — BEMBÉCIDES.

Bembex *Latr.*

rostrata *Fabr.* Rare. Nancy (*Ma-*

thieu). Sa femelle creuse des
trous profonds dans le sable,
pour y déposer ses œufs.

FAM. 14. — SPHÉGIDES.

Pelopæus *Fabr.*

spirifex *Latr.* Très-rare. Epinal
(*Berher*).
pensilis *Latr.* Très-rare. Nancy
(*Mathieu*).

Ammophila *Latr.*

hirsuta *Kirb.* Peu commun à Nancy ; Epinal.
affinis *Kirb.* Nancy (*Mathieu*).
sabulosa *Latr.* Commun. Nancy ;
Metz ; Epinal.

Evagetes *St-Farg.*

bicolor *St-Farg.* Rare : dans les

bois. Nancy (*Mathieu*).

Calicurgus *St-Farg.*

bipunctatus *Fabr.* Nancy (*Mathieu*).
exaltatus *Fabr.* Commun. Nancy ;
Metz ; Epinal.
vulgaris *St-Farg.* Commun : forêts.
ambulator *St-Farg.* Commun : forêts.
fuscus *Fabr.* Epinal (*Berher*).

Pompilus *Fabr.*

viaticus *Fabr.* Commun : fait son
nid dans la terre sablonneuse.

gibbus *Fabr.* Assez commun. Nancy ; Metz.
infuscatus *Vand.-Lind.* Commun.

Anoplius *St-Farg.*

submarginatus *St-Farg.* Commun.
variegatus *Fabr.* Commun.

bifasciatus *Fabr.* Assez commun à Epinal.

Ceropales *Latr.*

maculata *Fabr.* Assez commun. Nancy ; Metz ; Epinal.

FAM. 15. — SCOLIDES.

Scolia *Latr.*

quadripunctata *Fabr.* Nancy ; Epinal.

Metz ; Mirecourt, Epinal.
prisma *Vand.-Lind.* Epinal (*Berher*).

Tiphia *Latr.*

femorata *Fabr.* Assez commun. Nancy ; Epinal.

Mutilla *Fabr.*

europæa *Fabr.* Rare. Epinal (*Berher*).
maura *Fabr.* Rare : dans les sables. Nancy (*Mathieu*) ; Epinal (*Berher*).

Sapyga *Latr.*

punctata *Vand. - Lind.* Nancy ;

FAM. 16. — CHRYSIDES.

Chrysis *Fabr.*

ignita *L.* Très-commun.

fulgida *L.* Epinal (*Berher*).
calens *Fabr.* Rare. Epinal (*Berher*).

FAM. 17. — ICHNEUMONIDES.

Ephialtes *Grav.*

manifesta *L.* Epinal (*Berher*).

Bassus *Grav.*

lætatorius *Fabr.* Epinal.

Lissonota *Grav.*

setosa *Fourcr.* Epinal.

Campoplex *Grav.*

ugilator *L.* Epinal.

geniculatus *Grav.* Epinal.

Cryptus *Fabr.*

titillator *Grav.* Epinal.

Mesostenus *Grav.*

gladiator *Scop.* Epinal.

Ichneumon *L.*

manifestator *L.* Epinal.

globatus *Geoffr.* Epinal.
raptorius *L.* Epinal.
luctatorius *L.* Epinal.
vaginatorius *L.* Epinal.

Crypturus *Grav.*

sugillatorius *L.* Epinal.
extensorius *L.* Epinal.
Nous possédons, sans doute, d'autres espèces de ce genre.

FAM. 18. — BRACONIDES.

Bracon *Fabr.*

denigrator *L.* Epinal (*Berher*).

Sigalphus *Latr.*

irrorator *Latr.* Epinal.

oculator *Latr.* Epinal.

Alysia *Latr.*

stercoraria *Latr.* Nancy (*Mathieu*); Epinal (*Berher*).

FAM. 19. — ÉVANIDES.

Evania *Fabr.*

minuta *Oliv.* Epinal (*Berher*).

Fœnus *Fabr.*

jaculator *Latr.* Epinal.

FAM. 20. — CHALCIDITES.

Leucopsis *Fabr.*

dorsigera *Oliv.* Pond dans les guépiers. Epinal (*Berher*).

Smiera *Spin.*

clavipes *Fabr.* Epinal.

Chalcis *Fabr.*

minuta *Fabr.* Epinal.

Pteromalus *Walck.*

multicolor *Ratz.* Epinal.
crassipes *Ratz.* Epinal.

FAM. 21. — CYNIPIDES.

Cynips *L.*

Capræa *Fabr.* Commun. La larve
sur le *Salix Capræa.*
bedegaris *Latr.* Très-commun. La
larve dans les galles chevelues
des Rosiers.
Quercus *Oliv.* Très-commun. La
larve dans les galles de chêne.
Rosæ *L.* Très-commun. La larve
sur les Rosiers sauvages.
Glechoma *L.* Commun. La larve
sur le *Glechoma hederacea.*
　Nota. Il existe, sans aucun
doute en Lorraine, d'autres espèces de ce genre.

FAM. 22. — ORYSSIDES.

Oryssus *Latr.*

coronatus *Fabr.* Dans les bois, où
il vit sur les arbres. Nancy et Pont-
à-Mousson (*Mathieu*); Epinal
(*Berher*).

FAM. 23. — UROCÉRIDES.

Urocerus *Geoffr.*

gigas *Latr.* Commun dans les bois
de Sapins. Gérardmer (*Fliche*).
juvencus *Latr.* Epinal (*Berher*).

Xiphydria *Latr.*

longicollis *Latr.* Sur les bois mis
en œuvre dans les chantiers.
Epinal.

FAM. 24. — TENTHRÉDINES.

Cephus *Latr.*

pygmæus *Fabr.* Epinal (*Berher*).
tabidus *Fabr.* Epinal.

Lyda *Fabr.*

Betulæ *Fabr.* Sur le Bouleau. Epinal (*Berher*).

sylvaticus *Latr.* Bois. Epinal.

Lophyrus *Latr.*

Juniperi *L.* Epinal.

Tenthredo *L.*

rustica *L.* Epinal (*Berher*).

tricincta *Latr*. Epinal.
Scrophulariæ *L*. Epinal.
togata *Fabr*. Epinal.
livida *L*. Jardins. Epinal.
flavicornis *Fabr*. Epinal.
Fagi *Panz*. Epinal.
atra *Geoffr*. Epinal.
fera *Fabr*. Epinal.
nassata *Fabr*. Epinal.
viridis *Fabr*. Epinal.
Rossii *St-Farg*. Epinal.
blanda *Fabr*. Epinal.
obscura *St-Farg*. Epinal.
hæmatopus *Fabr*. Epinal.
duodecimpunctatus *Fabr*. Epinal.
morio *Vill*. Epinal.
ovata *Panz*. Epinal.
ephippium *Panz*. Epinal.
Sumbuci *Jur*. Epinal.

Dolerus *Jur*.

togatus *Jur*. Epinal.
niger *Jur*. Epinal.
opacus *Jur*. Epinal.
germanicus *Jur*. Epinal.
gonager *Jur*. Epinal.

Nematus *Jur*.

Caprææ *Jur*. Epinal.
intercus *Oliv*. Epinal.

Hylotoma *Brullé*.

Rosæ *Latr*. Sur les Rosiers. Epinal.
enodis *Latr*. Sur les Saules. Epinal.
ustulata *Latr*. Epinal.
furcata *Latr*. Epinal.

Cimbex *Fabr*.

femorata *Latr*. Sur les Saules. Epinal.
lutea *Latr*. Sur les Saules. Epinal.
axillaris *Latr*. Epinal.
marginata *Latr*. Epinal.
sericea *Latr*. Sur le Bouleau. Epinal.
Amerinæ *Fabr*. Epinal.

Nota. Nous ne donnons pas cette liste comme complète ; elle constate seulement le résultat des recherches faites à Nancy par M. Mathieu et à Epinal par M. Berher.

Ordre 5. — Lépidoptères.

SOUS-ORDRE 1. — RHOPALOCÈRES.

FAM. 1.ᵉ — PAPILIONIDES.

Papilio *Latr*.

Podalirius *L*. Commun : jardins, prairies, bords des bois.
Machaon *L*. Commun : jardins, champs, bois.

Parnassius *Latr*.

Apollo *L.* Très-rare. Hautes Vosges, dans les ravins des Ballons de Guebviller et de Servance, dans certaines années seulement, d'après M. Lebrun.

Pieris *Latr*.

Cratægi *L.* Commun : jardins, prairies, sur les haies et les arbres fruitiers, dont la chenille dévore les feuilles.

Brassicæ *L.* Très-commun : jardins. La chenille sur le *Brassica oleracea* où elle cause de grands dégâts.

Rapæ *L.* Très-commun : jardins. Sa var. *Ergane Hübn.* à Lunéville.

Napi *L.* Champs, bois, prairies.

Daplidice *L.* Bords des bois montagneux. Nancy, Lunéville ; Metz ; Epinal, Darney ; Verdun.

Anthocharis *Boisd*.

Cardamines *L.* Coteaux herbeux. Nancy, Lunéville, Pont-à-Mousson ; Metz ; Epinal, Darney ; Verdun.

Leucophasia *Boisd*.

Sinapis *L.* Bois. Nancy, Lunéville ; Metz, Sarreguemines ; Epinal, Darney ; Verdun.

Lathyri *Hübn.* Rare : bois. Lunéville au bois de Vitrimont (*Lebrun*).

Rhodocera *Boisd*.

Rhamni *L.* Commun : jardins, bois.

Cleopatra *L.* Très-rare. Pris une fois au bois de Grimont près de de Méhoncourt en juillet 1836 et une seconde fois à Pont-St-Vincent en juillet 1848 (*Lebrun*).

Colias *Fabr*.

Edusa *Fabr.* Commun : prairies, champs de Trèfle et de Luzerne.

hyale *L.* Commun : champs de Trèfle et de Luzerne.

Thecla *Fabr*.

Betulæ *L.* Bords des bois. Nancy à Vandœuvre et à Malzéville, Lunéville ; Metz, Sarreguemines ; Epinal , Ste-Marie-aux-Mines , Darney ; Verdun.

Pruni L. Bois, buissons. Nancy, Lunéville ; Metz ; Epinal, Darney ; Verdun.

W-album *L.* Haies, buissons. Nancy, Lunéville ; Metz ; Epinal ; Verdun.

Acaciæ *Fabr.* Rare : bois. Lunéville (*Lebrun*) ; Darney (*Le Paige*).

Lynceus *Fabr.* Assez commun :

bois. Nancy, Lunéville ; Metz, Sarreguemines ; Epinal, Darney; Verdun.

Quercus *L*. Bois et jardins. Nancy, Lunéville ; Metz, Sarreguemines; Darney ; Verdun.

spini *Fabr*. Rare. Lunéville (*Lebrun*) ; Sainte - Marie - aux - Mines (*Cantener*).

Rubi *L*. Buissons en fleurs. Nancy, Lunéville ; Metz ; Epinal, Darney ; Verdun.

Polyommatus *Latr*.

Phæas *L*. Commun : prés et bords des routes. La var. *cuprinus Peyer.* sur les hauts sommets des Vosges, au Honeck et au Rotabac.

Xanthe *Fabr*. Rare. Lunéville (*Lebrun*) ; Sarreguemines (*Géhin*) ; Epinal (*Berher*), Ste-Marie-aux-Mines (*Cantener*) ; Darney (*Le-Paige*) ; Verdun (*Liénard*).

Virgaureæ *L*. Rare. Lunéville (*Richard*); Metz au vallon de Saulny (*Holandre*).

Hippothoe *L*. Rare. Metz aux vallons de Montvaux et de Saulny (*Holandre*) ; Verdun (*Liénard*.)

Chryseis *Fabr*. Très-rare. Lunéville (*Lebrun*) ; Gérardmer, Ste-Marie - aux - Mines (*Cantener*), et pâturages des Hautes Vosges (*de Peyerimhoff*) ; nord-ouest du dép. de la Meuse (*Liénard*).

hiere *Fabr*. Rare. Lunéville (*Lebrun*) ; Darney (*Le Paige*), Ste-Marie-aux-Mines (*Cantener*), et pâturage des Hautes Vosges (*de Peyerimhoff*).

helle *Fabr*. Rare. Lunéville (*Lebrun*); nord-ouest du dép. de la Meuse (*Liénard*).

Lycæna *Boisd*.

bœticus *L*. Très-rare. Darney (*Le Paige*).

telicanus *Herbst*. Très-rare. A été pris une fois à Tignécourt par M. Lallement, curé de Dompaire, et à Darney par M. Le Paige.

Amyntas *Fabr*. Assez commun : prairies et clairières des bois. Nancy au Camp-d'Afrique, Lunéville ; Metz à Colombé ; Epinal, Darney, Neufchâteau, Ste-Marie-aux-Mines ; Verdun.

Hylas *Fabr*. Bords des bois montagneux. Nancy, Lunéville; Metz; Epinal, Darney, Ste-Marie-aux-Mines ; Verdun.

battus *Fabr*. Très-rare. Pris une seule fois à Lunéville en juillet 1862, par M. Lebrun.

Argus *L*. Bois, prés. Nancy à la prairie de Tomblaine ; Metz ; Darney, Ste-Marie- aux-Mines ; Verdun.

Ægon *Borkh*. Assez commun : lieux herbeux. Nancy à la prairie de Tomblaine, Lunéville ; Metz au mont-St-Quentin, Bitche ; Epinal, Ste-Marie-aux-Mines ; Verdun à

Moulainville et Billemont.

Agestis *Esp.* Très-commun : prairies.

orbitulus *Esp.* Très-rare. Pris près de Lunéville aux bois de Crévic et de Vitrimont en 1857 (*Lebrun*).

Alexis *Fabr.* Très-commun : prairies. La var. *Thersites Boisd.* a été prise à Nancy, et la var. *hermaphroditus* à Ste-Marie-aux-Mines.

Adonis *Fabr.* Assez commun : bords des bois. Nancy, Lunéville ; Metz, Sarreguemines ; Epinal, Darney ; Verdun.

Dorylas *Hübn.* Très-rare. Pris une fois, en juillet 1847, sur le coteau de Malzéville près de Nancy (*Lebrun*).

Corydon *Fabr.* Assez commun : prairies et pelouses aux bords des bois. Nancy à Malzéville, Lunéville ; Metz au mont St. Quentin; Epinal, Darney, Ste-Marie-aux-Mines ; Verdun.

Alsus *Fabr.* Assez rare : bords des bois. Nancy à Boudonville, Lunéville ; Metz ; Epinal, Darney ; Verdun.

Acis *Ochs.* Assez rare : prés, bois. Nancy, Lunéville ; Epinal, Darney, Ste-Marie-aux-Mines ; Verdun.

Argiolus *L.* Peu commun : bords des bois. Nancy au-dessus de Vandœuvre, Lunéville ; Metz aux vallons de Montvaux et de Lessy ; Epinal, Darney, Ste-Marie-aux-Mines ; Verdun.

Cyllarus *Fabr.* Pelouses au bord des bois. Nancy, Lunéville ; Metz ; Epinal, Darney ; Verdun.

Iolas *Hübn.* Très-rare et seulement dans les années très-chaudes. Nancy au bois de Vandœuvre en 1852, et à Lunéville au bois de Vitrimont en 1859 (*Lebrun*).

Alcon *Fabr.* Rare. Verdun au bois de Moulainville (*Liénard*).

Erebus *Fabr.* Rare : prairies. Lunéville (*Lebrun*); Ste-Marie-aux-Mines (*Cantener*).

Euphemus *Hübn.* Prairies humides. Nancy à la prairie de Tomblaine (*Mathieu*); Lunéville (*Lebrun*).

Arion *L.* Rare : pelouses sèches. Nancy au bois de Vandœuvre (*St-Florent*), Lunéville (*Lebrun*); Metz au mont St-Quentin (*Holandre*); Epinal et Dognéville (*Berher*), Darney (*Le Paige*), Ste-Marie-aux-Mines (*Cantener*) ; Verdun (*Liénard*).

Nemeobius *Steph.*

Lucina *L.* Bois et pâturages. Nancy à la côte de Malzéville, Lunéville; Metz à la vallée de Saulny et de Montvaux; Epinal, Dompaire, Darney, Ste-Marie-aux-Mines ; Verdun.

Limenitis *Boisd.*

Sibylla *Fabr.* Bois. Nancy au Montet, Lunéville ; Metz au vallon de Montvaux ; Epinal, Darney, Ste-Marie-aux-Mines ; Verdun.

Camilla *Fabr.* Peu commun : bords des eaux et souvent sur les Ronces en fleurs. Nancy aux Fonds de Toul, Lunéville ; Metz au vallon de Montvaux ; Epinal, Darney ; Tavannes et côtes de la Woëvre.

Nymphalis *Latr.*

Populi *L.* Bois. Nancy au-dessus de Malzéville, Lunéville à la forêt de Mondon ; Metz aux vallons de Montvaux et de Châtel, Sarreguemines ; Epinal, Darney ; Verdun.

Argynnis *Ochs.*

Selene *Fabr.* Bois. Nancy, Lunéville ; Metz ; Epinal, Darney ; Verdun.

Euphrosine *L.* Commun : bois.

Dia *L.* Bois et prés. Nancy, Lunéville ; Metz ; Epinal, Darney ; Verdun.

Ino *Esp.* Rare : bois. Lunéville (*Lebrun*) ; Metz (*Holandre*) ; Dompaire (*l'abbé Lallement*), Darney (*Le Paige*) ; Verdun (*Liénard*).

Lathonia *L.* Très-commun : jardins, prés, bois.

Daphne *Fabr.* Rare. Lunévile (*Lebrun*).

Pales *Fabr.* Très-rare. Epinal (*Berher*).

Niobe *L.* Assez rare : bois. Lunéville ; Metz ; Epinal, Ste-Marie-aux-Mines, vallons élevés des Vosges ; Verdun.

Adippe *Fabr.* Assez commun : bois. Nancy au bois de Vandœuvre, Lunéville au bois de Vitrimont ; Metz au vallon de Châtel ; Epinal, Darney, Ste-Marie-aux-Mines ; Verdun.

Paphia *L.* Très-commun : bois, sur les Ronces et les Carduacées en fleurs.

Laodice *Esp.* Rare. Lunéville (*Lebrun*).

Aglaia *L.* Commun : bois.

Aphirape *Hübn.* Vallons des Vosges, au Climont, au Brézouars, à la Bresse, etc. (*Lebrun*).

Melitæa *Fabr.*

Cynthia *Fabr.* Vosges (*Lebrun*).

Artemis *Fabr.* Assez commun : clairières des bois. Nancy, Lunéville ; Metz ; Epinal, Darney, Ste-Marie-aux-Mines ; Verdun.

Cinxia *Fabr.* Rare : bois. Nancy à la côte de Vandœuvre, Lunéville ; Metz aux bois de Lorry et de Voippy ; Epinal, Darney ; Verdun aux bois de Billemont et à la côte St-Michel.

Phœbe *Fabr*. Rare. Nancy (*collect. de la Faculté des Sciences*) ; Darney (*Le Paige*).

didyma *Fabr*. Rare. Nancy au bois du Montet (*de St-Florent*), Lunéville (*Lebrun*) ; Ste-Marie-aux-Mines (*Cantener*).

Dictynna *Esp*. Commun : bois et prairies.

Parthenie *Borkh*. Rare : bords des bois. Nancy (*Mathieu*), Lunéville (*Lebrun*) ; Epinal (*Berher*).

Athalia *Borkh*. Très - commun : prairies au bord des bois.

Vanessa *Latr*.

Cardui *L*. Très-commun : jardins, vergers.

Atalanta *L*. Très-commun partout.

Io *L*. Très - commun : jardins , bois.

Antiopa *L*. Vergers et prés voisins des bois. Nancy, Lunéville ; Metz; Epinal, Darney ; Verdun.

polychloros *L*. Très-commun partout.

Xanthomelas *Esp*. Rare. Lunéville (*Lebrun*).

Urticæ *L*. Très-commun partout.

C-album *L*. Très-commun partout.

Apatura *Ochs*.

Iris *L*. Forêts. Nancy à Malzéville, Lunéville aux bois de Ste-Anne et de Mondon ; Metz aux vallons de Montvaux, de Saulny et à

Woippy ; Epinal, Darney, Ste-Marie-aux-Mines ; Verdun.

Ilia *Fabr*. Bois, bords des ruisseaux. Dans les mêmes lieux que le précédent. La var. *Iris-metis Kind*. a été trouvée au bois de Thierville près de Verdun, et la var. *Clytia Hübn*. à Darney.

Arge *Esp*.

lachesis *Hübn*. Rare. Lunéville (*Lebrun*).

Galathea *L*. Commun : bois, prairies.

Erebia *Boisd*.

Cassiope *Fabr*. Rare. Chaîne des Vosges, Ste - Marie - aux - Mines, Champ du Feu, Hohneck (*Cantener*).

Pyrrha *Hübn*. Rare. Escarpements du Hohneck et du Rotabac (*de Peycrimhoff*).

Medusa *Fabr*. Pelouses aux bords des bois. Nancy, Lunéville ; Metz; Epinal ; Verdun.

Strygne *Ochs*. Rare. Ste-Marie-aux-Mines (*Cantener*).

evias *God*. Rare. Dans les Vosges suivant Godart.

Alecto *God*. Rare. Chaîne des Vosges, Brézouards, Ste-Marie-aux-Mines (*Lebrun*).

blandina *Fabr*. Bois montagneux. Nancy, Lunéville ; Bitche ; Epinal, Darney, Ste-Marie-aux-Mines, Ballon de Giromagny ; Verdun.

ligea *L.* Rare. Chaîne des Vosges, Ste-Marie-aux-Mines (*Cantener*), Hohneck (*Lebrun*).

Satyrus *Boisd.*

Actæa *Esp.* Très-rare et seulement dans les années très-chaudes. Lunéville au bois de Flainval (*Lebrun*).

Phædra *L.* Très-rare. Lunéville au bois Ste-Anne (*Cantener*).

Fauna *Fabr.* Très-rare et seulement dans les années très-chaudes. Lunéville au bois de Flainval (*Lebrun*).

Hermione *L.* Bois montagneux. Nancy à la côte de Vandœuvre (*de St-Florent*), Lunéville (*Lebrun*) ; Bitche (*Holandre*) ; Ste-Marie-aux-Mines (*Cantener*). La var. *Alcyone Hübn.* a été prise en 1851 et 1859 à la côte d'Essey (*Lebrun*).

Circe *Fabr.* Rare : bois montagneux. Bitche (*Holandre*) ; Ste-Marie-aux-Mines (*Cantener*).

Briseis *L.* Coteaux secs et pierreux. Nancy, Lunéville ; Metz , Gorze ; Epinal, Darney, Ste-Marie-aux-Mines ; Thiaumont près de Verdun.

Semele *L.* Assez commun : lieux secs et pierreux. Nancy ; Metz ;

Epinal, Remiremont, Darney ; Verdun.

Arethusa *Fabr.* Très-rare. Ste-Marie-aux-Mines (*Cantener*).

Janira *Ochs.* Très-commun : bois, prés.

Tithonus *L.* Bois et prairies. Nancy, Lunéville ; Metz ; Epinal , Darney ; Verdun.

Mæra *L.* Très-commun : jardins, prés, bois.

Megæra *L.* Très-commun partout.

Ægeria *L.* Très-commun : bois.

Dejanira *L.* Bois. Nancy à la côte de Malzéville, Lunéville ; Metz à Lorry, à Châtel et au vallon de Rupt-de-Mad ; Epinal, Darney, Dompaire ; Verdun.

hyperanthus *L.* Très-commun : prés, bois.

Hero *L.* Bois. Nancy, Lunéville ; Metz ; Epinal ; Verdun.

Iphis *Hübn.* Très-rare : bords des bois. Nancy (*de St-Florent*), Lunéville (*Lebrun*) ; Epinal (*Berher*) ; Verdun (*Liénard*).

Arcanius *L.* Commun : bois. Nancy ; Metz ; Epinal, Remiremont, Darney ; Verdun.

davus *L.* Rare. Nancy (*de St-Florent*), Lunéville (*Lebrun*) ; Epinal à la colline d'Olima (*Berher*), Darney (*Le Paige*), Ste-Marie-aux-Mines (*Cantener*).

Pamphilus *L.* Très-commun : prairies.

FAM. 2. — HESPÉRIDES.

Steropes *Boisd.*

paniscus *Fabr.* Assez commun : clairières des bois.

Hesperia *Boisd.*

linea *Fabr.* Très-commun : clairières et bords des bois.

sylvanus *Fabr.* Commun : prairies et clairières des bois.

comma *Fabr.* Clairières des bois. Nancy ; Metz ; Epinal, Darney ; Verdun.

Actæon *Esp.* Rare : coteaux incultes et chauds. Nancy (*De Saint-Florent*) ; Metz (*Holandre*) ; Verdun (*Liénard*).

Syricthus *Boisd.*

Althææ *Hübn.* Très-rare. Etangs desséchés de la forêt de Mondon, près de Lunéville (*Lebrun*).

Malvæ *Fabr.* Jardins, bois. Nancy, Lunéville ; Metz ; Epinal, Darney ; Verdun.

Carthami *Hübn.* Prairies au bord des bois. Nancy, Lunéville.

fritillum *Hübn.* Coteaux calcaires et chauds. Nancy ; Epinal, Darney.

alveolus *Fabr.* Commun.

eucrate *Ochs.* Très-rare : prairies. Lunéville au bord du bois de Mondon, en 1859 (*Lebrun*).

Sao *Hübn.* Bois. Nancy, Lunéville ; Metz ; Darney ; Verdun.

Thanaos *Boisd.*

Tages *L.* Commun dans la région calcaire : bois.

SOUS-ORDRE 2. — HÉTÉROCÈRES.

FAM. 3. — SPHINGIDES.

Macroglossa *Ochs.*

fusciformis *Fabr.* Assez commun : prés voisins des bois.

bombyliformis *Hübn.* Assez commun : prés voisins des bois.

Stellatarum *L.* Assez commun : jardins.

Pterogon *Boisd.*

OEnotheræ *L.* Assez rare. Nancy, Lunéville ; Metz ; Verdun et Manheules.

Deilephila *Ochs.*

porcellus *L.* Assez rare : jardins

sür les fleurs. Nancy, Lunéville ;
Metz ; Epinal, Darney ; Verdun.

Elpenor *L.* Commun : jardins, sur
les fleurs.

celerio *L.* Rare : dans les vignes.
Metz à Tichémont (*Holandre*) ;
Verdun (*Liénard*).

Nerii *L.* Très-rare et seulement
dans les années les plus chaudes. A été pris, en octobre, 1858
et 1859, dans les jardins de Nancy, de Lunéville, de Metz et de
Verdun. Chenille sur le *Nerium
Oleander*.

Euphorbiæ *L.* Assez commun sur
les fleurs.

Galii *Hübn.* Rare. Nancy (*de St-
Florent*), Lunéville (*Lebrun*) ;
Metz (*Holandre*) ; Verdun à la
côte Saint-Michel (*Liénard*).

lineata *Fabr.* Rare. Darney (*Le
Paige*).

Sphinx *Ochs.*

Pinastri *L.* Rare : sur les Conifères. Lunéville (*Lebrun*) ; Epinal
(*Berher*) ; Verdun (*Liénard*).

Ligustri *L.* Jardins, sur les fleurs.
Nancy, Lunéville ; Metz ; Ver-
dun.

Convolvuli *L.* Sur les fleurs. Nancy, Lunéville ; Metz ; Epinal,
Darney ; Verdun.

Acherontia *Ochs.*

Atropos *L.* Très-commun en 1847
et en 1860, sur les arbres.

Smerinthus *Latr.*

Tiliæ *L.* Assez commun : avenues
de Tilleuls. La var. *Ulmi Schunc.*
à Lunéville (*Lebrun*).

ocellata *L.* Assez commun : sur
les Pommiers et sur les Saules.

Populi *L.* Assez commun : sur les
arbres.

Quercus *Fabr.* Très-rare depuis la
destruction des vieux Chênes.
Lunéville (*Lebrun*).

FAM. 4. — SÉSIÉIDES.

Thyris *Ill.*

fenestrina *Ochs.* Assez rare : bois,
sur les Ombellifères. Lunéville
au bois Sainte-Anne et à la forêt
de Mondon (*Lebrun*) ; Metz au
vallon des Genivaux (*Holandre*) ;
Verdun (*Liénard*).

Sesia *Fabr.*

philanthiformis *Hübn.* Très-rare.
Lunéville (*Lebrun*).

tipuliformis *Fabr.* Rare : jardins,
sur les arbustes. Metz (*Holandre*) ; Verdun (*Liénard*).

formicæformis *Fabr.* Rare : jardins. Metz (*Holandre*) ; Epinal (*Berher*).

nomadæformis *Lasp.* Rare. Darney (*Le Paige*).

mutillæformis *Lasp.* Rare : vergers, jardins, sur les Pommiers. Epinal (*Berher*); Darney (*Le Paige*); Verdun (*Liénard*).

culiciformis *Fabr.* Rare : bois. Lunéville (*Lebrun*); Metz (*Holandre*).

cynipiformis *Hübn.* Rare. Nancy au bois de Vandœuvre (*de St-Florent*) ; Metz (*Holandre*); Verdun (*Liénard*).

ichneumoniformis *Fabr.* Rare : bois sur les fleurs des *Hypericum*. Verdun (*Liénard*).

chrysidiformis *Esp.* Rare : prairies, sur les fleurs. Nancy (*de Saint-Florent*) ; Verdun (*Liénard*).

hylæiformis *Lasp.* Rare : jardins. Darney (*Le Paige*); Verdun (*Liénard*).

spheciformis *Fabr.* Rare : bois et jardins. Metz (*Lasaulce*); Epinal (*Berher*), Darney (*Le Paige*); Verdun (*Liénard*)

asiliformis *Fabr.* Commun : sur le tronc des Peupliers et des Tilleuls.

apiformis *Fabr.* Assez rare : sur les Saules et les Peupliers. Nancy, Pont-à-Mousson, Lunéville; Metz; Epinal, Mirecourt, Darney; Verdun.

FAM. 5. — ZYGÉNIDES.

Zygæna *Latr.*

Minos *Wien.* Rare : coteaux arides. Darney (*Le Paige*); Verdun (*Liénard*), côtes de la Woëvre (*Holandre*).

Scabiosæ *Hübn.* Rare : coteaux arides. Verdun à la côte St-Michel (*Liénard*).

Meliloti *Esp.* Peu commun. Nancy, Lunéville ; Epinal; Verdun dans les taillis de Billémont.

Trifolii *Esp.* Rare : prés, bois. Darney (*Le Paige*); Verdun (*Liénard*).

Loniceræ *Esp.* Peu commun : prés, aux bords du bois. Metz à Jouy et à Féy ; Epinal, Darney ; Verdun.

Filipendulæ *L.* Commun : prés.

Hippocrepidis *Ochs.* Assez rare : bois des coteaux calcaires. Metz aux vallons de Saulny et de Châtel-St-Germain (*Holandre*); Verdun (*Liénard*).

Peucedani *Esp.* Peu commun : bois. Nancy ; Epinal, Darney; Verdun.

Onobrychis *Fabr.* Peu commun : coteaux herbeux. Lunéville; Metz aux vallons de Saulny et de Châtel ; Verdun à la côte St-Michel.

fausta *L.* Rare. Lunéville (*Lebrun*).

Syntomis *Ill.*

Phegea *L.* Rare. Lunéville (*Lebrun*).

Procris *Fabr.*

Statices *L.* Assez commun : coteaux herbeux. Nancy, Lunéville; Metz; Verdun.

Globulariæ *Hübn.* Coteaux du calcaire jurassique. Nancy; Metz; Verdun.

Pruni *Fabr.* Rare. Nancy à Vandœuvre (*de St-Florent*), Lunéville (*Lebrun*).

FAM. 6. — BOMBYCIDES.

Euchelia *Boisd.*

Jacobææ *L.* Commun partout.
pulchra *Esp.* Rare. Lunéville (*Lebrun*); Epinal (*Berher*), Darney (*Le Paige*).

Emydia *Boisd.*

cribrum *L.* Bois. Nancy, Lunéville; Metz; Epinal, Hohneck.
grammica *L.* Peu commun : pelouses arides, bords des bois. Nancy, Lunéville; Metz; Darney; Verdun.

Lithosia *Boisd.*

rubricollis *L.* Commun : bois.
quadra *Fabr.* Commun : bois.
griseola *Hübn.* Rare. Nancy (*Coll. de la Faculté des Sciences*); Epinal (*Berher*); Verdun à Billemont (*Liénard*).
complana *L.* Commun : bois.
complanula *Boisd.* Rare : bois. Verdun (*Liénard*).

gilveola *Ochs.* Très-rare. Lunéville (*Lebrun*).
aureola *Hübn* Assez commun : bois. Nancy, Lunéville; Darney; Verdun.
rosea *Fabr.* Commun : bois.
mesomella *L.* Commun : bois et pelouses sèches.

Setina *Boisd.*

roscida *Fabr.* Rare. Nancy (*de St-Florent*), Lunéville (*Lebrun*).
irrorea *Hübn.* Coteaux hérbeux, bois. Nancy; Bitche; Epinal, Darney; Verdun.
aurita *Esp.* Rare. Metz (*Holandre*).

Naclia *Boisd.*

ancilla *L.* Peu commun : bois du calcaire jurassique. Nancy, Pont-à-Mousson; Metz; Verdun, Saint-Mihiel et Commercy.
punctata *Fabr.* Très-rare. Lunéville (*Lebrun*).

Nudaria *Steph.*

mundana *L.* Peu commun : sur les arbres, dans les lieux ombragés. Nancy, Lunéville ; Epinal, Darney et vallons élevés des Vosges ; Verdun.

murina *Esp.* Peu commun : haies, habitations. Nancy ; Metz ; Verdun.

Callimorpha *Boisd.*

Dominula *L.* Peu commun : pelouses au bord des bois. Nancy, Lunéville ; Metz, dans le vallon de Saulny ; Epinal, Darney et Hautes Vosges ; Verdun à la fontaine de Tavannes.

Hera *L.* Sur les fleurs des Carduacées. Nancy, Lunéville ; Metz ; Epinal et Hautes Vosges ; Barle-Duc.

Nemeophila *Steph.*

russula *L.* Commun : prés, bois.

Plantaginis *L.* Commun : pelouses au bord des bois.

Chelonia *Latr.*

aulica *L.* Rare. Lunéville (*Lebrun*) ; Metz aux vallons de Saulny et de Montvaux.

civica *Hübn.* Rare. Nancy (*de St-Florent*), Lunéville (*Lebrun*).

matronula *L.* Assez rare : bois. Nancy, Lunéville ; Metz ; Epinal ; Verdun.

villica *L.* Peu commun : bois. Nancy, Lunéville ; Metz ; Epinal, Darney ; Verdun.

fasciata *Esp.* Rare. Lunéville (*Lebrun*).

purpurea *L.* Rare. Nancy (*de St-Florent*), Lunéville (*Lebrun*).

Caja *L.* Très-commun : jardins.

Hebe *L.* Peu commun : coteaux herbeux. Nancy, Lunéville ; Metz ; Epinal ; Verdun, Saint-Mihiel et Commercy.

Arctia *Boisd.*

fuliginosa *L.* Commun : jardins, prés.

lubricipeda *Fabr.* Commun : jardins, prés. La var. *Luxerii God.* à Nancy.

Urticæ *Esp.* Très-rare : bois. Nancy (*de St-Florent*) ; Verdun au bois de Dieue (*Liénard*).

Menthastri *Fabr.* Commun : jardins.

mendica *L.* Assez commun.

Liparis *Ochs.*

monacha *L.* Bois. Nancy, Lunéville ; Epinal, Darney ; Etain, Varennes en Argonne.

dispar *L.* Très-commun partout. La chenille cause de grands dégâts aux Tilleuls et aux arbres fruitiers.

Salicis *L.* Très-commun sur les Saules et les Peupliers.

auriflua *Fabr.* Commun : bois, haies.

chrysorrhæa *L.* Très-commun : jardins, vergers. Chenille sur les arbres fruitiers dont elle dévore les feuilles.

Orgya *Boisd.*

V-nigrum *Fabr.* Assez rare : bois. Nancy ; Epinal, Darney ; Verdun.

pudibunda *L.* Commun partout. En 1848, la chenille a fait des ravages importants dans les forêts de Phalsbourg.

fascelina *Fabr.* Rare : bois. Nancy ; Metz ; Epinal, Darney ; Verdun.

Coryli *L.* Bois. Nancy ; Epinal , Darney ; Verdun.

gonostigma *Fabr.* Peu commun : bois, vergers.

antiqua *L.* Commun : vergers, jardins.

Bombyx *Boisd.*

neustria *L.* Trop commun : jardins, vergers.

castrensis *L.* Rare. Epinal (*Berher*), Darney (*Le Paige*).

franconica *Fabr.* Très-rare : jardins. Lunéville (*Lebrun*) ; Verdun (*Liénard*).

lanestris *L.* Haies, vergers. Nancy,

Lunéville ; Metz ; Epinal, Darney ; Verdun.

everia *Fabr.* Assez commun : bois.

catax *L.* Bois. Nancy, Lunéville ; Epinal, Darney ; Verdun.

processionea *L.* Assez commun : bois et jardins.

Cratægi *L.* Assez commun : haies et jardins.

Populi *L.* Assez commun : haies, vergers.

dumeti *L.* Assez rare : bords des bois. Nancy ; Epinal ; Verdun.

Taraxaci *Fabr.* Rare. Nancy (*de St-Florent*), Lunéville (*Lebrun*).

Rubi *L.* Très-commun partout.

Quercûs *L.* Commun partout.

Trifolii *Fabr.* Côteaux secs. Nancy, Lunéville ; Metz ; Epinal, Darney ; Verdun.

Odonestis *Germar.*

potatoria *L.* Assez commun : bois humides et bords des ruisseaux.

Lasiocampa *Latr.*

Pini *L.* Dans la chaîne des Vosges. Rare dans la plaine, à Lunéville (*Lebrun*) ; à Verdun (*Liénard*).

Pruni *L.* Assez répandu : jardins fruitiers.

Quercifolia *L.* Assez commun : haies , jardins , surtout sur les Pêchers.

Populifolia *Fabr.* Sur les arbres. Nancy, Lunéville ; Epinal, Darney ; Verdun.

Ilicifolia *L.* Chaîne des Vosges (*Berher*), Darney (*Le Paige*).

Betulifolia *Fabr.* Peu commun : bois. Nancy, Lunéville ; Epinal, Darney, Ste-Marie-aux-Mines et Hautes Vosges ; Verdun.

Saturnia *Schranck.*

Pyri *Borkh.* Très-rare. Nancy (*Coll. de la Faculté*), Lunéville (*Lebrun*) ; Epinal (*Berher*), Darney (*Le Paige*) ; Verdun et Belrupt (*Liénard*).

spini *Borkh.* Rare. Lunéville (*Lebrun*).

Carpini *Borkh.* Commun.

Aglia *Ochs.*

Tau *Fabr.* Bois. Nancy, Lunéville ; Metz ; Epinal, Darney ; Verdun.

Endromis *Ochs.*

versicolora *L.* Rare. Nancy, Lunéville ; Metz ; Darney ; Verdun à Saint-Michel et à Dieue.

Cossus *Boisd.*

ligniperda *Fabr.* Assez commun : sur les troncs d'arbres.

Zeuzera *Latr.*

Aesculi *L.* Sur l'*Aesculus Hippocastanum.* Nancy ; Metz ; Epinal, Darney ; Verdun.

Hepialus *Fabr.*

Humuli *L.* Dans les houblonnières.

sylvinus *L* Assez commun : bois et jardins.

lupulinus *L.* Très-commun : prairies.

hectus *L.* Peu commun : lieux ombragés. Nancy aux Fonds de Toul ; Metz au ruisseau de la Chenau ; Epinal, Darney ; Verdun aux bois de Thierville et de Tavanues.

Psyche *Schranck.*

pulla *Esp.* Rare. Nancy (*de St-Florent*).

nitidella *Hübn.* Rare. Epinal (*Berher*), Darney (*Le Paige*).

viciella *Fabr.* Rare. Nancy (*de St-Florent*), Lunéville (*Lebrun*).

muscella *Fabr.* Rare. Darney (*Le Paige*).

graminella *W'ien.* Rare : sur les vieux murs. Metz au Sablon (*Holandre*) ; Epinal (*Berher*), Darney (*Le Paige*).

Limacodes *Latr.*

Asellus *Fabr.* Très-rare : bois. Verdun (*Liénard*).

Testudo *God* Commun : bois.

Cilix *Leach.*

spinula *Hübn.* Rare : haies. Epinal

(*Berher*), Darney (*Le Paige*) ; Verdun (*Liénard*).

Platypteryx *Lasp.*

lacertula *Hübn.* Rare : bois. Metz (*Holandre*) ; Epinal (*Berher*), Darney (*Le Paige*) ; Verdun (*Liénard*).

curvatula *Lasp.* Rare. Nancy (*de St-Florent*) ; Verdun à Billémont et à Tavannes (*Liénard*).

falcula *Hübn.* Peu commun : bois. Nancy, Lunéville ; Metz ; Epinal, Darney ; Verdun.

hamula *Esp.* Peu commun : bois. Nancy ; Epinal, Darney ; Verdun.

unguicula *Hübn.* Peu commun : bois. Nancy ; Epinal, Darney ; Verdun.

Dicranura *Latr.*

bicuspis *Hübn.* Rare. Darney (*Le Paige*).

furcinula *Hübn.* Rare. Darney (*Le Paige*).

furcula *L.* Assez commun. Nancy, Lunéville ; Metz ; Epinal, Darney ; Verdun.

erminea *Esp.* Peu commun : bois. Nancy, Lunéville ; Epinal, Darney ; Verdun.

vinula *L.* Commun : bois.

Harpya *Ochs.*

Fagi *L.* Rare : vergers. Nancy (*de St-Florent*) ; Epinal (*Berher*), Darney (*Le Paige*) ; Verdun (*Liénard*).

Milhauseri *Fabr.* Rare : bois. Nancz (*de St-Florent*) ; Epinal (*Berher*), Darney (*Le Paige*) ; Bar-le-Duc (*Liénard*).

Asteroscopus *Boisd.*

cassinia *Fabr.* Peu commun : sur les arbres. Nancy ; Epinal, Darney ; Verdun.

nebeculosa *Esp.* Rare. Nancy (*de St-Florent*).

Ptilodontis *Steph.*

palpina *L.* Commun : bois, prés.

Notodonta *Ochs.*

Camelina *L.* Commun : sur les arbres dans les bois.

cucullina *Wien.* Rare : bois. Nancy (*de St-Florent*) ; Darney (*Le Paige*) ; Verdun (*Liénard*).

Dictæa *L.* Commun : sur les Peupliers et les Saules.

Dictæoïdes *Esp.* Rare : bois. Metz (*Holandre*) ; Verdun (*Liénard*).

dromadarius *L.* Commun : sur les Aunes et les Noisetiers.

tritophus *Fabr.* Peu commun ; sur les Peupliers et les Saules.

ziczac *L.* Commun : sur les Peupliers et les Saules.

torva *Ochs.* Rare. Nancy (*de St-

(*Florent*), Lunéville (*Lebrun*).

trepida *Fabr.* Peu commun : bois. Nancy ; Metz ; Epinal ; Verdun.

melagona *Borkh.* Rare. Nancy (*de St-Florent*), Lunéville (*Lebrun*); Darney (*Le Paige*).

velitaris *Esp.* Rare. Nancy (*de St-Florent*), Lunéville (*Lebrun*).

bicolóra *Fabr.* Rare : sur les Bouleaux. Epinal (*Berher*), Darney (*Le Paige*) ; Verdun (*Liénard*).

argentina *Fabr.* Rare. Lunéville (*Lebrun*).

querna *Wien.* Rare : bois. Nancy au-dessus de Vandœuvre (*de St-Florent*) ; Verdun à Moulainville (*Liénard*).

chaonia *Hübn.* Rare : sur les Chênes. Nancy (*de St-Florent*) ; Darney (*Le Paige*) ; Verdun (*Liénard*).

Dodonæa *Wien.* Les grandes forêts. Nancy ; Epinal, Darney ; Verdun.

plumigera *Fabr.* Rare : sur les arbres. Nancy (*de St-Florent*), Lunéville (*Lebrun*) ; Darney (*Le Paige*) ; Verdun (*Liénard*).

Gluphysia *Boisd.*

crenata *Esp.* Rare : sur les Peupliers. Nancy (*de St-Florent*) ; Epinal (*Berher*), Darney (*Le Paige*).

Diloba *Boisd.*

cœruleocephala *L.* Jardins, haies. Nancy ; Metz ; Epinal, Darney ; Verdun.

Pygæra *Boisd.*

bucephala *L.* Commun : bois.

Clostera *Hoffmans.*

curtula *L.* Commun sur les Saules et les Peupliers.

anachoreta *Fabr.* Sur les Saules et les Peupliers. Nancy ; Metz ; Darney ; Verdun.

reclusa *Fabr.* Bois, prés. Nancy ; Metz ; Darney ; Verdun.

anastomosis *L.* Rare. Darney (*Le Paige*).

FAM. 7. — NOCTUÉLIDES.

Thyatyra *Ochs.*

derasa *L.* Peu commun : pelouses sèches. Nancy, Lunéville ; Darney ; Verdun.

Batis *L.* Peu commun. Nancy,

Lunéville ; Metz ; Darney ; Verdun.

Cymathophora *Treits.*

duplaris *L.* Bois. Nancy, Lunéville ;

Darney ; Verdun.

fluctuosa *Engr*. Rare : sur les Trembles et les Bouleaux. Verdun à Billémont, Varennes.

diluta *Wien*. Rare. Darney (*Le Paige*).

or *Wien*. Sur les Peupliers. Nancy ; Metz ; Darney ; Verdun.

ocularis *L*. Bois, jardins. Nancy ; Metz ; Darney ; Verdun.

flavicornis *L*. Rare : sur les arbres des forêts. Nancy (*de St-Florent*) ; Darney (*Le Paige*) ; Verdun au bois de Sommedieu (*Liénard*).

ridens *Fabr*. Peu commun. Nancy au-dessus de Vandœuvre ; Darney ; Verdun à Billémont.

Bryophila *Treits*.

raptricula *Hübn*. Sur les vieux murs. Verdun (*Liénard*).

receptricula *Hübn*. Rare : sur les troncs d'arbres. Verdun (*Liénard*).

Algæ *Fabr*. Rare : sur les troncs d'arbres. Nancy (*de St-Florent*); Darney (*Le Paige*) ; Verdun (*Liénard*).

perla *Fabr*. Commun : sur les vieux murs et le soir dans les appartements, où il vole autour des lumières.

glandifera *Wien*. Peu commun. Nancy, Lunéville ; Metz ; Darney ; Verdun.

Diphtera *Ochs*.

ludifica *L*. Très-rare. Nancy (*de St-Florent*), Lunéville (*Lebrun*) ; Darney (*Le Paige*) ; Ligny (*Liénard*).

Orion *Esp*. Bois, sur les troncs d'arbres. Nancy , Lunéville ; Metz ; Darney ; Verdun.

Acronycta *Ochs*.

tridens *Fabr*. Assez rare : haies. Nancy, Lunéville ; Metz ; Darney ; Verdun.

psi *L*. Commun partout.

cuspis *Hübn*. Rare. Darney (*Le Paige*).

leporina *L*. Sur les arbres. Nancy ; Metz ; Darney ; Verdun.

Aceris *L*. Commun.

megacephala *Fabr*. Commun : sur les troncs d'arbres.

Alni *L*. Très-rare. Nancy (*de St-Florent*) ; Darney (*Le Paige*).

Ligustri *Fabr*. Assez rare : jardins, bois. Nancy, Lunéville ; Metz ; Darney ; Verdun.

Rumicis *L*. Commun : bois, jardins.

auricoma *Fabr*. Jardins, bois. Nancy ; Darney ; Verdun.

Euphorbiæ *Fabr*. Sur les arbres. Nancy ; Verdun.

Euphrasiæ *Borkh*. Sur les Bouleaux. Nancy ; Darney ; Verdun.

Synia *Dup.*

musculosa *Hübn.* Très-rare : collines chaudes. Darney (*Le Paige*).

Leucania *Ochs.*

conigera *Fabr.* Assez commun : sur les fleurs d'*Echium vulgare.* Nancy, Lunéville ; Metz ; Epinal, Darney ; Verdun.

turca *L.* Très-rare. Epinal (*Berher*), Darney (*Le Paige*).

lithargyria *Esp.* Marais. Nancy, Lunéville ; Metz ; Epinal , Darney ; Verdun.

albipuncta *Fabr.* Assez commun : jardins , vieux murs , sur les fleurs du *Centranthus ruber.*

obsoleta *Hübn.* Rare : marais. Verdun (*Liénard*).

pudorina *Hübn.* Rare. Nancy (*de St-Florent*) ; Darney (*Le Paige*).

L-album *L.* Commun : sur les Carduacées.

impura *Hübn.* Marais. Nancy ; Epinal, Darney ; Verdun.

pallens *L.* Commun : prés humides.

Nonagria *Treits.*

extrema *Hübn.* Très-rare : bois humides. Nancy (*de St-Florent*); Epinal (*Berher*), Darney (*Le Paige*) ; Verdun (*Liénard*).

Cannæ *Treits.* Très-rare : marais. Epinal (*Berher*), Darney (*Le Paige*) ; Verdun (*Liénard*).

Typhæ *Esp.* Bords des eaux. Nancy ; Epinal, Darney ; Verdun.

Gortyna *Ochs.*

flavago *Esp.* Nancy (*de St-Florent*) ; Epinal (*Berher*), Darney (*Le Paige*).

Hydrœcia *Guén.*

nictitans *L.* Rare. Darney (*Le Paige*).

cuprea *Wien.* Rare. Lunéville (*Lebrun*).

Axylia *Hübn.*

putris *L.* Sur les arbres fruitiers. Nancy, Lunéville ; Metz ; Darney ; Verdun.

Xylophasia *Steph.*

rurea *Fabr.* Sur les clôtures en bois. Nancy, Lunéville ; Epinal, Darney ; Verdun. La var. *combusta Hübn.* a été prise à Darney (*Le Paige*).

lithoxylæa *Wien.* Commun : sur les troncs d'arbres. La var. *musicalis Esp.* a été prise à Darney (*Le Paige*).

petrorhiza *Borkh.* Rare. Nancy (*de St-Florent*) ; Epinal (*Berher*), Darney (*Le Paige*).

polyodon *L.* Sur les troncs d'arbres. Nancy, Lunéville ; Metz ; Epinal, Darney ; Verdun. La chenille mange les racines des plantes potagères.

scolopacina *Hübn.* Rare : sur les arbres fruitiers. Verdun (*Liénard*).

Dypterygia *Steph.*

Pinastri *L.* Rare : sur les vieux murs et les troncs des Ormes. Lunéville (*Lebrun*) ; Darney (*Le Paige*) ; Verdun (*Liénard*).

Xylomyges *Guén.*

conspicillaris *L.* Rare : bois. Nancy (*de St-Florent*) ; Darney (*Le Paige*); Verdun (*Liénard*).

Neuria *Guén.*

Saponariæ *Esp.* Sur les fleurs d'*Echium vulgare*. Nancy, Lunéville; Darney ; Verdun.

Heliophobus *Boisd.*

popularis *Fabr.* Rare. Ste-Marie-aux-Mines (*de Peyerimhoff*) ; Darney (*Le Paige*).

Charæas *Steph.*

Graminis *L* Sur les Chaumes des Hautes Vosges.

Pachetra *Guén.*

leucophæa *Borkh.* Sur les arbres fruitiers. Nancy, Lunéville ; Metz; Darney ; Verdun.

Cerigo *Steph.*

Cytherea *Fabr.* Rare : sur les fleurs. Darney (*Le Paige*) ; Verdun (*Liénard*).

Luperina *Boisd.*

testacea *Wien.* Dans les fossés. Nancy ; Epinal, Darney ; Verdun.

cespitis *Wien.* Rare : jardins, champs. Nancy (*de St-Florent*); Verdun (*Liénard*).

Mamestra *Ochs.*

abjecta *Hübn.* Rare. Epinal (*Berher*).

anceps *Hübn.* Commun.

Brassicæ *L.* Commun partout dans les cultures.

Persicariæ *L.* Assez rare : prés, bois. Nancy, Lunéville ; Metz ; Epinal, Darney ; Verdun.

Apamea *Ochs.*

basilinea *Fabr.* Peu commun : champs. Nancy, Lunéville ; Epinal, Darney ; Verdun.

gemina *Treits.* Peu commun. Nancy ; Epinal.

ophiogramma *Esp.* Rare. Nancy (*de St-Florent*).

oculea *L.* Assez commun : sur les fleurs.

leucostigma *Hübn.* Rare : marais. Nancy (*de St-Florent*).

Miana *Steph.*

strigilis *L.* Commun : sur les troncs d'arbres. La var. *latruncula Wien.* a été prise à Darney (*Le Paige*).

furuncula *Wien.* Assez rare. Nancy ; Epinal, Darney ; Verdun.

Grammesia *Steph.*

trilinea *Wien.* Bois, jardins, maisons. Nancy, Lunéville ; Epinal, Darney ; Verdun.

Caradrina *Ochs.*

Morpheus *Naturf.* Rare. Darney (*Le Paige*).

Alsines *Borkh.* Nancy ; Epinal.

blanda *Hübn.* Rare : dans les habitations. Nancy (*de St-Florent*), Lunéville (*Lebrun*); Darney (*Le Paige*) ; Verdun (*Liénard*).

respersa *Wien.* Rare. Darney (*Le Paige*).

Plantaginis *Hübn.* Très-commun partout.

cubicularis *Wien.* Commun.

Rusina *Steph.*

tenebrosa *Hübn.* Rare. Nancy (*de St-Florent*).

Agrotis *Ochs.*

crassa *Hübn.* Rare. Nancy (*de St-Florent*).

valligera *Fabr.* Rare. Darney (*Le Paige*).

suffusa *Fabr.* Jardins, bois. Nancy, Lunéville ; Metz ; Darney ; Verdun.

saucia *Hübn.* Rare : jardins et habitations. Verdun (*Liénard*).

segetum *Wien.* Très-commun dans les champs.

exlamationis *L.* Commun partout.

corticea *Wien.* Rare. Nancy (*de St-Florent*) ; Darney (*Le Paige*)

cinerea *Borhk.* Rare. Nancy (*de St-Florent*) ; Darney (*Le Paige*); Verdun (*Liénard*).

fumosa *Fabr.* Jardins, bois. Nancy, Lunéville ; Darney ; Verdun. Cette espèce offre beaucoup de variétés.

Tritici *L.* Rare. Nancy (*de St-Florent*).

aquilina *Wien.* Jardins, sur les fleurs du *Centranthus ruber*. Nancy, Lunéville ; Metz ; Darney ; Verdun. On trouve aussi la var. *ruris Hübn.* et la var. *villa Hübn.*

agathina *Boisd.* Rare. Varennes,

vallée de la Biesmes (*Liénard*).

porphyrea *Hübn*. Rare. Darney (*Le Paige*).

ravida *Hübn*. Peu commun : bois, haies. Nancy, Lunéville ; Darney ; Verdun.

pyrophila *Fabr*. Bords des ruisseaux. Darney (*Le Paige*) ; Verdun (*Liénard*).

biviria *Hübn*. Rare. Lunéville (*Lebrun*).

latens *Hübn*. Rare. Darney (*Le Paige*).

Hiria *Dup*.

linogrisa *Fabr*. Rare. Nancy (*de St-Florent*).

Triphæna *Ochs*.

janthina *Fabr*. Bois, jardins. Nancy, Lunéville ; Metz ; Verdun.

fimbria *L*. Peu commun : bois. Nancy, Lunéville ; Metz ; Darney ; Verdun.

subsequa *Wien*. Rare. Lunéville (*Lebrun*) ; Varennes, vallée de la Biesmes (*Liénard*).

Orbona *Fabr*. Très-commun partout.

pronuba *L*. Très-commun : jardins.

Noctua *L*.

glareosa *Hübn*. Rare. Nancy (*de St-Florent*) ; Darney (*Le Paige*).

augur *Fabr*. Derrière les volets et les vieilles portes de jardins. Nancy (*de St-Florent*) ; Darney (*Le Paige*) ; Verdun (*Liénard*).

sigma *Wien*. Rare. Lunéville (*Lebrun*).

plecta *L*. Sur les arbres fruitiers. Nancy (*de St-Florent*) ; Darney (*Le Paige*) ; Verdun (*Liénard*).

C-nigrum *L*. Rare : prés et dans les habitations. Nancy (*de St-Florent*), Lunéville (*Lebrun*) ; Darney (*Le Paige*) ; Verdun (*Liénard*).

ditrapezium *Hübn*. Prairies. Nancy ; Darney ; Verdun.

triangulum *Ochs*. Prés. Nancy ; Metz ; Verdun.

brunnea *Fabr*. Rare : champs. Verdun (*Liénard*).

festiva *Treits*. Rare. Darney (*Le Paige*).

baja *Fabr*. Peu commun : bois humides. Nancy, Lunéville ; Darney ; Verdun.

neglecta *Hübn*. Rare. Lunéville (*Lebrun*).

xanthographa *Fabr*. Vole le soir autour des Pruniers. Nancy ; Darney ; Verdun.

Tæniocampa *Guén*.

gothica *L*. Commun partout.

instabilis *Fabr*. Bords des eaux.

Nancy ; Metz ; Epinal, Darney ; Verdun.

stabilis *Hübn.* Sur les fleurs des Pruniers et sur les Saules. Nancy ; Epinal, Darney ; Verdun.

gracilis *Fabr.* Rare. Lunéville (*Lebrun*).

miniosa *Fabr.* Bois : sur les fleurs du *Salix Capræa.*

munda *Fabr.* Rare. Nancy (*de St-Florent*) ; Epinal (*Berher*), Darney (*Le Paige*).

ambigua *Hübn.* Sur les fleurs des Pruniers et des Saules. Nancy ; Epinal, Darney ; Verdun.

ruticilla *Esp.* Rare. Metz (*Holandre*).

Orthosia *Ochs.*

ypsilon *Wien.* Bois, sur les Saules et les Trembles. Nancy, Lunéville ; Metz ; Darney ; Verdun.

lota *L.* Rare : bois et jardins. Nancy, Lunéville ; Metz ; Epinal, Darney ; Verdun.

macilenta *Hübn.* Bois et jardins, dans les feuilles mortes. Nancy ; Verdun.

Anchocelis *Guén.*

rufina *L.* Assez commun : bords des bois. Nancy ; Epinal, Darney ; Verdun.

pistacina *Fabr.* Sur les troncs d'arbres. Nancy ; Epinal , Darney ; Verdun.

litura *L.* Assez rare. Nancy ; Epinal.

Cerastes *Ochs.*

Vaccinii *L.* Sous les feuilles sèches. Nancy, Lunéville ; Epinal, Darney ; Verdun.

Silene *Wien.* Peu commun : bois. Nancy ; Epinal, Darney ; Verdun.

Scopelosoma *Curt.*

satellitia *L.* Bois. Nancy ; Metz ; Darney ; Verdun.

Dasycampa *Guén.*

rubiginosa *Wien.* Très-rare : bois, sous les feuilles sèches. Nancy ; Epinal, Darney ; Verdun.

Hoporina *Boisd.*

croceago *Fabr.* Rare : bois. Nancy ; Metz ; Epinal, Darney ; Verdun.

Xanthia *Ochs.*

citrago *L.* Assez commun. Nancy, Lunéville ; cascade du Nideck.

cerago *Wien.* Bois : dans les feuilles mortes. Nancy, Lunéville ; Metz ; Epinal , Darney ; Verdun.

silago *Hübn.* Bois humides. Nancy ; Epinal, Darney ; Verdun.

aurago *Fabr.* Bois. Nancy ; Epinal, Darney ; Verdun.

gilvago *Fabr.* Sur les Peupliers.

Nancy ; Metz ; Epinal ; Verdun.

ferruginea *Hübn.* Bois, dans les feuilles sèches. Nancy ; Epinal, Darney ; Verdun.

pulmonaris *Esp.* Dans les bois, sous les Hêtres, dans les feuilles sèches. Verdun (*Liénard*).

Cirrœdia *Guén.*

ambusta *Wien.* Rare. Nancy (*de St-Florent*).

Mesogona *Boisd.*

Acetosellæ *L.* Peu commun. Nancy, Lunéville.

Tethea *Ochs.*

subtusa *Fabr.* Sur les Saules. Nancy ; Metz ; Epinal, Darney ; Verdun.

retusa *L.* Bois, au bord des ruisseaux. Nancy, Lunéville ; Epinal, Darney ; Verdun

Euperia *Guén.*

fulvago *Wien.* Bois. Nancy, Lunéville ; Epinal, Darney.

Dicycla *Guén.*

Oo *L.* Rare : bois. Nancy, Lunéville ; Metz ; Darney ; Verdun.

Cosmia *Ochs.*

trapezina *L.* Bois, sur les troncs d'arbres. Nancy ; Metz ; Epinal, Darney ; Verdun.

pyralina *Wien.* Très-rare : sur les Ormes et les Pommiers. Nancy ; Epinal, Darney ; Verdun.

diffinis *L.* Peu commun : sur les Ormes. Nancy ; Metz ; Darney ; Verdun.

affinis *L.* Rare : sur les Ormes. Nancy (*de St-Florent*), Lunéville (*Lebrun*) ; Verdun (*Liénard*).

Ilarus *Boisd.*

ochroleuca *Wien.* Sur les fleurs. Nancy ; Verdun.

Dianthœcia *Boisd.*

Echii *Borkh.* Rare. Lunéville (*Lebrun*).

carpophaga *Borkh.* Rare. Nancy (*de St-Florent*) : Epinal (*Berher*), Darney (*Le Paige*).

capsincola *Esp.* Sur les Pruniers. Nancy, Lunéville ; Metz ; Epinal, Darney ; Verdun.

Cucubali *Wien.* Commun.

albimacula *Borkh.* Rare : bois. Nancy, Lunéville ; Verdun.

conspersa *Wien.* Commun : prés.

compta *Wien.* Jardins et le long des chemins, sur les fleurs. Nancy ; Metz ; Verdun.

Hecatera *Guén.*

dysodea *Wien.* Commun : sur les

fleurs dans les jardins.

serena *Fabr.* Commun : sur les fleurs.

Polia *Treits.*

Chi *L.* Prés, bois. Nancy; Metz; Epinal, Darney et Hautes Vosges; Verdun.

flavicincta *Fabr.* Jardins. Nancy, Lunéville; Metz; Epinal, Darney; Verdun.

nigrocincta *Ochs.* Sur les troncs d'arbres. Hautes Vosges.

Epunda *Dup.*

lutulenta *Wien.* Assez rare. Nancy, Lunéville.

nigra *Haw.* Assez rare. Nancy.

viminalis *Fabr.* Nancy; Darney.

Miselia *Treits.*

Oxyacanthæ *L.* Jardins, haies. Nancy, Lunéville; Metz; Epinal, Darney; Verdun.

Agriopis *Boisd.*

aprilina *L.* Commun : vignes, bois.

Phogophora *Ochs.*

scita *Hübn.* Bois. Ste-Marie-aux-Mines et Hautes Vosges, Hohneck (*de Peyerimhoff*).

meticulosa *L.* Commun : jardins, champs.

Euplexia *Steph.*

lucipara *L.* Sur les arbres. Nancy, Lunéville; Epinal, Darney; Verdun.

Aplecta *Guén.*

herbida *Hübn.* Sur les Pruniers. Nancy; Epinal, Darney; Verdun.

nebulosa *Treits.* Commun : bois.

speciosa *Hübn.* Très-rare. Ste-Marie-aux-Mines.

tincta *Borkh.* Rare : bois. Darney (*Le Paige*); Verdun au bois de Billemont (*Liénard*).

advena *Fabr.* Bois, sous les arbres abattus. Nancy; Epinal; Verdun.

satura *Hübn.* Rare. Darney (*Le Paige*).

Hadena *Ochs.*

Protea *Esp.* Rare. Darney (*Le Paige*).

glauca *Hübn.* Rare. Epinal (*Berher*).

dentina *Esp.* Rare. Darney (*Le Paige*).

Chenopodii *Fabr.* Sous les écorces et sur les troncs d'arbres. Nancy; Epinal, Darney; Verdun.

Treitschkii *Boisd.* Rare : jardins. Verdun (*Liénard*).

Atriplicis *L.* Darney (*Le Paige*).

suasa *Wien.* Assez rare : jardins. Nancy, Lunéville; Metz; Verdun.

aliena *L*. Rare : sur les arbres et sur les palissades. Metz (*Holandre*); Verdun (*Liénard*).

adusta *Esp*. Très-rare. Hautes Vosges, Hohneck (*de Peyerimhoff*).

oleracea *L*. Très-commun : jardins et habitations.

Pisi *L*. Commun : dans les bois.

thalassina *Borkh*. Rare. Darney (*Le Paige*).

W-latinum *Esp*. Rare. Darney (*Le Paige*).

Xylocampa *Guén*.

lithorhiza *Borkh*. Sur les troncs d'arbres. Nancy; Epinal, Darney; Verdun.

Cloantha *Boisd*.

perspicillaris *L*. Bois. Nancy; Epinal, Darney; Verdun.

Solidaginis *Hübn*. Rare. Escarpements du Hohneck (*de Peyerimhoff*).

Calocampa *Steph*.

vetusta *Hübn*. Marécages. Nancy; Epinal, Darney; Verdun.

exoleta *L*. Marais. Nancy; Epinal, Darney; Verdun.

Xylina *Ochs*.

conformis *Fabr*. Commun.

rhizolitha *Fabr*. Bois, sur le tronc des arbres. Nancy; Metz; Epinal, Darney; Verdun.

petrificata *Fabr*. Rare : bois. Nancy; Epinal, Darney; Verdun.

Cucullia *Ochs*.

Verbasci *L*. Commun.

Scrophulariæ *Esp*. Rare. Nancy (*de (St-Florent*); Darney (*Le Paige*).

Blattariæ *Esp*. Rare. Lunéville (*Lebrun*).

Asteris *Fabr*. Sur les fleurs. Nancy; Metz; Epinal, Darney; Verdun.

Gnaphalii *Hübn*. Rare. Nancy (*de St-Florent*).

Absinthii *L*. Darney (*Le Paige*).

Tanaceti *Fabr*. Rare. Nancy (*de St-Florent*), Lunéville (*Lebrun*).

Chamomilla *Wien*. Assez rare : jardins. Nancy (*Coll. de la Faculté des Sciences*); Verdun (*Liénard*).

Lactucæ *Esp*. Commun.

umbratica *L*. Assez commun : sur les fleurs dans les jardins.

Calophasia *Steph*.

Linariæ *Fabr*. Peu commun. Nancy (*de St-Florent*); Epinal (*Berher*), Darney (*Le Paige*).

Chariclea *Steph*.

Delphinii *L*. Rare : champs, jardins. Lunéville (*Lebrun*); Verdun (*Liénard*).

Anarta *Ochs.*

Myrtilli *L.* Commun.

Heliothis *Ochs.*

marginata *Fabr.* Pelouses. Nancy,
Lunéville ; Epinal ; Verdun.
dipsacea *L.* Assez commun. Nancy,
Lunéville ; Epinal, Darney.
Ononidis *Fabr.* Prairies, sur les
fleurs. Lunéville (*Lebrun*) ; Verdun (*Liénard*).
armigera *Hübn.* Commun.

Heliodes *Guén.*

Arbuti *Fabr.* Pelouses humides.
Nancy, Lunéville ; Metz ; Epinal,
Darney ; Verdun.

Agrophila *Boisd.*

sulphuralis *L.* Champs et pâturages montagneux. Nancy, Lunéville ; Metz ; Epinal , Darney ;
Verdun.

Acontia *Ochs.*

solaris *Wien.* Rare : sur les fleurs
des Chardons. Lunéville (*Lebrun*);
Verdun (*Liénard*).
luctuosa *Geoffr.* Assez commun :
champs de Luzerne. Nancy, Lunéville ; Metz ; Verdun.

Erastria *Ochs.*

atratula *Borkh.* Bois. Darney (*Le
Paige*) ; Verdun (*Liénard*).

fuscula *Wien.* Rare : bois humides.
Verdun (*Liénard*).

Bankia *Guén.*

argentula *Esp.* Peu commun. Nancy, Lunéville ; Darney.

Hydrelia *Guén.*

unca *L.* Prés humides. Nancy; Verdun à Baleycourt.

Blephos *Ochs.*

Parthenias *L.* Bois élevés. Nancy,
Lunéville ; Metz dans les bois de
Lorry et de Châtel ; Darney ;
Verdun dans les bois de Moulain-
ville et de Thierville.

Eriopus *Ochs.*

Pteridis *Fabr.* Rare : clairières
des bois. Clermont en Argonne
et Varennes (*Liénard*).

Abrostola *Ochs.*

Urticæ *Hübn.* Jardins, haies. Nancy ; Darney ; Verdun.
Asclepiadis *Fabr.* Bois montagneux.
Nancy ; Metz.
triplasia *L* Sur les Orties. Nancy,
Lunéville ; Metz ; Darney ; Verdun.

Plusia *Ochs.*

concha *Fabr.* Rare. Dans les Hautes Vosges, Hohneck (*Lebrun*).

chrysitis *L*. Très-commun : prés, champs.

bractea *Wien* .Jardins. Ste-Marie-aux-Mines.

Festucæ *L*. Assez rare : bords des ruisseaux. Nancy, Lunéville; Darney; Verdun.

iota *L*. Sur les fleurs de Chevrefeuille. Nancy, Lunéville; Metz; Darney; Verdun.

gamma *L*. Très-commun partout.

devergens *Fabr*. Très-rare. Pris une seule fois à Verdun (*Liénard*).

Gonoptera *Latr*.

libatrix *L*. Jardins, maisons, caves. Nancy, Lunéville; Darney; Verdun.

Syntomopus *Guén*.

cinnamomea *Borkh*. Rare : vergers, Lunéville à la ferme de Beaupré (*Guérard*); Verdun (*Liénard*).

Amphipyra *Ochs*.

pyramidea *L*. Bois et jardins, sous les écorces. Nancy, Lunéville; Metz; Darney; Verdun.

perflua *Fabr*. Rare. Lunéville (*Lebrun*).

livida *Fabr*. Rare. St-Nicolas-de-Port (*Lebrun*).

tetra *Fabr*. Rare. Lunéville (*Lebrun*).

Tragopogonis *L*. Jardins, sous les écorces et les treilles. Nancy, Lunéville; Metz; Epinal; Verdun.

Mania *Treits*.

typica *L*. Bords des ruisseaux. Nancy; Metz; Epinal, Darney; Verdun.

maura *L*. Commun : voûtes des ponts et dans les moulins.

Toxocampa *Guén*.

Craccæ *Fabr*. Bois. Nancy, Lunéville; Darney; Verdun.

lusoria *L*. Prairies. Verdun à la fontaine de Tavannes (*Liénard*).

Catephia *Ochs*.

alchymista *Geoffr*. Rare. Darney (*Le Paige*).

Anophia *Guén*.

leucomelas *L*. Peu commun. Nancy, Lunéville; Darney.

Catocala *Ochs*.

Fraxini *L*. Peu commun : bois et promenades. Nancy, Lunéville; Metz; Verdun.

nupta *L*. Très-commun : sur les troncs de Saules et de Peupliers.

promissa *Fabr*. Rare. Darney (*Le Paige*).

sponsa *L.* Rare. Darney (*Le Paige*).

paranympha *L.* Très-rare. Nancy (*de St-Florent*), Lunéville (*Lebrun*); Darney (*Le Paige*); Ligny en Barrois (*Liénard*).

conversa *Esp.* Lunéville (*Lebrun.*

Ophiodes *Guén.*

lunaris *Fabr.* Bois secs Nancy, Lunéville; Darney.

Pseudophia *Guén.*

illunaris *Hübn.* Très-rare. Darney (*Le Paige*); Verdun au bois de Tavannes (*Liénard*).

Euclidia *Ochs.*

mi *L.* Commun : dans les pâturages.

glyphica *L.* Commun : dans les prairies.

Phytometra *Haw.*

ænea *Wien.* Bords des bois. Nancy, Lunéville; Darney.

FAM. 8. — PHALÉNIDES.

Urapteryx *Leach.*

Sambucata *Gœd.* Jardins, haies. Lunéville; Metz; Darney; Verdun.

Epione *Dup.*

vespertaria *L.* Assez rare : haies, bois. Lunéville; Metz; Verdun.

apiciaria *Wien.* Rare : prés, bois. Metz à Fey en 1857 (*Holandre*); Verdun au bois de Tavannes et au mont St-Michel (*Liénard*); Bourbonne-les-Bains (*Lebrun*).

advenaria *Hübn.* Bois. Darney (*Le Paige*); Verdun (*Liénard*).

Rumia *Dup.*

Cratægata *Alb.* Commun : bois humides. Lunéville; Metz à Woippy; Darney; Verdun.

Venilia *Dup.*

maculata *Geoffr.* Commun : bois. Lunéville; Metz; Darney; Verdun.

Angerona *Dup.*

Prunaria *L.* Bois. Lunéville; Metz; Verdun. On trouve aussi la var. *Corylaria Thunb.*

Metrocampa *Latr.*

honoraria *Wien.* Rare : bois. Metz (*Holandre*); Darney (*Le Paige*); Verdun au bois de Billémont (*Liénard*).

margaritata *L.* Bois frais. Lunéville;

Metz; Darney; Verdun à Tavannes.

Ellopia *Treits.*

fasciaria *L.* Rare. Vosges(*Lebrun*).

Eurymene *Dup.*

dolabraria *L.* Rare : bois. Lunéville (*Lebrun*) ; Metz (*Holandre*) ; Darney (*Le Paige*).

Pericallia *Steph.*

Syringaria *Rœs.* Jardins, pâturages. Lunéville ; Darney ; Verdun.

Selenia *Hübn.*

illunaria *Alb.* Jardins, vergers. Darney ; Verdun.
lunaria *Alb.* Jardins, prés. Verdun (*Liénard*).
illustraria *Alb.* Jardins, parcs. Lunéville ; Darney ; Verdun.

Odontopera *Steph.*

bidentata *Alb.* Rare : lieux plantés de Saules. Metz (*Holandre*) ; Darney (*Le Paige*) ; Verdun (*Liénard*).

Crocallis *Treits.*

elingularia *Alb.* Assez commun : bois, jardins. Lunéville ; Metz ; Darney ; Verdun.

Ennomos *Triets.*

Alniaria *L.* Jardins, promenades, bois. Lunéville ; Darney ; Verdun.
Tiliaria *De Geer.* Bois. Darney ; Verdun.
erosaria *Wien.* Bois. Darney ; Verdun.
angularia *Geoffr.* Commun : bois.

Himera *Dup.*

pennaria *Alb.* Bois, parmi les feuilles mortes. Lunéville ; Metz ; Darney ; Verdun.

Phigalia *Dup.*

pilosaria *Alb.* Sur les troncs d'arbres. Lunéville ; Darney ; Verdun.

Nyssia *Dup.*

zonaria *Réaum.* Rare : prairies. Lunéville (*Lebrun*) ; Metz au Saulcy (*Lasaulce*) ; Verdun (*Liénard*).
pomonaria *Alb.* Assez rare : jardins. Darney (*Le Paige*) ; Verdun (*Liénard*).
hispidaria *Fabr.* Rare. Darney (*Le Paige*).

Biston *Leach.*

hirtaria *Alb.* Commun sur les troncs de Peupliers et des Ormes dans les promenades.

Amphidasys *Treits.*

prodromaria *Geoffr.* Assez rare : bois, sur les troncs d'arbres. Metz ; Darney ; Verdun.

Betularia *Alb.* Commun : sur les troncs d'arbres. Metz ; Darney ; Verdun.

Cleora *Curt.*

viduaria *Wien.* Rare. Darney (*Le Paige*) ; Verdun (*Liénard*).

glabraria *Hübn.* Rare. Hautes Vosges.

Lichenaria *Wilk.* Rare : bois. Darney (*Le Paige*) ; Verdun (*Liénard*).

Boarmia *Treits.*

secundaria *Wien.* Très-rare : sur les Pins. Lunéville (*Lebrun*); Verdun au bois de Tavannes (*Liénard*).

repandaria *L.* Bois. Lunéville ; Darney ; Verdun.

rhomboïdaria *Kléem.* Vergers, jardins, bois. Darney ; Verdun.

Abietaria *Wien.* Rare. Darney (*Le Paige*) ; Bourbonne-les-Bains (*Lebrun*).

cinctaria *De Geer* Assez commun. Darney ; Verdun au bois de Billémont.

Roboraria *Alb.* Rare. Bois, sur les troncs des Chênes. Lunéville (*Lebrun*) ; Metz au vallon de Montvaux (*Holandre*) ; Darney (*Le Paige*) ; Verdun (*Liénard*).

consortaria *Fabr.* Bois de Chênes. Darney ; Verdun.

Tephrosia *Boisd.*

consonaria *Hübn.* Rare. Darney (*Le Paige*).

crepuscularia *De Geer.* Très-commun.

extersaria *Hübn.* Bois et jardins. Darney ; Verdun.

punctulata *Wien.* Rare : bois. Darney (*Le Paige*) ; Verdun (*Liénard*).

Guophos *Treits.*

furvata *Kléem.* Rare. A été pris dans des fagots en tas par M. Liénard à Moulainville près de Verdun.

obscurata *Wien.* Coteaux secs. Darney ; Verdun.

Dasydia *Guén.*

operaria *Hübn.* Bois de Pins et de Sapins dans les Hautes Vosges.

Psodos *Treits.*

alpinata *Wien.* Sur les Chaumes des Hautes Vosges, Hohneck, Rotabac (*de Peyerimhoff*).

Eniophila *Boisd.*

cineraria *Wien.* Peu commun. Lunéville ; Verdun.

Boletobia *Boisd.*

fuliginaria *L.* Lieux humides et obscurs des habitations. Darney ; Verdun.

Pseudoterpna *Hübn.*

Cytisaria *Rœs.* Pelouses remplies de Genêts. Lunéville ; Metz ; Darney ; Verdun.

Geometra *L.*

Papilionaria *L.* Peu commun : bois humides et plantations d'Aunes et de Saules. Lunéville ; Metz ; Darney ; Verdun à Baleycourt.

Iodis *Hübn.*

vernaria *L.* Bois frais et jardins. Verdun.

putataria *L.* Bois couverts de *Vaccinium Myrtillus.* Darney (*Le Paige*) ; forêt d'Argonne (*Liénard*) ; et probablement dans les Vosges.

Phorodesma *Boisd.*

bajularia *Geoffr.* Assez rare : bois de Chênes. Darney ; Verdun.

Hemithea *Dup.*

Buplevraria *Frisch.* Bois et pâturages secs. Metz ; Darney ; Verdun.

Thymiaria *Alb.* Bois, haies, jardins. Lunéville ; Metz ; Verdun.

Ephyra *Dup.*

poraria *Alb.* Bois humides. Darney ; Verdun.

punctaria *Alb.* Commun : bois de Chênes.

trilinearia *Borkh.* Rare : forêts de Hêtres. Darney (*Le Paige*) ; Verdun (*Liénard*).

omicronaria *Réaum.* Bois et jardins. Lunéville ; Metz ; Verdun.

pendularia *L.* Commun dans les bois de Bouleaux et d'Aunes.

Hyria *Steph.*

auroraria *Wien.* Rare : bois humides. Metz (*Holandre*) ; Darney (*Le Paige*) ; Verdun (*Liénard*).

Asthena *Hübn.*

luteata *Wien.* Rare : bois ombragés. Darney (*Le Paige*) ; Verdun (*Liénard*).

candidata *Wien.* Dans les bois de Charmes et sur les charmilles des jardins. Darney ; Verdun.

sylvata *Boisd.* Rare. Darney *Le Paige*) ; Verdun (*Liénard*).

Eupisteria *Boisd.*

heparata *Wien.* Assez commun dans les bois humides et dans les prés sur les Aunes.

Venusia *Curt.*

cambricaria **Curt.** Rare : bois. Verdun et vallée de la Biesme (*Liénard*).

Acidalia *Treits.*

aureolaria *Geoffr.* Rare : coteaux secs et chauds. Metz (*Holandre*); Verdun (*Liénard*).

flaveolaria *Hübn.* Très-rare : bois. Metz (*Holandre*).

ochrata *Scop.* Commun : prairies et pelouses.

rufaria *Hübn.* Très-rare : prairies et pelouses chaudes. Verdun (*Liénard*).

sylvestraria *Dup.* Très-commun : prés et bois.

rubricata *Wien.* Pelouses des coteaux. Lunéville ; Darncy ; Verdun.

scutulata *Wien.* Assez rare : prairies humides. Metz (*Holandre*) ; Darncy (*Le Paige*) ; Verdun (*Liénard*).

bisetata *Borkh.* Bois. Verdun.

reversata *Treits.* Rare : bois, parcs, jardins. Lunéville (*Lebrun*) ; Darncy (*Le Paige*) ; Verdun (*Liénard*).

rusticata *Wien.* Rare : coteaux secs et chauds. Verdun (*Liénard*).

osseata *Wien.* Commun : clairières des bois.

incanaria *Hübn.* Commun : jardins, haies, habitations.

ornata *Scop.* Prés et clairières des bois. Nancy, Lunéville ; Metz ; Darney ; Verdun.

decorata *Wien.* Assez rare : bords des bois. Verdun ; Bourbonne-les-Bains.

promutata *Ræs.* Jardins, champs, lisière des bois. Verdun.

mutata *Treits.* Prés, bois. Verdun.

immutata *L.* Prairies marécageuses. Verdun.

remutata *Hübn.* Commun : bords et clairières des bois.

strigilata *Wien.* Clairières des bois. Darncy ; Verdun.

aversata *L.* Commun : bois.

suffusata *Treils.* Rare. Rotabac (*de Peyerimhoff*).

imitaria *Hübn.* Fossés et pâturages boisés. Verdun.

emarginata *L.* Bois secs. Darney.

Timandra *Dup.*

amataria *L.* Bois et prairies. Metz; Darney ; Verdun.

Pellonia *Dup.*

vibicaria *L.* Pelouses des coteaux secs. Darney ; Verdun.

Cabera *Treits.*

pusaria *Alb.* Pelouses au bord des bois. Lunéville ; Metz ; Darney ; Verdun.

exanthemaria *Alb.* Commun : bois.

Corycia *Dup.*

temerata *Wien.* Très-commun.
taminata *Wien.* Commun : bois.

Macaria *Curt.*

alternata *Hübn.* Rare. Darney (*Le Paige*).
notata *L.* Clairières des bois. Lunéville ; Metz ; Darney ; Verdun.
liturata *L.* Sur les troncs du *Pinus sylvestris.* Chaîne des Vosges (*Lebrun*) ; Darney (*Le Paige*) ; Verdun à Tavannes (*Liénard*).

Halia *Dup.*

wavaria *Goëd.* Très-commun : haies et jardins.

Tephrina *Guén.*

murinaria *Wien.* Commun dans les champs de Luzerne.
arenacearia *Wien.* Rare. Montagnes des Vosges (*Lebrun*).

Strenia *Dup.*

immorata *L.* Clairières des bois. Verdun.
clathrata *L.* Très-commun : champs de Luzerne et de Trèfle.

Numeria *Dup.*

pulveraria *Alb.* Bois humides. Nan-

cy, Lunéville ; Darney ; Verdun.
capreolaria *Wien.* Commun dans les bois de Sapins des Hautes Vosges.

Selidosema *Led.*

plumaria *Wien.* Très-rare : bois. Verdun (*Liénard*).

Fidonia *Treits.*

atomaria *Geoffr.* Très-commun : bois.
concordaria *Hübn.* Rare : lieux sablonneux où abonde le *Sarothamnus scoparius.* Bois de Varennes (*Liénard*).
Piniaria *L.* Commun sur les Conifères.
Pinetaria *Hübn.* Rare : forêts de Pins. Chaîne des Vosges (*Guéné*), Darney (*Le Paige*).
conspicuata *Réaum.* Bois sablonneux où abonde le *Sarothamnus scoparius.* Lunéville (*Lebrun*) ; Darney (*Le Paige*) ; Clermont et Varennes (*Liénard*) et probablement les Vosges.

Minoa *Treits.*

Euphorbiata *Wien.* Bois secs où croît l'*Euphorbia cyparissia.* Lunéville (*Lebrun*) ; Metz (*Holandre*) ; Darney (*Le Paige*).

Scoria *Steph.*

dealbata *L.* Rare : pelouses sèches,

prairies. Lunéville (*Lebrun*); Metz (*Holandre*).

Aspilates *Treits.*

strigillaria *Hübn.* Rare : bois, bruyères. Metz (*Holandre*) ; Darney (*Le Paige*) ; Verdun (*Liénard*).

gilvaria *Wien.* Lieux secs, pelouses. Lunéville ; Darney ; Verdun.

Abraxas *Leach.*

Grossulariata *Mouff.* Très-commun dans les lieux plantés de Groseillers. Nancy, Lunéville ; Metz ; Darney ; Verdun.

Ulmata *Scop.* Jardins. Verdun à Tavannes.

Ligdia *Guén.*

adustata *Wien.* Coteaux boisés où croissent les *Evonymus.* Lunéville ; Darney ; Verdun.

Lomaspilis *Hübn.*

marginata *L.* Bois, jardins. Lunéville ; Metz ; Verdun.

Pachycnemia *Steph.*

Hippocastanaria *Hübn.* Très-rare : coteaux secs et chauds. Darney (*Le Paige*).

Hybernia *Latr.*

rupicapraria *Wien.* Haies, bosquets. Darney ; Verdun.

bajaria *Hübn.* Rare : coteaux boisés. Verdun (*Liénard*).

leucophæaria *Wien.* Bois. Lunéville et chaîne des Vosges (*Lebrun*) ; Darney (*Le Paige*).

aurantiaria *Hübn.* Rare. Darney (*Le Paige*).

progemmaria *Alb.* Rare : haies, bois. Darney (*Le Paige*) ; Verdun (*Liénard*).

defoliaria *Goëd.* Bois et jardins. Nancy , Lunéville ; Metz ; Verdun.

Anisopteryx *Steph.*

Æscularia *Wien.* Bois, haies. Lunéville ; Metz ; Darney ; Verdun.

Aceraria *Wien.* Rare : bois. Darney (*Le Paige*) ; Verdun (*Liénard*).

Cheimatobia *Steph.*

brumata *L.* Très-commun : bois, haies, jardins.

Oporabia *Steph.*

dilutata *Alb.* Commun : bois, haies, promenades.

Larentia *Treits.*

parallelaria *De Geer.* Rare. Darney et chaîne des Vosges.

aptata *Hübn.* Peu commun : bois. Chaîne des Vosges ; Verdun.

miaria *Hübn.* Bois, jardins. Darney (*Le Paige*).

ablutaria *Boisd.* Rare. Darney (*Le Paige*).

olivata *Wien.* Rare. Darney (*Le Paige*).

didymata *L.* Forêts. Chaîne des Vosges.

cæsiata *Wien.* Forêts montagneuses. Hautes Vosges où il est commun (*de Peyérimhoff*).

tophaceata *Wien.* Bois montagneux. Hautes Vosges.

rupestrata *Hübn.* var. *vogesiaca Peyer.* Escarpements des Hautes Vosges, Hohneck.

Emmelesia *Steph.*

Alchemillata *L.* Rare : bois herbeux. Darney (*Le Paige*); Verdun (*Liénard*).

blandiata *Wien.* Pelouses au bord des bois. Lunéville; Darney; Verdun.

Eupithecia *Curt.*

Linariata *Wien.* Peu commun : jardins, habitations. Darney; Verdun.

Centaureata *Rœs.* Jardins, clairières des bois. Lunéville; Metz; Darney; Verdun.

succenturiata *L.* Rare : jardins et pelouses des coteaux. Darney (*Le Paige*); Verdun (*Liénard*).

impurata *Hübn.* Bois et jardins.

Darney; Verdun; Bourbonne-les-Bains. On trouve aussi à Verdun la var. *semigrapharia Bruand.*

pygmæata *Hübn.* Dans les hautes herbes et dans les marécages. Verdun au bois de Thierville.

castigata *Hübn.* Rare. Verdun au bois de Moulainville (*Liénard*).

Lariciata *Bruand.* Rare : bois. Verdun (*Liénard*).

innotata *Hübn.* Rare : jardins. Verdun à Moulainville et à Tavannes (*Liénard*).

Absynthiata *L.* Jardins, palissades. Verdun.

minutata *Hübn.* Rare. Darney (*Le Paige*).

exiguata *Hübn.* Rare. Darney (*Le Paige*).

sobrinata *Hübn.* Très-rare : sur le Lierre. Verdun (*Liénard*).

strobilata *De Geer.* Bois de Sapins. Chaîne des Vosges (*Lebrun*).

pumilata *Hübn.* Rare. Forêt d'Argonne (*Liénard*).

coronata *Hübn.* Rare. Verdun (*Liénard*).

rectangulata *L.* Commun : jardins, vergers.

Lienardata *Bruand.* Rare. Verdun à la Roche et à la citadelle.

Collix *Guén.*

sparsata *Hübn.* Rare : bois. Verdun (*Liénard*).

Lobophora *Curt.*

hexapterata *Kléem.* Peu commun :
bois. Lunéville (*Lebrun*) ; Darney (*Le Paige*) ; Verdun (*Liénard*).

viretata *Hübn.* Rare : bois. Verdun
(*Liénard*).

sertata *Hübn.* Rare. Hautes Vosges
au Schlucht (*de Peyerimhoff*).

lobulata *Hübn.* Dans les bois. Lu-
néville(*Lebrun*);Metz (*Holandre*);
Darney (*Le Paige*).

Ypsipetes *Steph.*

impluviata *Wien.* Prairies montagneuses. Darney (*Le Paige*) ;
Verdun (*Liénard*).

elutata *Alb.* Bois frais. Darney (*Le
Paige*) ; Verdun (*Liénard*).

Thera *Steph.*

Juniperata *L.* Bois où croît le Géné-
vrier. Darney.

variata *Wien.* Bois. Rare à Darney
(*Le Paige*) ; commun dans les
bois de Sapins de la chaîne des
Vosges.

Melanthia *Dup.*

rubiginata *De Geer.* Prés, jardins,
haies. Verdun à Billémont.

ocellata *L.* Bois et jardins. Darney ;
Verdun.

albicillata *L.* Bois humides. Metz ;
Darney ; Verdun à Billémont.

Melanippe *Dup.*

hastata *L.* Rare : bois taillis. Lunéville (*Lebrun*) ; Darney (*Le Paige*) ; Verdun (*Liénard*).

tristata *L.* Haies, bois. Lunéville ;
Darney et chaîne des Vosges ;
Verdun.

luctuata *Wien.* Très-rare. Darney
(*Le Paige*).

procellata *Wien.* Rare : bois humides. Metz (*Holandre*) ; Darney
(*Le Paige*) ; Verdun (*Liénard*).

rivata *Hübn.* Prés et bois humides.
Darney ; Verdun.

Molluginata *Hübn.* Darney et vallons les plus élevés des Vosges ;
Verdun.

montanata *Wien.* Rare : bois. Lunéville (*Lebrun*) ; Metz (*Holandre*) ; Darney (*Le Paige*).

Galiata *Wien.* Bois, buissons. Verdun.

fluctuata *Gœd.* Très-commun : bois
et jardins.

Anticlea *Steph.*

sinuata *Wien.* Rare : bois et jardins. Verdun (*Liénard*)

rubidata *Wien.* Collines chaudes,
jardins. Darney ; Verdun.

badiata *Wien.* Rare : haies, jardins. Darney (*Le Paige*) ; Verdun (*Liénard*).

derivata *Alb.* Bois, jardins. Lunéville ; Darney ; Verdun.

Berberata *Wien.* Bois, jardins. Darney ; Verdun.

Coremia *Guén.*

munitata *Hübn.* Rare. Darney (*Le Paige*); Verdun (*Liénard*).

propugnata *Wien.* Rare : bois, haies. Lunéville (*Lebrun*).

ferrugata *Alb.* Commun : haies, broussailles.

quadrifasciaria *L.* Rare. Darney (*Le Paige*).

Camptogramma *Steph.*

bilineata *L.* Jardins, bois. Nancy, Lunéville; Metz; Darney.

Phibalapteryx *Steph.*

tersata *Wien.* Jardins, haies. Darney; Verdun.

lignata *Hübn.* Rare : prairies. Verdun (*Liénard*).

aquata *Hübn.* Très-rare : lieux chauds et abrités. Verdun (*Liénard*).

Vitalbata *Wien.* Commun : jardins, vignes.

Scotosia *Steph.*

dubitata *L.* Jardins, bois humides, prairies. Lunéville; Metz; Darney.

vetulata *Wien.* Bois humides. Darney.

Rhamnata *Kléem.* Rare. Lunéville (*Lebrun*).

certata *Hübn.* Rare. Darney (*Le Paige*).

undulata *L.* Bois frais. Lunéville; Darney.

Cidaria *Treits.*

Psittacata *Geoffr.* Bois, prés. Lunéville; Darney; Verdun.

miata *L.* Rare : prairies, lieux frais. Metz (*Holandre*); Darney (*Le Paige*); Verdun (*Liénard*).

picata *Hübn.* Rare : forêts. Lunéville (*Lebrun*).

Corylata *Thunb.* Bois, avenues. Lunéville; Darney; Verdun.

russata *Wien.* Commun : bois. La var. *acutata* *Guén.* dans les Hautes Vosges.

suffumata *Wien.* Rare. Dans l'Argonne (*Liénard*).

silaceata *Boisd.* Rare. Darney et Hautes Vosges.

Prunata *L.* Très-commun : jardins, haies.

testata *L.* Très-rare : bois humides. Darney (*Le Paige*); Verdun au bois de St-Michel. (*Liénard*).

Populata *L.* Bois. Hautes Vosges.

fulvata *Forst.* Parcs et jardins. Nancy; Metz; Darney; Verdun.

pyraliata *Alb.* Rare : bois, haies. Darney; Verdun.

dotata *L.* Bois. Verdun.

Eubolia *Dup.*

mœniaria *Scop.* Bois montagneux. Lunéville; Metz; Darney et chaîne des Vosges; Verdun.

bipunctaria *Wien*. Clairières des bois. Chaîne des Vosges et Darney.

mensuraria *De Geer*. Très-commun : bois et jardins.

palumbaria *Wien*. Commun : coteaux boisés. Nancy, Lunéville ; Metz ; Darney ; Verdun.

lineolata *Wien*. Rare : bords des bois, pelouses sèches. Verdun (*Liénard*).

Anaïtis *Dup*.

plagiata *L*. Très-commun : bois secs des coteaux.

Chesias *Treits*.

Spartiata *Fuess*. Rare : bois remplis de *Sarothamnus scoparius*. Darney (*Le Paige*) ; Forêt d'Argonne (*Liénard*).

obliquaria *Wien*. Rare : bois et bruyères. Darney (*Le Paige*) ; Verdun à Moulainville (*Liénard*).

Tanagra *Dup*.

Chærophyllata *L*. Clairières des bois. Metz ; Hautes Vosges, Darney ; Verdun.

FAM. 9. — DELTOIDES.

Madopa *Steph*.

Salicalis *Wien*. Rare : dans les saussaies. Darney (*Le Paige*) ; Verdun (*Liénard*).

Hypena *Schreb*.

proboscidalis *L*. Très-commun : sur les plantes herbacées.

rostralis *L*. Très-commun : souvent dans l'intérieur des appartements.

crassalis *Fabr*. Très-rare : broussailles. Darney (*Le Paige*) ; Verdun (*Liénard*).

Hypenodes *Guén*.

albistrigalis *Haw*. Rare : bois secs.

Verdun à St-Michel et à Thiaumont (*Liénard*).

Rivula *Guén*.

sericealis *Wien*. Commun : prés.

Sophronia *Guén*.

emortualis *Wien*. Très-commun : bois et bosquets.

Herminia *Latr*.

derivalis *Hübn*. Bois. Darney (*Le Paige*).

barbalis *L*. Commun : bois.

griscalis *Wien*. Rare : bois montagneux. Darney (*Le Paige*) ; Verdun (*Liénard*).

tarsiplumalis *Hübn.* Très-commun:
bords des bois.
crinalis *Hübn.* Rare : bois. Verdun

(*Liénard*).
tenlacularis *L.* Clairières des bois.
Verdun (*Liénard*).

FAM. 10. — PYRALYDES.

Odontia *Dup.*

dentalis *Wien.* Rare : bois. Lunéville (*Lebrun*) ; Darney (*Le Paige*) ; Verdun (*Liénard*).

Pyralis *L.*

fimbrialis *Wien.* Très-rare : dans
les maisons. Verdun (*Liénard*).
farinalis *L.* Très-commun : dans
les maisons.
glaucinalis *L.* Très-rare : jardins
et maisons. Lunéville (*Lebrun*) ;
Darney (*Le Paige*) ; Verdun
(*Liénard*).

Aglossa *Latr.*

pinguinalis *L.* Commun : dans les
cuisines.
cuprealis *Hübn.* Commun : dans
les maisons.
gilvalis *Liénard.* Très-rare : dans
les maisons. Verdun.

Cledeobia *Steph.*

angustalis *Wien.* Coteaux secs, pelouses. Lunéville ; Verdun.

Threnodes *Dup.*

pollinaris *Wien.* Rare : dans les

hautes herbes. Lunéville (*Lebrun*) ; Verdun (*Liénard*).

Heliothela *Guén.*

atralis *Hübn.* Commun : dans les
herbes.

Pyrausta *Schreb.*

punicealis *Wien.* Bords des bois.
Darney (*Le Paige*) ; Verdun
(*Liénard*).
purpuralis *L.* Commun partout :
pelouses sèches.
ostrinalis *Hübn.* Bords des bois.
Verdun.

Herbula *Guén.*

cespitalis *Wien.* Très-commun :
bois et broussailles.

Ennychia *Treits.*

cingularis *L.* Commun : prés secs.
anguinalis *Geoffr.* Assez rare : pelouses sèches. Lunéville (*Lebrun*);
Darney (*Le Paige*).
fascialis *Hübn.* Très-rare : coteaux
arides. Verdun (*Liénard*).

octomacularis *L.* Commun : clairières des bois.

Agrotera *Schreb.*

nemoralis *Scop.* Commun : clairières des bois.

Endotricha *Zell.*

flammealis *Wien.* Commun : bords des bois, sur les fleurs.

Diasemia *Steph.*

litteralis *Scop.* Très-rare : pelouses et jardins. Lunéville (*Lebrun*) ; Darney (*Le Paige*) ; Verdun (*Liénard*).

Cataclysta *H. S.*

Lemnalis *L.* Très-commun : sur les plantes aquatiques.

Paraponyx *Steph.*

Stratiotalis *L.* Bords des marais. Verdun.

Hydrocampa *Latr.*

Nymphæalis *L.* Très-commun : bords des rivières et des étangs.
stagnalis *Don.* Bords des eaux. Lunéville aux mortes de Beaupré (*Lebrun*).

Botys *Latr.*

flavalis *Wien.* Prairies sèches des montagnes. Ste-Marie-aux-Mines (*Lebrun*).
trinalis *Wien.* Rare : sur les remparts de Verdun (*Liénard*).
hyalinalis *Hübn.* Rare : sur les Ronces en fleurs. Darney (*Le Paige*) ; Verdun (*Liénard*).
verticalis *Alb.* Très-commun : haies et Orties.
lancealis *Wien.* Rare. Darney (*Le Paige*).
fuscalis *Wien.* Très-commun : chemins des bois.
Urticalis *L.* Très-commun : haies, bosquets.

Ebulea *Guén.*

rubiginalis *Hübn.* Rare. Darney (*Le Paige*).
Verbascalis *Wien.* Assez commun : pâturages boisés.
Sambucalis *Alb.* Très-commun : jardins, haies.

Pionea *Guén.*

margaritalis *Fabr.* Rare : champs, et surtout ceux de Colza. Lunéville (*Lebrun*) ; Darney (*Le Paige*) ; Verdun (*Liénard*).
forficalis *L.* Commun.
politalis *Wien.* Rare. Lunéville (*Lebrun*) ; Darney (*Le Paige*).

Spilodes *Guén.*

palealis *Geoffr.* Assez commun :
prairies.
cinctalis *Treits.* Lieux secs. Lunéville (*Lebrun*).

Scopula *Schreb.*

olivalis *Wien.* Rare : jardins. Verdun (*Liénard*).
flutalis *Wien.* Rare : lieux humides. Verdun (*Liénard*).

prunalis *Wien.* Baies, broussailles.
Lunéville ; Verdun.
fulvalis *Hübn.* Prairies. Darney ;
Verdun.
ferrugalis *Hübn.* Lieux humides et
ombragés. Lunéville ; Verdun.
elutalis *Wien.* Rare. Darney (*Le
Paige*).

Stenopteryx *Guén.*

hybridalis *Hübn.* Très-commun :
prés secs.

FAM. 11. — CRAMBIDES.

Schœnobius *Dod.*

forficellus *Treits.* Rare : marécages. Darney (*Le Paige*) ; Verdun
à la Morte-Meuse (*Liénard*).

Chilo *Zinck.*

Phragmitellus *Treits.* Marais. Verdun au pré l'Evêque.

Crambus *Fabr.*

dumetellus *Treits.* Pelouses sur les
coteaux. Epinal, Darney ; Verdun.
pratellus *Treits.* Prairies et clairières des bois humides. Naucy ;
Epinal, Darney ; Verdun.
pascuellus *Treits.* Prairies et bois
humides. Epinal, Darney ; Verdun.

hortuellus *Treits.* Prairies sèches.
Lunéville ; Epinal ; Verdun.
culmellus *Treits.* Commun : pelouses des coteaux calcaires.
chrysonuchellus *Treits.* Commun
avec le précédent.
falsellus *Treits.* Coteaux arides.
Epinal, Darney ; Verdun.
pinetellus *Treits.* Rare : bords des
bois. Lunéville (*Lebrun*) ; Epinal
(*Berher*), Darney (*Le Paige*) ;
Verdun (*Liénard*).
myellus *Zell.* Coteaux. Epinal ,
Darney ; Verdun.
selasellus *Treits.* Rare : marais
et bois humides. Verdun (*Liénard*).
tristellus *Zell.* Clairières des bois,
pelouses des coteaux. Epinal,
Darney ; Verdun.
luteellus *Treits.* Pelouses sèches
des coteaux calcaires. Verdun.

14

perlellus *Treits.* Commun : prairies sèches.

inquinatellus *Treits.* Prés, bois, champs de Luzerne. Lunéville ; Verdun.

alpinellus *Treits.* Rare : coteaux arides. Verdun à Tavannes (*Liénard*).

bellus *Treits.* Très-rare. Darney (*Le Paige*).

Platytes *Guén.*

cerussellus *Treits.* Prairies. Verdun.

Ilythia *Latr.*

carnella *L.* Commun : prairies et champs de Luzerne.

pudorella *Hübn.* Très-rare : jardins. Verdun (*Liénard*).

Eudorea *Curt.*

pyralella *Hübn.* Bois. Verdun.

parella *Zell.* Coteaux secs. Verdun (*Liénard*).

Mercurella *L.* Très-commun : sur les troncs d'arbres et les herbes sèches.

delunella *Guén.* Rare : sur les troncs d'arbres. Verdun.

dubitella *Dod.* Peu commun. Lunéville ; Epinal Darney.

sudeticella *Dod.* Peu commun. Epinal (*Berher*).

Oncocera *Steph.*

ahenella *Wien.* Rare : pelouses chaudes des coteaux calcaires. Verdun (*Liénard*), avec la var. *bistrigella Dod.*

matricella *Zell.* Rare : pelouses. Glacis des fortifications de Verdun (*Liénard*).

Rhodopæa *Guén.*

tumidella *Zinck.* Très-rare : coteaux secs sur le *Prunus spinosa.* Epinal (*Berher*), Darney (*Le Paige*) ; Verdun (*Liénard*).

Pempelia *Zell.*

palumbella *Wien.* Rare : bruyères. Varennes (*Liénard*).

rubrotibiella *Mann.* Rare : pelouses des coteaux calcaires. Verdun (*Liénard*).

carbonariella *Fisch.-v.-R.* Collines chaudes et calcaires. Verdun (*Liénard*).

Phycis *Guén.*

Roborella *Wien.* Assez commun : bois. Epinal, Darney ; Verdun à Billémont et à Moulainville.

Abietella *Wien.* Rare. Verdun à Tavannes (*Liénard*).

ornatella *Wien.* Coteaux secs et chauds. Epinal, Darney ; Verdun.

convolutella *Hübn.* Jardins et habitations. Epinal, Darney ; Verdun.

dilutella *Treits*. Rare : coteaux arides. Verdun (*Liénard*).

luridella *Costa*. Rare : pelouses. Verdun (*Liénard*).

Plodia *Guén.*

interpunctella *Hübn*. Très-rare : maisons. Verdun (*Liénard*).

Ephestia *Guén.*

elutella *Fabr*. Jardins et habitations. Verdun.

Lotria *Guén.*

nebulella *Hübn*. Rare : pâturages boisés. Lunéville (*Lebrun*) ; Verdun (*Liénard*).

Melia *Curt.*

sociella *L*. Jardins. Epinal, Darney ; Verdun.

Galleria *Guén.*

cerella *Fabr*. Autour des ruchers. Lunéville ; Epinal, Darney ; Verdun. La chenille vit dans les ruches, où elle fait de grands ravages.

Myelophila *Treits.*

cribrella *Hübn*. Pelouses. Lunéville ; Epinal ; Verdun.

Aedia *Dod.*

Lithospermella *Hübn*. Rare : jardins. Epinal ; Verdun.

Echiella *Wien*. Assez commun : sur les troncs d'arbres. Epinal, Darney ; Verdun.

funerella *Fabr*. Rare. Epinal (*Berher*), Darney (*Le Paige*).

Psecadia *Zell.*

sexpunctella *Hübn*. Rare : coteaux calcaires. Verdun (*Liénard*).

Yponomeuta *Guén.*

plumbella *Wien*. Assez commun : coteaux arides. Epinal, Darney ; Verdun.

padella *L*. Bois, haies, jardins. Lunéville ; Metz ; Epinal, Darney ; Verdun.

cognatella *Treits*. Pâturages boisés. Epinal, Darney.

Evonymella *L*. Très-commun : bois, haies, jardins. Lunéville ; Metz ; Epinal, Darney ; Verdun.

rorella *Hübn*. Haies et Saules. Verdun (*Liénard*).

sedella *Treits*. Haies , buissons. Verdun (*Liénard*).

Pepilla *Guén.*

cœnobitella *Hübn*. Rare : sur les troncs d'arbres. Verdun (*Liénard*).

Nola *Leach.*

cucullatalis *L.* Pâturages, haies. Verdun à St-Michel.

cristulalis *Hübn.* Rare : clairières des bois. Darney (*Le Paige*).

strigularis *Hübn.* Clairières des bois. Verdun (*Liénard*).

FAM. 12. — PLATYOMIDES.

Halias *Treits.*

prasiana *L.* Assez commun : bois. Lunéville ; Epinal, Darney ; Verdun.

Quercana *Wien.* Assez commun : bois. Lunéville ; Epinal, Darney ; Verdun.

clorana *L.* Saussaies. Lunéville ; Epinal ; Verdun.

Sarrothripa *Curt.*

Rewayana *Wien.* Rare : bois. Lunéville (*Lebrun*) ; Darney (*Le Paige*) ; Verdun à Billémont (*Liénard*) La var. *ramosana* *Hübn.* a été prise à Darney.

Tortrix *Guén.*

Piceana *L.* Peu commun. Epinal, Darney.

Pyrastrana *Hübn.* Bois. Lunéville, Gerbévillers ; Epinal, Darney ; Verdun.

Xylosteana *L.* Rare : bois. Lunéville (*Lebrun*) : Epinal (*Berher*), Darney (*Le Paige*) ; Verdun (*Liénard*).

Cratægana *Hübn.* Vergers, jardins. Lunéville ; Epinal, Darney ; Verdun.

Sorbiana *Hübn.* Bois, vergers. Epinal, Darney ; Verdun.

lævigana *Wien.* Bois, baies. Lunéville ; Darney ; Verdun.

heparana *Wien.* Bois. Lunéville ; Epinal, Darney ; Verdun.

Ribeana *Hübn.* Jardins, bois. Lunéville . Epinal ; Verdun.

Corylana *Fabr.* Bois, vergers. Lunéville ; Epinal, Darney ; Verdun.

unifasciana *Dod.* Pâturages boisés. Verdun (*Liénard*).

gnomana *L.* Rare. Chaîne des Vosges.

icterana *Guén.* Rare. Lunéville (*Lebrun*).

viridana *L.* Très-commun : bois.

ministrana *L.* Bois. Lunéville ; Epinal, Darney ; Verdun.

Branderiana *L.* Très-rare : baies. Verdun à St-Michel et à St-Barthelémy (*Liénard*).

maurana *Hübn.* Rare. Verdun à Moulainville , à Tavannes et à Saint-Michel (*Liénard*).

Dichelia *Guén.*

diversana *Hübn.* Rare : bois. Verdun à Billémont (*Liénard*).

Œnophtira *Dod.*

pilleriana *Wien,* Vignes Darney
(*Le Paige*).

Leptogramma *Steph.*

literana *L.* Rare : bois. Epinal (*Berher*), Darney (*Le Paige*) ; Verdun (*Liénard*).
asperana *Wien.* Bois. Lunéville ;
Darney ; Verdun.
parisiana *Guén.* Bois de Chênes.
Verdun à Billémont (*Liénard*).
Boscana *Fabr.* Bois, vergers. Lunéville ; Darney ; Verdun. La var.
Cerasana Hübn. dans les mêmes
localités.
treveriana *Hübn.* Sur les Bouleaux.
Epinal, Darney ; Verdun.

Teras *Treits.*

favillaceana *Hübn.* Très-rare : bois,
sur le *Salix Capræa.* Epi
nal (*Berher*), Darney (*Le Paige*) ; Verdun (*Liénard*).
Abilgaardana *Fabr.* Jardins et vergers. Epinal, Darney ; Verdun.
nyctemerana *Hübn.* Jardins et
vergers. Verdun.
cristana *Wien.* Bois et haies. Epinal, Darney ; Verdun. La var.

sericana *Hübn.* à Darney (*Le
Paige*).
ephippana *Fabr.* Bois. Verdun à
Billémont.
scabrana *Wien.* Bords des bois.
Verdun.
sparsana *Wien.* Rare : sur les Saules. Epinal (*Berher*), Darney
(*Le Paige*). La var. *combustana
Hübn.* à Verdun (*Liénard*).
umbrana *Hübn.* Rare : bois taillis.
Verdun (*Liénard*).
Proteana *Guén.* Bois. Verdun à la
côte St-Michel (*Liénard*).
ferrugana *Wien.* Rare. Darney (*Le
Paige*).
Abietana *Hübn.* Rare : plantations
de Pins. Verdun (*Liénard*).
nebulana *Hübn.* Rare. Epinal (*Berher*), Darney (*Le Paige*).

Perouea *Steph.*

contaminana *Hübn.* Bois. Epinal,
Darney ; Verdun. La var. *rhom-
bana Dod.* est à Darney (*Le Paige*).
ciliana *Hübn.* Jardins et vergers.
Verdun (*Liénard*).
caudana *Fabr.* Bois, vergers. Epinal, Darney ; Verdun. La var.
emargana Fabr. à Darney (*Le
Paige*).

Dictyopterix *Steph.*

lœfflingiana *L.* Rare : bois taillis.
Verdun (*Liénard*). La var. *plum-*

bana Hübn. à Verdun et à Darney.

Holmiana *L.* Haies, buissons. Epinal, Darney ; Verdun.

Bergmanniana *L.* Jardins, haies, buissons. Lunéville; Epinal, Darney ; Verdun.

Forskæleana *L.* Jardins. Verdun (*Liénard*).

Argyrotoza *Steph.*

Conwayana *Fabr.* Haies, jardins. Darney (*Le Paige*); Verdun (*Liénard*).

Ptycholoma *Steph.*

Lecheana *L.* Bois taillis. Epinal, Darney ; Verdun.

Diluta *Steph.*

Hartmanniana *L.* Sur les troncs des Saules et des Peupliers. Epinal ; Verdun.

Penthina *Guén.*

variegana *Wien.* Commun : haies, vergers, bois.

Pruniana *Hübn.* Très-commun : haies, buissons.

Gentianana *Hübn.* Rare : jardins. Epinal ; Verdun.

sellana *Fröl.* Lieux incultes. Verdun (*Liénard*).

Antithesia *Steph.*

Salicana *L.* Prairies. Lunéville ; Epinal, Darney ; Verdun.

Capræana *Hübn.* Rare : haies, buissons. Verdun (*Liénard*).

Spilonota *Curt.*

ocellana *Wien.* Jardins, haies. Lunéville ; Epinal, Darney ; Verdun.

Aceriana *Fisch.-v.-R.* Rare : haies. Verdun à St-Michel et à St-Barthélemy (*Liénard*).

dealbana *Fröl.* Rare. Verdun (*Liénard*).

suffusana *Kuhl.* Rare : bois. Verdun (*Liénard*).

cynosbana *Fabr.* Jardins, haies. Lunéville ; Epinal, Darney; Verdun.

Pardia *Guén.*

tripunctana *Wien.* Rare. Verdun (*Liénard*).

Aspis *Treits.*

Udmanniana *L.* Bois et pâturages boisés. Lunéville ; Epinal, Darney ; Verdun.

Sideria *Guén.*

achatana *Wien.* Bois. Verdun (*Liénard*).

Sericoris *Treits.*

cespitana *Hübn.* Peu commun. Chaîne des Vosges.

conchana *Hübn.* Pâturages. Epinal, Darney ; Verdun.

lacunana *Wien.* Prairies. Epinal ; Verdun.

rurestrana *Dod.* Rare : buissons. Verdun (*Liénard*).

Urticana *Hübn.* Pâturages boisés. Lunéville ; Darney ; Verdun.

nigrodivitana *Bruand.* Verdun au bois de Billémont (*Liénard*).

fulgidana *Guén.* Rare. Darney (*Le Paige*).

Selenodes *Guén.*

textana *Fröl.* Rare. Bois de Baleycourt près de Verdun (*Liénard*).

Melodes *Guén.*

arcuana *Fabr.* Bois taillis. Epinal, Darney ; Verdun.

Orthotænia *Steph.*

striana *Wien.* Bois. Verdun (*Liénard*).

bifasciana *Haw.* Très-rare. Bois de Billémont près de Verdun (*Liénard*).

antiquana *Hübn.* Champs de Trèfle. Verdun (*Liénard*).

Eriopsela *Guén.*

Caricana *Guén.* Bois et bruyères.

Clermont en Argonne, Varennes (*Liénard*).

cuphana *Dod.* Bruyères. Clermont en Argonne, Varennes (*Liénard*).

quadrana *Hübn.* Rare : bois. Verdun (*Liénard*).

flexulana *Fröl.* Rare. Verdun (*Liénard*).

Cnephasia *Guén.*

sylvana *Treits.* Jardins, haies, bois. Verdun.

musculana *Hübn.* Bois. Verdun.

Sciaphila *Guén.*

nubilana *Hübn.* Haies. Verdun à St-Barthelemy.

subjectana *Guén.* Rare : pâturages boisés. Verdun à Moulainville (*Liénard*).

pasivana *Hübn.* Rare. Verdun à Moulainville (*Liénard*).

Wahlbomiana *L.* Bois: sur les troncs d'arbres. Darney (*Le Paige*).

hybridana *Hübn.* Rare : Verdun (*Liénard*).

inundana *Wien.* Rare. Darney (*Le Paige*).

stramentana *Guén.* Très-rare : bois. Verdun (*Liénard*).

cretaceana *Hübn.* Rare. Verdun à Billémont (*Liénard*).

Leptia *Guén.*

lanceolana *Hübn.* Rare : prairies

humides. Darney (*Le Paige*) ; Verdun (*Liénard*).

Phoxopterix *Guén.*

siculana *Hübn.* Clairières des bois. Darney ; Verdun au bois l'Evêque.
unguicana *Fabr.* Rare : bruyères. Luneville (*Lebrun*).
uncana *Hübn.* Clairières des bois. Darney ; Verdun. La var. *crenana Dod.* à Verdun (*Liénard*).
Myrtillana *Treits.* Rare : bruyères. Verdun à Billémont (*Liénard*).
Lundana *Fabr.* Bois taillis, prairies. Verdun à Morte-Meuse et à Billémont.
derosana *Hübn.* Très-rare : clairières des bois, bruyères. Varennes (*Liénard*).
Mitterbacheriana *Wien.* Peu commun : pelouses des coteaux, bords des bois. Darney (*Le Paige*) ; Verdun (*Liénard*).
ramana *Fröl.* Bords des bois. Verdun à Billémont.
comptana *Fröl.* Rare : clairières des bois. Verdun (*Liénard*).

Grapholitha *Guén.*

nisana *Scop.* Rare. Darney (*Le Paige*), avec les var. *petrana Hübn.* et *decorana Hübn.*
Penkleriana *Wien.* Broussailles, clairières des bois. Darney ; Verdun.

capitinivana *Bruand.* Très-rare. Verdun à Billémont (*Liénard*).
graphana *Treits.* Bois des coteaux. Verdun à Tavannes, Billémont et Moulainville.
campoliliana *Wien.* Rare : bois des coteaux. Darney (*Le Paige*) ; Verdun à Moulainville et à Billémont (*Liénard*).
implicana *Fisch.-v.-R.* Rare : sur les Noisetiers. Verdun à Billémont (*Liénard*).
Freyeriana *Guén.* Rare. Verdun (*Liénard*).
triquetrana *Hübn.* Haies. Darney ; Verdun.

Phlœodes *Guén.*

frutetana *Hübn.* Rare : sur les troncs de Bouleaux et de Chénes. Verdun à Billemont (*Liénard*).
immundana *Guén* Rare : coteaux boisés. Verdun (*Liénard*).

Pædisca *Guén.*

oppressana *Treits.* Rare : sur les troncs d'arbres. Verdun (*Liénard*).
corticana *Wien.* Bois, sur le tronc des Chênes. Epinal, Darney ; Verdun.
profundana *Wien.* Rare : bois, sur les troncs de Chênes. Darney (*Le Paige*) ; Verdun (*Liénard*). La var. *nubilana Dod.* à Verdun.

ophthalmicana *Hübn*. Rare : bois Darney (*Le Paige*).

Solandriana *L*. Rare : bois montagneux Verdun à Baleycourt (*Liénard*. La var. *parmatana Hübn*. à Darney (*Le Paige*); les var. *semimaculana Hübn.*, *sinuana Hübn.* et *sordidana Hübn*. à Verdun (*Liénard*).

virdunensiana *Bruand*. Pelouses. Verdun (*Liénard*).

Ephippiphora *Guén*.

scutulana *Wien*. Bois et pelouses des coteaux. Darney; Verdun à Tavannes.

Brunnichiana *L*. Haies, sur le *Prunus spinosa*. Verdun. La var. *simploniana Dod*. aussi à Verdun.

jœncaua *Treits*. Jardins, broussailles. Epinal, Darney; Verdun.

hepaticana *Treits*. Bois, sur les troncs de Chênes. Verdun à Moulainville et à Billémont.

Olindia *Guén*.

Ulmana *Hübn*. Rare : bois. Lunéville (*Lebrun*).

Semasia *Steph*

spiniana *Fisch.-v.-R*. Rare : haies, jardins. Verdun (*Liénard*).

Wœberiana *Wien*. Jardins. Verdun. Sa chenille creuse des galeries sous l'écorce des arbres fruitiers et leur nuit beaucoup.

Coccyx *Guén*.

nanana *Treits*. Rare : parcs, sur les Sapins. Verdun (*Liénard*).

rotundana *Fisch-v-R*. Rare. Verdun au bois de Baleycourt (*Liénard*).

Salicetana *Pritw*. Rare : sur l'Epicéa. Verdun (*Liénard*).

argyrana *Hübn*. Bois, sur les troncs de Chênes. Verdun.

comitana *Wien*. Rare : parcs, sur les Sapins. Darney (*Le Paige*).

Diana *Hübn*. Rare. Darney (*Le Paige*).

Retinia *Guén*.

Buoliana *Wien*. Peu commun : parcs, sur le *Pinus sylvestris*. Epinal (*Berher*), Darney (*Le Paige*); Verdun à St-Michel, Bras et Herbeuville (*Liénard*).

resinana *Fabr*. Rare : plantations de Sapins. Epinal (*Berher*), Darney (*Le Paige*); Verdun (*Liénard*).

Carpocapsa *Treits*.

splendana *Hübn*. Peu commun : bois et buissons. Darney (*Le Paige*); Verdun à Billémont (*Liénard*).

grossana *Guén*. Rare : coteaux. Verdun (*Liénard*).

Pomonana *Wien*. Maisons, jardins, vergers. Lunéville ; Darney ; Verdun.

janthinana *Dod*. Rare. Verdun au sommet de la côte de Belleville (*Liénard*).

Opadia *Guén*.

funebrana *Treits*. Haies, broussailles. Verdun à Billémont et à Moulainville.

Endopisa *Guén*.

nebritana *Treits*. Rare : bois, pelouses sèches. Darney (*Le Paige*) ; Verdun (*Liénard*).

Stigmonota *Guén*.

lunulana *Wien*. Bois taillis, broussailles. Darney ; Verdun.

dorsana *Hübn*. Pelouses et bois des coteaux. Verdun.

Schrankiana *Fröl*. Bois taillis, sur les troncs d'arbres. Verdun.

composana *Fabr*. Clairières des bois, champs de Carottes et de Trèfle. Darney ; Verdun.

trauniana *Wien*. Rare : bois. Darney (*Le Paige*).

immaculana *Guén*. Rare : bois. Verdun (*Liénard*).

Germarana *Hübn*. Haies, bois. Lunéville ; Darney ; Verdun.

Dichrorampha *Guén*.

politana *Wien*. Rare : bois. Verdun, dans les haies de Glorieux (*Liénard*).

Petitverana *Treits*. Rare : pâturages boisés. Verdun (*Liénard*).

Ulicana *Guén*. Rare : buissons, clairières des bois. Verdun à Billémont (*Liénard*).

plumbagana *Treits*. Pâturages boisés. Verdun.

caliginosana *Treits*. Haies, bois. Verdun.

Gruneriana *Mann*. Rare. Verdun dans les haies de Glorieux (*Liénard*).

Pyrodes *Guén*.

Rhediana *Treits*. Pelouses sèches, sur les fleurs. Darney ; Verdun.

Catoptria *Guén*.

albersana *Hübn*. Rare. Verdun à Tavannes (*Liénard*).

Aspidiscana *Hübn*. Pâturages boisés, bruyères. Darney ; Verdun. La var. *Zachana Hübn*. à Verdun (*Liénard*).

succedana *Treits*. Haies et bords des bois. Verdun.

modestana *Fisch.-v.-R.* Bois. Verdun à St-Michel.

Hypericana *Hübn*. Pâturages boisés. Darney ; Verdun.

Hohenwartiana *Wien*. Pâturages boisés. Darney ; Verdun.

cæcimaculana *Hübn*. Prairies et pelouses. Verdun.

citrana *Hübn*. Rare. Lunéville (*Lebrun*); glacis des fortifications de Verdun (*Liénard*).

gemmiferana *Treits*. Rare : pelouses. Verdun à Billémont (*Liénard*).

Trycheris *Guén*.

mediana *Wien*. Rare : bois. Darney (*Le Paige*).

Lobesia *Bruand*.

reliquana *Hübn*. Commun : bois.

simplana *Fisch.-v.-R*. Rare : bois. Verdun à Billémont (*Liénard*).

dubitana *Hübn*. Pelouses sèches. Verdun.

baseirufana *Bruand*. Rare : pâturages boisés. Verdun dans les fortifications (*Liénard*).

hybridellana *Guén*. Rare : haies. Verdun à Billémont (*Liénard*).

omphiaciana *Faur. et Sion*. Rare : vignes et treilles. Verdun (*Liénard*).

angustana *Hübn*. Rare. Darney (*Le Paige*) ; Verdun à la côte St-Michel (*Liénard*).

humidana *Guén*. Rare. Verdun (*Liénard*).

sudana *Dod*. Bords des bois montagneux. Verdun.

agathinana *Bruand*. Verdun (*Liénard*).

Cochylis *Bruand*.

Dipsaceana *Fisch.-v.-R*. Rare : coteaux. Verdun à Billémont et au pré la Bergère (*Liénard*).

rubellana *Hübn*. Rare : coteaux. Verdun (*Liénard*).

flagellana *Dod*. Peu commun. Glacis des fortifications de Verdun.

Smeathmanniana *Treits*. Rare. Darney (*Le Paige*) ; glacis des fortifications de Verdun (*Liénard*).

Tischerana *Treits*. Peu commun. Verdun.

jucundana *Dod*. Pelouses et prairies. Verdun à Morte-Meuse.

Lienardana *Bruand*. Coteaux calcaires. Verdun, au sud de la grande tranchée du bois Lagail.

Manniana *Treits*. Pâturages et haies. Verdun à Morte-Meuse.

epiliana *Zell*. Rare : pelouses sèches. Verdun (*Liénard*).

Argyrolepia *Steph*.

Margarotana *Lefebv*. Très-rare : sur les Orties. Verdun (*Liénard*).

virginana *Guén*. Pelouses sèches des coteaux. Verdun à St-Michel.

tesserana *Wien*. Rare : pelouses des coteaux. Darney (*Le Paige*); Verdun (*Liénard*).

rubigana *Treits*. Rare. Verdun à Billémont (*Liénard*).

Baumanniana *Wien*. Assez commun : prairies. Darney ; Verdun.

Xanthosetia *Steph*.

hamana *L*. Commun : champs de

Trèfle et de Luzerne.

Zœgana *L.* Champs de Trèfle et de Luzerne. Darney ; Verdun.

Xylopoda *Latr.*

Fabriciana *L.* Commun : sur les Orties. Nancy, Pont-à-Mousson, Lunéville ; Metz, Hayange ; Epinal, Darney ; Mirecourt ; Verdun.

pariana *L.* Rare : sur les Orties et l'*Aster sinensis.* Lunéville (*Lebrun*) ; Verdun (*Liénard*).

FAM. 13. — TINÉIDES.

Diurnea *Kirby.*

Fagella *Fabr.* Très-commun : bois, sur les Hêtres.

Lemmatophila *Treits.*

Phryganella *Schreb.* Prairies bordées de Saules et bois. Lunéville ; Darney ; Verdun.

gelatella *L.* Rare : bois. Darney (*Le Paige*).

Cheimonophila *Dup.*

hyemella *Hübn.* Haies, bois. Verdun.

Epigraphia *Steph.*

Steinkellnerella *Wien.* Bois, haies, vergers. Darney ; Verdun.

flavifrontella *Fabr.* Rare : bois. Verdun à Billémont (*Liénard*).

Euplocamus *Latr.*

fueslinellus *Sulz.* Rare. Darney (*Le Paige*).

mediellus *Curt.* Forêts humides. Darney (*Le Paige*).

parasitellus *Dup.* Rare : bois. Darney (*Le Paige*).

Psyche *Schranck.*

graminella *Wien.* Peu commun. Verdun.

albivitrella *Bruand.* Coteaux arides. Verdun.

plumistrella *Hübn.* Rare. Verdun à Billémont (*Liénard*).

pulella *Bruand.* Rare : prairies. Verdun à la Porte-Neuve (*Liénard*).

tarnierella *Bruand.* Bois de Bouleaux. Verdun à Belleville.

intermediella *Guén.* Peu commun. Verdun à Moulainville et à Tavannes.

triquetrella *Hübn.* Peu commun. Verdun.

politella *Ochs.* Peu commun. Verdun à Billémont et à Moulainville.

calvella *Ochs.* Rare : bois. Verdun (*Liénard*).

claustricolella *Bruand*. Rare. Verdun (*Liénard*).

Psychoïdes *Bruand*.

verhuella *Heyd*. Peu commun. Verdun.

Tinea *L*.

Heroldella *Hübn*. Parcs plantés de Bouleaux. Verdun.

Cratægella *L*. Commun : haies et broussailles. Darney ; Verdun.

Cerasiella *Hübn*. Rare. Darney (*Le Paige*).

Clematella *Fabr*. Peu commun. Darney (*Le Paige*).

granella *L*. Commun : greniers, maisons. La chenille vit dans les tas de blé et d'orge où elle fait de grands ravages.

ferruginella *Hübn*. Jardins et maisons. Darney ; Verdun.

misella *Zell*. Rare. Verdun (*Liénard*).

spretella *Curt*. Jardins et maisons. Verdun.

lævigella *Wien*. Commun : jardins et maisons.

biseliella *Humm*. Commun : maisons. La chenille dévore le crin des meubles.

pellionella *L*. Commun : maisons. La chenille dévore les fourrures.

trapezella *L*. Commun : maisons. La chenille ronge les étoffes de laine.

choragella *Guén*. Rare : sur les vieux Saules. Verdun (*Liénard*).

Phygas *Treits*.

Vacculella *Heyd*. Rare : maisons de campagnes. Darney (*Le Paige*).

Incurvaria *Steph*.

flavimitrella *Hübn*. Haies et buissons de *Cratægus Oxyacantha*. Darney ; Verdun.

prælatella *Wien*. Rare : haies. Verdun à la fontaine de Tavannes (*Liénard*).

masculella *Wien*. Haies, buissons, bords des bois. Verdun.

OEhlmaniella *Hübn*. Haies, buissons. Darney ; Verdun.

similella *Hübn*. Rare. Darney (*Le Paige*).

Zinckeniella *Zell*. Rare : bois. Verdun (*Liénard*).

Adela *Latr*.

Swammerdammella *L*. Commun : bois.

Schwartziella *L*. Bois. Verdun à Billémont.

pilulella *Hübn*. Rare. Darney (*Le Paige*).

Reaumurella *L*. Bois, où il vole en troupe. Darney ; Verdun.

Degeerella *L*. Bois, buissons. Darney ; Verdun.

Sultzella *L*. Taillis, buissons. Verdun.

Scabiosella *Treits*. Prairies. Verdun.

fibulella *Wien*. Bois et prés. Verdun.

Frischella *L*. Coteaux boisés. Verdun.

Panzerella *Hübn*. Bois. Verdun à Billémont.

Micropteryx *Zell*.

aruncella *Scop*. Rare : clairières des bois. Darney (*Le Paige*) ; Verdun à Moulainville (*Liénard*).

asmutella *Zell*. Coteaux boisés. Verdun (*Liénard*).

Sparmannella *Hübn*. Bois. Verdun à Billémont.

Calthella *L*. Sur les fleurs. Darney; Verdun.

Anderschella *Hübn*. Bords des bois, prés. Verdun à Moulainville.

rufifrontella *Treits*. Rare : prairies. Verdun (*Liénard*).

fastuosella *Zell*. Peu commun. Verdun à Billémont et à Moulainville.

Ypsolopha *Bruand*.

antennella *Wien*. Rare. Darney (*Le Paige*).

persicella *Wien*. Vignes, coteaux. Darney.

asperella *L*. Très-rare. Darney (*Le Paige*).

scabrella *Wien*. Rare. Darney (*Le Paige*).

horridella *Kuhlv*. Coteaux. Darney.

sylvella *L*. Bois, sur les Chênes. Darney ; Verdun.

costella *Fabr*. Sur les Hêtres. Darney ; Verdun

pusiella *L*. Commun : sur les troncs d'arbres.

fissella *Hübn*. Bois. Darney; Verdun.

fulvella *Treits*. Rare ; bois. Verdun (*Liénard*).

vittella *L*. Vieux murs. Verdun.

Xylostella *L*. Commun : jardins, bois.

ustutella *Fabr*. Clairières des bois. Darney; Verdun.

fasciella *Hübn*. Rare : bords des bois. Darney (*Le Paige*); Verdun (*Liénard*).

Verbascella *Wien*. Coteaux secs. Verdun.

Palpula *Treits*.

aristella *L*. Dans les Luzernes. Verdun.

bicostella *L*. Pâturages boisés. Darney (*Le Paige*).

semicostella *Hübn*. Pâturages boisés. Darney (*Le Paige*).

Parasia *Dup*.

nevropterella *Fisch.-v.-R.* Pâturages boisés. Verdun.

Harpipteryx *Treits.*

cultrella *Hübn.* Bois et parcs. Darney ; Verdun.
nemorella *L.* Peu commun. Darney ; Verdun.
harpella *Wien.* Bois et jardins. Darney ; Verdun.

Hypercallia *Steph.*

Christiernella *L.* Très-rare : clairières des bois. Verdun à Belleraye (*Liénard*).

Phibalocera *Steph.*

Faganella *Treits.* Très-commun : bois.

Lampros *Treits.*

proboscidella *Sulz.* Rare : bois. Darney (*Le Paige*); Verdun (*Liénard*).
bractella *L.* Bois. Darney (*Le Paige*).

Fugia *Dup.*

lobella *Wien.* Bois et jardins. Verdun.

Dasycera *Steph.*

oliviella *Fabr.* Coteaux rocailleux, sur les murs et les palissades. Darney ; Verdun.

Cephalispheira *Bruand.*

sordidella *Hübn.* Bords des bois. Verdun.

Depressaria *Curt.*

Hypericella *Hübn.* Rare. Darney (*Le Paige*).
albipunctella *Hübn.* Haies et jardins. Verdun.
Pastinacella *Fisch.-v.-R.* Peu commun. Darney ; Verdun à la côte St-Michel.
arenella *Wien.* Haies, fossés, maisons. Darney ; Verdun.
characterella *Wien.* Jardins, bois. Darney ; Verdun.
applanella *Fabr.* Peu commun. Darney (*Le Paige*); Verdun (*Liénard*).
Heracliella *Dup.* Rare. Darney (*Le Paige*).
Alstrœmerella *L.* Rare : lieux où abonde le *Sambucus Ebulus.* Verdun (*Liénard*).
Vacciniella *Hübn.* Bois, jardins. Verdun.
Chœrophilella *Zell.* Rare. Environs de Verdun (*Liénard*).
Daucella *Wien.* Dans les maisons où elle hiverne. Verdun.
dilucella *Koll.* Rare. Verdun (*Liénard*).
glareosella *Zell.* Jardins. Verdun.
liturella *Wien.* Bords des fossés. Darney ; Verdun.

Anacampis *Curt.*

dinstinctella *Zell.* Prairies sylvatiques. Verdun.

Populella *L.* Sur les jeunes Trembles. Darney ; Verdun.

terrella *Wien.* Prairies. Darney ; Verdun.

velocella *Tisch.* Clairières des bois. Verdun.

triparella *Metz.* Rare. Verdun au bord du bois de Belleville (*Liénard*).

gallinella *Treits.* Rare : bruyères. Forêt d'Argonne (*Liénard*).

unicolorella *Zell.* Rare. Verdun (*Liénard*).

rhombella *Wien*. Rare. Darney (*Le Paige*).

Butalis *Treits.*

cuspidella *Fabr.* Clairières des bois. Verdun.

noricella *Fisch.-v.-R.* Rare. Darney (*Le Paige*).

fallacella *Zell.* Rare. Verdun à Moulainville (*Liénard*).

Acompsia *Hübn.*

cinerella *L.* Bords des bois. Darney : Verdun.

proximella *Hübn.* Bois. Darney ; Verdun à Billémont.

luculella *Hübn.* Sur le troncs des vieux arbres. Darney; Verdun.

peliella *Tisch.* Sur le tronc des arbres. Verdun.

Coronilella *Tisch.* Clairières des bois. Darney ; Verdun

electella *Zell.* Rare. Verdun à Billémont (*Liénard*).

Guenea *Bruand.*

pinguinella *Treits.* Sur le tronc des Peupliers. Verdun.

lactcella *Wien.* Commun : bosquets, maisons.

Roslertammia *Zell.*

assectella *Zell.* Jardins, coteaux. Verdun.

Scopolella *Hübn.* Coteaux boisés. Darney ; Verdun.

Chenopodiella *Hübn.* Coteaux boisés, jardins. Darney ; Verdun.

fumigatella *Zell.* Bois. Verdun.

aurocapitella *Bruand.* Haies, bois. Verdun.

Cosmopteryx *Hübn.*

dissonella *Fisch.-v.-R.* Peu commun. Verdun à Moulainville et à Billémont.

Pinicolella *Zell.* Plantations de *Pinus sylvestris.* Verdun.

turdipenella *Koll.* Rare. Darney (*Le Paige*)

pedella *L.* Sur les Carduacées. Verdun.

Chrysia *Bruand.*

Leuwenhœckella *Wien.* Bois taillis,

sur les Noisetiers. Verdun à Moulainville.

Œcophora *Latr.*

Rœsella *L.* Jardins, Verdun.

Lita *Treits.*

vorticella *Dup.* Bords des bois. Darney ; Verdun.

pedisequella *Hübn.* Rare : autour des habitations champêtres. Verdun (*Liénard*).

flavillaticella *Zell.* Dans les greniers. Verdun.

leucatella *L.* Bois. Darney ; Verdun.

Ericinella *Zell.* Rare. Darney (*Le Paige*),

aleella *Fabr.* Sur les troncs d'arbres. Darney ; Verdun.

scriptella *Hübn.* Sur les troncs de Chênes. Verdun à Moulainville.

nigrofasciella *Bruand.* Rare : haies, bois. Verdun (*Liénard*).

Senecionella *Mann.* Rare : haies. Verdun à Billémont (*Liénard*).

Anthyllidella *Hübn.* Peu commun. Verdun à Moulainville et à Billémont.

leucomelanella *Zell.* marécages. Verdun.

marmoripennella *Bruand.* Sur les troncs de Bouleaux. Verdun.

quadrella *Fabr.* Jardins. Verdun.

Cygnipenella *Hübn.* Lieux plantés de Saules. Verdun.

minutella *L.* Jardins. Verdun.

augustella *Hübn.* Sur les rochers et les vieux murs. Verdun.

permutatella *Fisch.-v.-R.* Bois. Verdun.

costiguttela *Bruand.* Rare. Verdun (*Liénard*).

Crassa *Bruand.*

tinctella *Hübn.* Sur les troncs d'arbres. Verdun.

Alucita *Latr.*

porrectella *L.* Jardins. Darney ; Verdun.

Glyphipterix *Hübn.*

Bergstræsella *Fabr.* Rare : bois. Darney (*Le Paige*).

Æchmia *Treits.*

equitella *Scop.* Haies, bois. Verdun à Morte-Meuse, Billémont et Moulainville.

trasouelia *Scop.* Prairies humides. Verdun.

Tinagma *Dup.*

metallicella *Zell.* Sur le tronc des Bouleaux et des Saules.

perdicella *Tisch.* Rare : jardins. Verdun (*Liénard*).

saltatricella *Fisch.-v.-R.* Rare. Verdun (*Liénard*).

Tischera *Zell.*

complanella *Hübn.* Verdun aux fontaines de Moulainville.

comptella *Hübn.* Bords des bois. Verdun à Billémont.

spiniella *Fisch.-v.-R.* Bois, haies, buissons. Verdun à Billémont.

Argyresthia *Hübn.*

pygmæella *Wien.* Bois, sur le *Salix Caprœa.* Verdun à Billémont.

osseella *Steph.* Rare. Verdun à Moulainville (*Liénard*).

Anderreggella *Fisch.-v.-R.* Coteaux. Verdun à la côte St-Michel, à Tavannes et à Moulainville.

albistriella *Guén.* Rare. Verdun au bois de Moulainville.

tetrapodella *L.* Bois et broussailles. Verdun à St-Michel et à Tavannes.

Gœdartella *L.* Bois. Darney ; Verdun.

Pruniella *L.* Sur les arbres fruitiers. Darney ; Verdun.

fundella *Tisch.* Bois taillis. Verdun.

Brockeella *Hübn.* Bois de Bouleaux. Darney ; Verdun.

ferreonitidella *Bruand.* M. Liénard a pris un seul individu de cette nouvelle espèce à Billémont près de Verdun.

Hirsuta *Bruand.*

turbidella *Bruand.* Rare : bois. Verdun (*Liénard*).

Ornix *Treits.*

gutliferella *Zell.* Vergers, jardins. Darney ; Verdun.

Meleagripennella *Hübn.* Bois. Verdun à Moulainville et à Billémont.

Elachista *Treits.*

furvicomella *Fisch.-v.-R.* Jardins et bosquets. Verdun.

rudectella *Fisch.-v.-R.* Rare. Verdun au bois de Billémont (*Liénard*).

incauella *Fisch.-v.-R.* Bois. Verdun.

dispunctella *Fisch.-v.-R.* Bois taillis. Verdun.

Anserinella *Fisch.-.v.-R.* Bois. Verdun à Tavannes.

lithargyrella *Koll.* Bois, sur les Hêtres. Verdun à Billémont et à Moulainville.

argyropezella *Zell.* Rare. Verdun. (*Liénard*).

Stadmullerella *Hübn.* Jardins et bois. Verdun.

Opostega *Zell.*

tenella *Zell.* Rare. Darney (*Le Paige*) ; Verdun (*Liénard*).

Salignatella *Zell.* Bois. Verdun.

Rhamnifoliella *Tisch.* Pâturages boi

sés. Verdun ou bois de l'Hôpital et à Tavannes.

Hippocastanella *Fisch.-v.-R.* Très-rare.

Verdun à Billémont (*Liénard*).

scitella *Metzn.* Très-commun : jardins.

Salignatella *Bruand.* Rare : bois. Verdun (*Liénard*).

Tremulella *Fisch.-v.-R.* Rare. Verdun à Billémont (*Liénard*).

Spartifoliella *Hübn.* Jardins. Verdun.

torquillæpennella *Heyd.* Rare : sur les Chênes. Verdun à Billémont (*Liénard*).

Lithocolletis *Hübn.*

gratiosella *Fisch.-v.-R.* Bois taillis. Verdun.

cramerella *Fisch.-v.-R.* Bois, sur les Chênes et les Hêtres. Verdun à Billémont et Moulainville.

Quercifoliella *Fisch.-v.-R.* Rare : bois. Verdun (*Liénard*).

comparella *Fisch.-v.-R.* Bois et promenades. Verdun.

Blancardella *Treits.* Rare : sur les Chênes. Verdun à Billémont (*Liénard*)

Roborifoliella *Zell.* Bois, sur les Chênes. Verdun.

Cydoniella *Hübn.* Rare. Verdun à Billémont (*Liénard*).

iteophagella *Koll.* Bois. Verdun.

Alnifoliella *Hübn.* Bords des ruisseaux. Verdun.

Emberizæpennella *Bouché.* Rare. Darney (*Le Paige*).

Gracillaroïdes *Bruand.*

Clerkella *L.* Bois taillis. Verdun.

Gracillaria *Haw.*

citrinella *Fisch.-v.-R.* Rare : sur les Platanes et les Lilas. Darney (*Le Paige*).

Franckella *Hübn.* Bords des bois. Darney ; Verdun.

stigmatella *Fabr.* Haies, buissons. Verdun à Billémont.

lacertella *Fisch.-v.-R.* Bois, sur les Hêtres. Verdun à Billémont.

elongella *L.* Bords des prés. Darney ; Verdun.

Syringella *Zell.* Rare. Darney (*Le Paige*).

tringipennella *Mann.* Rare. Verdun à Moulainville (*Liénard*).

Coleophora *Hübn.*

Alcyonipennella *Koll.* Prairies, sur les fleurs. Verdun.

Laricella *Hübn.* Parcs et promenades, sur les Mélèzes. Verdun.

lacunæcolella *Fisch.-v.-R.* Lieux marécageux. Verdun.

Vibicinella *Hübn.* Rare : pâturages boisés. Darney (*Le Paige*).

Vibicigerella *Zell* Rare. Darney (*Le Paige*).

Tiliella *Schreb.* Rare. Verdun à Moulainville (*Liénard*).

Coracipennella *Hübn.* Vergers. Darney ; Verdun.

lividella *Mann.* Coteaux. Verdun.

ornatipennella *Hübn.* Rare. Darney (*Le Paige*); Verdun (*Liénard*).

palliatella *Zinck.* Bois et vergers. Verdun.

Onosmella *Zell.* Rare. Darney (*Le Paige*).

lutifrontella *Bruand.* Jardins. Verdun.

niveicostella *Fisch.-v.-R.* Bords des bois, pelouses. Verdun à Billémont.

murinipennella *Fisch.-v.-R.* Bords des bois. Verdun à Billémont.

festaliella *Hübn.* Clairières des bois. Verdun à Tavannes.

Ballotella *Fisch.-v.-R.* Peu commun. Verdun.

trilineella *Fisch.-v.-R.* Bruyères. Verdun à Tavannes.

Pterophorus *Geoffr.*

ptilodactylus *Hübn.* Commun.

pterodactylus *L.* Assez commun. Darney ; Verdun.

mictodactylus *Wien.* Rare. Darney (*Le Paige*); Verdun (*Liénard*).

tetradactylus *L.* Broussailles. Verdun.

spoliodactylus *Hübn.* Rare : coteaux. Verdun (*Liénard*).

pentadactylus *L.* Haies. Darney ; Verdun.

Zetterstedtii *Zell.* Prairies sèches, pelouses des coteaux. Verdun à St-Michel.

acanthodactylus *Hübn.* Sur les herbes des bois. Verdun.

trichodactylus *Zell.* Sur les Orties et les herbes des coteaux. Darney ; Verdun.

fuscolimbatus *Dup.* Rare : bois. Darney (*Le Paige*).

galactodactylus *Zell.* Bois humides. Verdun.

osteodactylus *Zell.* Pelouses et bords des bois. Verdun.

oreodactylus *Mann.* Pelouses sèches. Verdun.

phæodactylus *Hübn.* Coteaux boisés, sur l'*Astragalus glycyphyllos*. Verdun à Billémont.

Orneodes *Latr.*

hexadactylus *L.* Très-commun : maisons, jardins, vieilles murailles.

polydactylus *Hübn.* Assez rare : intérieur des maisons. Darney (*Le Paige*).

Ordre 6. — Hémiptères.

FAM. 1. — GÉOCORISES.

Eurigaster *Lap*.

hottentotus *Fabr*. Commun à Nancy (*Mathieu*). La var. *nigra* (*Tetyra nigra Fabr.*) à Nancy, à Metz, à Epinal.
maurus *L*. Nancy; Metz; Epinal.

Graphosoma *Lap*.

lineatum *L*. Collines calcaires et chaudes sur les Ombellifères et spécialement sur les *Siler trilobum* et *Laserpitium latifolium*. Nancy (*Mathieu*); Metz (*Bellevoie*).

Podops *Lap*.

inunctus *Fabr*. Nancy; Metz.

Coptosoma *Lap*.

globus *Fabr*. Nancy; Metz.

Corcomelas *Whit*.

Scarabæoïdes *L*. Sur les Renoncules. Dieuze (*Leprieur et Moye*); Metz (*Bellevoie*); Epinal (*Berher*).

Picromerus *Serv*.

bidens *L*. Nancy; Metz.

Arma *Hahn*.

custos *Fabr*. Nancy; Metz.
Genei *Costa*. Metz (*Bellevoie*).

Jalla *Hahn*.

dumosa *L*. Très-rare. Trouvé une fois par M. Mathieu sur les collines calcaires et chaudes de Nancy.

Zicrona *Serv*.

cœrulea *L*. Commun à Nancy et à Metz.
punctata *Fabr*. Metz (*Bellevoie*).

Brachypelta *Serv*.

tristis *Fabr*. Nancy; Metz.

Cydnus *Fabr*.

flavicornis *Fabr*. Metz (*Bellevoie*).

Schirus *Serv*.

morio *L*. Sur la terre dans les champs. Nancy; Epinal.
dubius *Scop*. Metz (*Bellevoie*).
albomarginatus *Fabr*. Nancy; Metz.

Tritomegas *Serv.*

bicolor *L.* Commun sur les Pruniers, les Pommiers, etc.

biguttatus *L.* Sur les fleurs des prairies. Dieuze (*Leprieur*); Metz (*Bellevoie*).

Sciocoris *Fall.*

europæus *Serv.* Rare. Nancy (*Mathieu*).

Eurydema *Lap.*

ornata *L.* Nancy; Metz; Darney.

festiva *L.* Nancy. — N'est probablement qu'une variété du précédent.

oleracea *Fabr.* Commun dans les jardins potagers sur les Choux et sur les Laitues.

Pentatoma *Oliv.*

prasina *L.* Sur les plantes. Metz (*Géhin*).

dissimilis *Fabr.* Commun dans les jardins.

sphacelata *Panz.* Metz (*Bellevoie*).

Juniperina *L.* Assez rare : sur les Genévriers. Metz (*Géhin*); Epinal (*Berher*). Ste-Marie-aux-Mines (*Mathieu*).

baccarum *L.* Sur les plantes et spécialement sur les Framboisiers. Nancy; Metz; Darney. Sa var. *Verbasci de Géer* a été prise à Metz.

umbrina *Panz.* Rare. Nancy (*Mathieu*).

intermedia *Wolff.* Nancy (*Mathieu*).

perlata *Fabr.* Sur les plantes. Nancy; Metz; Darney.

melanocephala *Fabr.* Sur le *Stachys sylvatica*. Nancy (*Mathieu*); Metz (*Bellevoie*).

Ælia *Fabr.*

acuminata *L.* Commun sur les céréales.

inflexa *Wolff.* Nancy (*Mathieu*).

neglecta *Dall.* Metz (*Bellevoie*).

Mormidea *Serv.*

nigricornis *Fabr.* Nancy (*Mathieu*).

Raphigaster *Lap.*

punctipennis *Ill.* Champs et jardins. Nancy; Metz.

purpuripennis *Hahn.* Nancy; Metz.

Cimex *L.*

rufipes *L.* Très-commun : bois, jardins.

Acanthosoma *Curt.*

hæmorrhoïdale *L.* Metz; Epinal, Remiremont.

lituratum *Fabr.* Metz (*Bellevoie*).

agathinum *Fabr.* Metz (*Bellevoie*).

griseum *Burm.* Sur les arbres. Nancy; Epinal.

hæmogaster *Schrank*. Remiremont (*Puton*).
ferrugator *Latr*. Metz (*Bellevoie*).

Verlusia *Spin*.

quadrata *Fabr*. Commun sur les plantes.

Syromastes *Latr*.

marginatus *L*. Sur les Ronces et sur l'Ancolie. Nancy; Metz; Epinal.

Enoplops *Serv*.

scapha *Fabr*. Rare. Nancy (*Mathieu*); Metz (*Bellevoie*).

Alydus *Fabr*.

calcaratus *L*. Commun sur les Euphorbes.

Stenocephalus *Latr*.

nugax *Fabr*. Commun sur les Euphorbes.

Berytus *Fabr*.

crassipes *Herr.-Schæff*. Metz (*Bellevoie*).

Neïdes *Latr*.

tipularia *L*. Dans les herbes. Nancy; Metz; Epinal.

clavipes *Fabr*. Rare. Remiremont (*Puton*).

Phyllomorpha *Lap*.

laciniata *Vill*. Rare. Epinal (*Berher*).

Coreus *Fabr*.

hirticornis *Fabr*. Sur les plantes. Nancy; Epinal.

Gonocerus *Latr*.

insidiator *Fabr*. Rare. Nancy (*Mathieu*).

Therapha *Serv*.

Hyosciami *L*. Commun sur le *Hyosciamus niger*.

Rhopalus *Schill*.

capitatus *Fabr*. Sur les plantes. Nancy; Metz ; Darney.
clavicornis *Latr*. Metz (*Bellevoie*).
crassicornis *Fabr*. Sur les plantes. Nancy (*Mathieu*).

Pseudophlæus *Burm*.

Fallenii *Schill*. A terre sous les Genets. Nancy (*Mathieu*).
nubilus *Fall*. Metz (*Bellevoie*).
Waltlii *Herr.-Schæff*. Metz (*Bellevoie*).
Dahlmannii *Schill*. Nancy (*Mathieu*).

Heterogaster *Schill.*

Urticæ *Fabr.* Metz (*Bellevoie*).
Salviæ *Schill.* Metz (*Bellevoie*).

Lygæus *Fabr.*

militaris *Ross.* Nancy (*Mathieu*).
equestris *L.* Commun à terre et sur
  les plantes.
familiaris *Fabr.* Metz (*Bellevoie*).
saxatilis *L.* Nancy ; Metz ; Epinal.
punctum *Fabr.* Rare. Nancy (*Mathieu*).

Arocatus *Spin.*

melanocephalus *Fabr.* Nancy (*Mathieu*) ; Metz (*Bellevoie*).

Pachymerus *Schill.*

Sahlbergii *Fall.* Metz (*Bellevoie*).
palestris *Panz.* Metz (*id.*).
Rolii *Schill.* Metz (*id.*).
lynceus *Schill.* Metz (*id.*).
marginepunctatus *Schill.* Metz (*id.*).
pictus *Schill.* Metz (*id.*).
chiragra *Fabr.* Metz (*id.*).
nebulosus *Fall.* Metz (*id.*).
brunneus *Sahlb.* Metz (*id.*).
contractus *Herr.-Schœff.* Metz (*id.*).
brevipennis *Schill.* Metz (*id.*).
hemipterus *Schill.* Metz (*id.*).
antennatus *Schill.* Metz (*id.*).

Platygaster *Hübn.*

Abietis *L.* Metz (*Bellevoie*).

Phyparochromus *Curt.*

Rolandri *L.* Sur les plantes. Nancy
  (*Mathieu*) ; Metz (*Bellevoie*).
Pini *L.* Plantations de *Pinus sylvestris*, sous les écorces. Nancy;
  Epinal et la chaine des Vosges.
sylvestris *Fabr.* Remiremont (*Puton*).
sphragidinum *Am.* Sous l'écorce
  des vieux arbres. Nancy (*Mathieu*).
betenia *Am.* Remiremont (*Puton*).

Beosus *Am. et Serv.*

quadratus *Fabr.* Nancy (*Mathieu*);
  Metz (*Bellevoie*).

Cymus *Hübn.*

claviculus *Fall.* Metz (*Bellevoie*).
Resedæ *Panz.* Metz. (*id.*).

Anthocoris *Fall.*

domesticus *Hübn.* Metz (*Bellevoie*).
nemorum *L.* Commun à Nancy.
minutus *Fall.* Metz (*Bellevoie*).

Pyrrhocoris *Fall.*

apterus *L.* Jardins. Nancy ; Metz ;
  Epinal.

Miris *Fabr.*

lævigatus *L.* Commun sur les fleurs
  des prairies.

virens *Fabr.* Metz (*Bellevoie*) ; Remiremont (*Puton*).

dolabratus *L.* Bois. Nancy ; Metz ; Remiremont.

erraticus *L.* Metz (*Bellevoie*).

Phytocoris *Fall.*

striatus *L.* Nancy ; Metz ; Remiremont.

Ulmi *L.* Metz (*Bellevoie*).

striatellus *Fabr.* Epinal (*Berher*).

sexguttatus *Fabr.* Sur les fleurs des prairies. Nancy (*Mathieu*).

marginatus *L.* Metz (*Bellevoie*).

pratensis *L.* Epinal (*Berher*).

gothicus *L.* Commun sur l'Ortie.

roseomaculatus *De Geer.* Nancy ; Remiremont.

emenistus *Am.* Rare. Nancy (*Mathieu*) ; Remiremont (*Puton*).

albomarginatus *Fabr.* Nancy ; Epinal, Remiremont.

flavomaculatus *Fabr.* Rare. Remiremont (*Puton*).

Capsus *Fabr.*

trifasciatus *L.* Bois. Darney (*Le Paige*).

ater *L.* Nancy ; Metz ; Epinal.

pallicornis *L.* Metz (*Bellevoie*).

Gyllenhalii *Fall.* Metz (*id.*).

leucocephalus *Fabr.* Metz (*id.*).

sexpunctatus *Latr.* Metz (*id.*).

striatellus *Fabr.* Metz (*id.*).

Chenopodii *Fall.* Metz (*id.*).

tricolor *Fabr.* Metz (*id.*).

tripustulatus *Fabr.* Metz (*id*).

punctatus *Zett.* Metz (*id.*).

campestris *L.* Metz (*id.*).

rugicollis *Herr.-Schœff.* Metz (*id.*).

annulatus *Wolff.* Metz (*id.*).

Thunbergii *Fall.* Metz (*id.*).

Tiliæ *Fabr.* Metz (*id.*).

Coryli *L.* Metz (*id.*).

flavonotatus *Bohem.* Metz (*id.*).

binotatus *Fabr.* Metz (*id.*)

capillaris *Fabr.* Sur les Rosiers et les Groseilliers. Nancy ; Metz.

unicolor *Hahn.* Rare. Remiremont (*Puton*).

Globiceps *Latr.*

clavatus *L.* Nancy (*Mathieu*).

bifasciatus *Fabr.* Metz (*Bellevoie*).

Heterotoma *Latr.*

spissicornis *Fabr.* Prairies. Epinal (*Berher*).

Phymata *Latr.*

crassipes *Fabr.* Bois. Nancy ; Metz ; Epinal.

Tingis *Fabr.*

Pyri *Fabr.* Commun sur les Poiriers.

Dictyonota *Curt.*

crassicornis *Fall.* Metz (*Bellevoie*).

Monanthia *Le P. et Serv.*

Cardui *L.* Sur les fleurs de Chardons. Nancy ; Metz ; Epinal.
dumetorum *Herr.-Schæff.* Metz (*Bellevoie*).

Euryeera *Brullé.*

clavicornis *Brullé.* Nancy ; Metz ; Epinal.

Phyllonthocheila *Fieb.*

capucina *Germ.* Metz (*Bellevoie*).

Cantacader *Serv.*

quadricornis *Duf.* Metz (*Bellevoie*).

Orthosteira *Fieb.*

brunnea *Germ* Metz (*Bellevoie*).
melanophthalma *Fieb.* Metz (*Bellevoie*).
obscura *Fieb.* Metz (*Bellevoie*).

Aneurus *Curt.*

lœvis *Fabr.* Nancy (*Mathieu*).

Æradus *Fabr.*

Betulæ *L.* Sous les écorces. Nancy ; Epinal.
corticalis *L.* Metz (*Bellevoie*).

Piestosoma *Lap.*

depressum *Fabr* Sous les écorces. Nancy ; Metz.

Acanthia *Fabr.*

lectularia *L.* Trop commun dans les appartements.

Pirates *Burm.*

stridulus *Fabr.* Sur la terre et sous les pierres. Nancy ; Epinal.

Metastemma *Am. et Serv.*

guttula *Fabr.* Nancy ; Epinal.
staphylinus *L. Duf.* Rare. Nancy (*Mathieu*).
brachelytrum *L. Duf.* Metz (*Bellevoie*).

Nabis *Latr.*

subaptera *De Geer.* Bois et prairies. Nancy ; Epinal.
fera *L.* Nancy ; Metz.
dorsalis *L. Duf.* Metz (*Bellevoie*).
aptera *Fabr.* Metz (*Bellevoie*).

Reduvius *Fabr.*

personatus *L.* Habitations. Nancy ; Metz ; Epinal.

Harpactor *Lap.*

cruentus *Fabr.* Nancy (*Mathieu*).
hæmorrhoidalis *Fabr.* Nancy (*id*).
ægyptius *Fabr.* Nancy (*id*).
annulatus *L.* Nancy (*id*).

Oncocephalus *Burm.*

squalidus *Burm.* Metz (*Bellevoie*).

Pygolampis *Germ.*

pallipes *Fabr.* Bois. Nancy (*Mathieu*).

Plocaria *Scop.*

vagabunda *L.* Sur les arbres. Metz (*Bellevoie*) ; Epinal (*Berher*).

Aphanus *Herr.-Schœff.*

pallides *Herr.-Schœff.* Metz (*Bellevoie*).
sabulosus *Schill.* Metz (*id.*).
spinigerellus *Bohem.* Metz (*id.*).

Hydrometra *Latr.*

stagnorum *L.* Bords des eaux dans les herbes. Nancy ; Metz ; Epinal.

Salda *Fabr.*

littoralis *L.* Metz (*Bellevoie*).

Gerris *Fabr.*

paludum *Fabr.* Commun à la surface des eaux.
lacustris *L.* Commun à la surface des eaux.

Velia *Latr.*

rivulorum *Fabr.* Sur les eaux des ruisseaux. Nancy (*Mathieu*).
currens *Fabr.* Sur les eaux. Nancy.

FAM. 2. — HYDROCORISES.

Naucoris *Geoffr.*
cimicoïdes *L.* Commun sur les herbes des marais.

Aphelocheira *Fieb.*
æstivalis *Fabr.* Metz (*Bellevoie*).

Nepa *L.*
cinerea *L.* Très-commun au fond des eaux stagnantes et sur leurs bords parmi les plantes aquatiques.

Ranatra *Fabr.*
linearis *L.* Commun dans toutes les eaux stagnantes.

Corisa *Geoffr.*

Geoffroyi *Leach.* Nancy (*Mathieu*); Metz (*Bellevoie*).
striata *L.* Nancy ; Metz ; Epinal.
Panzeri *Fieb.* Metz (*Bellevoie*).
coleoptrata *Fabr.* Epinal (*Berher*).

Ploa *Steph.*

minutissima *Fabr.* Commun dans les marais.

Notonecta *L.*

glauca *L.* Commun dans les eaux.

FAM. 3. — AUCHÉNORHYNQUES.

Cicada *L.*

hæmatodes *Oliv.* Très-rare. Pris une seule fois à Nancy par M. Mathieu.

Pixius *Latr.*

nervosus *L.* Commun. Nancy; Metz; Epinal.

Asiraca *Latr.*

clavicornis *Fabr.* Rare. Nancy (*Mathieu*).

Delphax *Fabr.*

flavescens *Fabr.* Nancy (*Mathieu*)
striatella *Fall.* Metz (*Bellevoie*).
marginata *Fabr.* Metz (*Bellevoie*).

Issus *Fabr.*

coleoptratus *Fabr.* Nancy; Metz; Epinal.

Gargara *Am. et Serv*

Genistæ *Fabr.* Commun. Nancy; Metz; Epinal.

Pentrolus *L.*

cornutus *L.* Commun dans les bois, sur les herbes.

Ulopa *Fall.*

obtecta *Fall.* Ordinairement sur le *Calluna vulgaris*. Nancy; Metz.

Triecphora *Am. et Serv.*

vulnerata *Germ.* Nancy; Epinal.
sanguinolenta *L.* Metz (*Bellevoie*).

Aphophora *Germ.*

spumaria *L* Commun. Nancy; Metz; Epinal.
salicina *Tigny.* Rare. Nancy (*Mathieu*).
Alni *Fall.* Metz (*Bellevoie*).

Lepyronia *Am.*

coleoptrata *L.* Metz (*Bellevoie*).

Ptyelus *Le P. et Serv.*

bifasciatus *L.* Nancy; Metz.
lineatus *L.* Nancy (*Mathieu*).
leucocephalus *Fabr.* Nancy; Metz.
marginellus *Fabr.* Nancy (*Mathieu*).

Tettigonia *Geoffr.*

viridis *Latr.* Bords des eaux et prés humides. Nancy; Metz; Epinal.

Evacanthus *Le P. et Serv.*

interruptus *L.* Nancy; Metz; Epinal.
argentatus *Latr.* Nancy (*Mathieu*).
punctatus *Latr.* Nancy (*Mathieu*);
Metz (*Bellevoie*).

Agleua *Am. et Serv.*

tristriata *Tigny.* Rare. Nancy (*Mathieu*).

Ledra *Fabr.*

aurita *L.* Assez rare : sur les Chênes. Nancy, Dieuze; Metz; Epinal.

Penthimia *Germ.*

atra *Fabr.* Rare. Nancy (*Mathieu*).
thoracica *Panz.* Metz (*Bellevoie*).

Eupelix *Germ.*

cuspidata *Fabr.* Metz (*Bellevoie*).

Bythoscopus *Germ.*

varius *Fabr.* Commun dans les
prairies.

crenatus *Germ.* Metz (*Bellevoie*).
scurea *Germ.* Metz (*id.*).
venosus *Germ.* Metz (*id.*).

Acocephalus *Germ.*

costatus *Panz.* Metz (*Bellevoie*).

Macrospis *Lew.*

lanio *L.* Nancy; Epinal.

Pediopsis *Burm.*

notatus *Fabr.* Metz (*Bellevoie*).
virescens *Fabr.* Nancy (*Mathieu*);
Epinal (*Berher*).

Typhocyba *Germ.*

fulgida *Fabr.* Metz (*Bellevoie*).
Quercus *Herr.-Schœff.* Metz (*Bellevoie*).

Jassus *Germ.*

fuscus. Metz (*Bellevoie*).

FAM. 4. — STERNORHYNQUES.

Psylia *Geoffr.*

Alni *L.* Très-commun sur les ar-
bres.
Pyri *L.* Sur les Poiriers. Epinal
(*Berher*).

Aphis *L.*

Rosæ *L.* Très-commun sur les Rosiers.
Mali *L.* Commun sur le Pommier
et le Poirier.

Sorbi *Kalt.* Sur le *Sorbus aucuparia.* Metz (*Géhin*).

Cratægi *Kalt.* Très-commun sur l'Aubépine, le Pommier, le Poirier, etc.

Pruni *Fabr.* Commun sur les Pruniers cultivés.

Millefolii *Fabr.* Sur les *Achillœa.* Nancy ; Metz.

Sonchi *L.* Assez commun sur les *Sonchus oleraceus* et *asper.*

Ribis *L.* Sur les Groseillers.

Padi *L.* Sur le *Prunus Padus.*

Sambuci *L.* Sur le *Sambucus nigra.*

Populi *L.* Sur les Peupliers.

Tiliæ *L.* Commun sur les Tilleuls.

Quercus *L.* Sur le tronc des vieux Chênes.

Fagi *L.* Sur le Hêtre.

Roboris *L.* Sur les Chênes.

Ulmi *L.* Sur les Ormes. Etc , etc.

Myzoxylus *Blot.*

Mali *Blot.* Commun sur les Pommiers.

Aleurodes *Burm.*

Chelidonii *Latr.* Commun sur le *Chelidonium majus* et sur les Choux.

Coccus *L.*

adonidum *L.* Dans les serres chaudes, sur les arbustes exotiques.

Chermes *Geoffr.*

Hesperidum *L.* Sur les Orangers, dans les serres.

variegata *Oliv.* Commun sur les Chênes.

Persicæ *Fabr.* Commun sur le Pêcher.

Ordre 7. — Diptères.

FAM. 1. — CUCULIDES.

Anopheles *Meig.*

maculipennis *Hoffm.* Commun partout.

Culex *L.*

pipiens *L.* Trop commun en été.

annulatus *Fabr.* Epinal (*Berher*).

FAM. 2. — TIPULAIRES.

Chironomus *Meig.*

plumosus *Meig.* Commun.

testaceus *Macq.* Commun.

stercorarius *Meig.* Commun.

maculatus *Macq.* Epinal (*Berher*).

Tanypus *Meig.*

varius *Meig.* Commun.

Ceratopogon *Latr.*

communis *Fabr.* Très-commun.
pulicaris *Fabr.* Epinal (*Berher*).
morio *Meig.* Rare. Epinal (*Berher*).

Ctenophora *Meig.*

pectinicornis *L.* Rare. Epinal (*Berher*).
Ichneumonea *De Geer.* Assez commun. Epinal.

Tipula *L.*

oleracea *L.* Très-commun.
lunata *L.* Commun dans les prairies. Epinal.

Limnobia *Latr.*

sexpunctata *Fabr.* Assez rare. Epinal (*Berher*).

Rhyphus *Latr.*

fenestralis *Meig.* Commun : sur les fenêtres.

Simulium *Latr.*

tibiale *Macq.* En Lorraine, d'après Macquart.
cinereum *Macq.* En Lorraine, d'après Macquart.

Dilophus *Latr.*

vulgaris *Meig.* Très-commun.

Bibio *Geoffr.*

hortulanus *Meig.* Commun. Nancy; Epinal.

Scathopse *Geoffr.*

nigra *Meig.* Sur les murs humides. Nancy; Epinal.

FAM. 3. — TABANIENS.

Tabanus *L.*

morio *Latr.* Epinal (*Berher*), ballon de Sultz (*Mathieu*)
bovinus *L.* Commun : bois. Nancy; Epinal.
albipes *Fabr.* Epinal.
autumnalis *L.* Commun.
fulvus *Meig.* Ballon d'Alsace (*Mathieu*).
tropicus *L.* Bois. Nancy (*Mathieu*).

Hæmatopota *Latr.*

pluvialis *L.* Commun. Nancy ; Epinal.

Hexatoma *Latr.*

bimaculata *Meig.* Assez rare. Nancy (*Mathieu*).

Chrysops *Fabr.*

cæcutiens *Fabr.* Commun. Nancy; Epinal.

FAM. 4. — NOTACANTHES.

Stratiomys *Geoffr*.

Chamæleon *Fabr*. Sur les fleurs de *Cratægus Oxyacantha* et de *Caltha palustris*.
strigata *Fabr*. Nancy; Epinal.
riparia *Meig*. Rare. Nancy (*Mathieu*).

Odontomyia *Latr*.

furcata *Latr*. Assez commun. Epinal.
hydropota *Macq*. Nancy (*Mathieu*).
viridula *Latr*. Commun. Nancy; Epinal.
tigrina *Latr*. Commun. Nancy; Epinal.
hydroleon *Latr*. Assez commun. Epinal (*Berher*).

Oxycera *Latr*.

hypoleon *Fabr*. Très-rare. Epinal (*Berher*).
trilineata *Fabr*. Assez commun. Nancy, Epinal.

Ephippium *Latr*.

thoracicum *Latr*. Rare : sur le tronc des vieux Chênes. Epinal (*Berher*).

Sargus *Fabr*.

cuprarius *Fabr*. Commun. Nancy; Epinal.

Chrysomyia *Macq*.

polita *Fabr*. Assez commun à Nancy (*Mathieu*).

Pachygaster *Meig*.

ater *Latr*. Peu commun. Epinal (*Berher*).

Nemotelus *Geoffr*.

uliginosus *Fabr*. Rare. Epinal (*Berher*).

FAM. 5. — TANYSTOMES.

Laphria *Fabr*.

gibbosa *Fabr*. Rare. Epinal (*Berher*).
aurea *Fabr*. Nancy; Epinal.
ephippium *Fabr*. Epinal (*Berher*).

atra *Fabr*. Nancy; Epinal.

Dioctria *Fabr*.

rufipes *Meig*. Commun à Nancy (*Mathieu*).

nigripes *Meig.* Assez rare. Nancy (*Mathieu*).

Dasypogon *Fabr.*

teuton *Fabr.* Rare. Nancy (*Mathieu*) ; Epinal (*Berher*).
punctatus *Fabr.* Assez commun. Nancy.

Asilus *L.*

crabroniformis *L.* Epinal (*Berher*).
æstivus *Schreb.* Rare. Nancy (*Mathieu*).
germanicus *Meig.* Nancy.
punctipennis *Hoffm.* Nancy.
rufimanus *Meig.* Nancy.
forcipatus *L.* Nancy.
trigonus *Meig.* Nancy.

Gouypes *Latr.*

cylindricus *Latr.* Commun. Nancy; Epinal.

Empis *L.*

unicolor *Brullé.* Rare. Nancy (*Mathieu*).
tesselata *Fabr.* Assez commun. Nancy.
livida *L.* Très-commun partout.
ciliata *Fabr.* Assez rare. Nancy (*Mathieu*).

Ogcodes *Latr.*

gibbosus *L.* Rare. Epinal (*Berher*).

Bombylius *L.*

major *L.* Epinal.
medius *Latr.* Assez commun. Epinal.

Anthrax *Scop.*

flava *Hoffm.* Commun. Nancy.
morio *Latr.* Assez commun. Epinal.
varia *Fabr.* Epinal.

FAM. 6. — BRACHYSTOMES.

Thevera *Latr.*

plebeia *Latr.* Commun. Epinal.

Leptis *Fabr.*

scolopacea *Fabr.* Nancy ; Epinal.
conspicua *Latr.* Commun : bois. Nancy.
vitripennis *Meig.* Commun. Nancy.

tringaria *Fabr.* Assez commun. Epinal.

Chrysopila *Macq.*

aurata *Meig.* Prés humides. Epinal (*Berher*).

Ceria *Fabr.*

clavicornis *Fabr.* Assez rare. Epinal (*Berher*).

16

Callicera *Latr.*

ænea *Latr.* Rare. Nancy (*Mathieu*).

Phrysotoxum *Latr.*

bicinctum *Latr.* Assez commun sur les fleurs. Nancy.
fasciolatum *Meig.* Assez commun. Dieuze.
arcuatum *Latr.* Assez commun. Epinal.

Psarus *Fabr.*

abdominalis *Fabr.* Assez rare. Epinal (*Berher*).

Volucella *Geoffr.*

inanis *Latr.* Peu commun. Nancy; Epinal.
pellucens *Latr.* Assez commun sur les fleurs d'Aubépine. Nancy.
bombylans *Latr.* Assez commun sur le *Rosa canina*. Epinal.
plumata *Meig.* Dieuze, Epinal.

Mallota *Latr.*

fuciformis *Fabr.* Assez rare : sur les fleurs d'Aubépine. Epinal (*Berher*).

Eristalis *Fabr.*

intricarius *Fabr.* Assez commun. Nancy; Epinal.

similis *Meig.* Assez rare. Nancy (*Mathieu*).
arbustorum *Fabr.* Très-commun.
floreus *Fabr.* Commun à Nancy.
tenax *Fabr.* Très-commun.
campestris *Meig.* Assez rare. Nancy (*Mathieu*).
tristis *Fabr.* Assez commun. Epinal.

Helophilus *Latr.*

pendulus *Latr.* Assez commun. Epinal.
trivittatus *Fabr.* Peu commun. Nancy.

Rhingia *Scop.*

rostrata *Scop.* Très-commun. Nancy; Epinal.

Syritta *St-Farg. et Serv.*

pipiens *Fabr.* Assez commun. Epinal.

Milesia *Fabr.*

diophthalma *Fabr.* Rare. Epinal (*Berher*).
speciosa *Fabr.* Rare. Nancy (*Mathieu*).

Sysphus *Fabr.*

Pyrastri *Fabr.* Assez commun. Nancy; Epinal.

lunulatus *Meig*. Assez rare. Nancy
(*Mathieu*).

luniger *Meig*. Assez rare. Nancy
(*Mathieu*).

Ribesii *Fabr*. Commun. Nancy ;
Epinal.

nitidicollis *Meig*. Rare. Nancy (*Mathieu*).

vitripennis *Meig*. Assez commun.
Nancy.

corollæ *Fabr*. Nancy.

cinctus *Meig*. Epinal.

mellinus *Latr*. Assez commun.
Nancy.

tricinctus *Meig*. Nancy.

Doros *Latr*.

ornatus *Macq*. Assez rare. Nancy
(*Mathieu*).

Sphærophoria *St-Farg. et Serv*.

scripta *Fabr*. Assez commun. Nancy (*Mathieu*).

Lavandulæ *Macq*. Assez rare. Nancy (*Mathieu*).

Cheilosia *Meg*.

grossa *Macq*. Assez rare. Nancy
(*Mathieu*).

variabilis *Latr*. Assez rare. Nancy
(*Mathieu*).

mutabilis *Macq*. Assez commun.
Nancy.

nigricornis *Macq*. Assez rare :
prairies. Nancy (*Mathieu*).

Paragus *Latr*.

bicolor *Latr*. Nancy ; Epinal.

FAM. 7. — ANTHÉRICÈRES.

Scenopinus *Fabr*.

fenestralis *Fabr*. Assez commun.
Nancy.

Pipunculus *Latr*.

campestris *Latr*. Assez commun.
Epinal.

Conops *L*.

macrocephala *L*. Epinal.

quadrifasciata *Meig*. Nancy.

rufipes *Fabr*. Epinal.

Myopa *Fabr*.

ferruginea *Fabr*. Nancy ; Metz.

Stachynia *Macq*.

punctata *Fabr*. Epinal.

Hypoderma *Latr*.

Bovis *Fabr*. Commun. Sa larve se
développe dans la peau du Bœuf.

Cephalemyia *Latr*.

Ovis *Latr*. La femelle dépose ses
œufs dans le nez des Moutons.

Œstrus *L.*

Equi *Latr.* La femelle dépose ses œufs sur la peau du Cheval.

pecorum *Fabr.* La larve vit dans les intestins du Bœuf.

hæmorrhoïdalis *L.* La femelle dépose ses œufs dans le nez des Chevaux.

Echinomyia *Latr.*

grossa *Fabr.* Assez rare. Epinal (*Berher*).

fera *Fabr.* Commun sur les fleurs d'Ombellifères. Nancy ; Epinal.

intermedia *Rob.* Lieux arides. Nancy (*Mathieu*).

lurida *Fabr.* Nancy.

rubescens *Rob.* Coteaux calcaires des environs de Nancy.

Nemoræa *Macq.*

nemorum *Meig.* Bois. Nancy.

Micropalpus *Macq.*

tesselans *Macq.* Nancy.

vulpinus *Macq.* Sur les fleurs. Nancy ; Metz.

Metopia *Meig.*

agilis *Macq.* Nancy (*Mathieu*).

Zophomyia *Macq.*

rufipes *Macq.* Nancy (*Mathieu*).

ænca *Macq.* Nancy.

buccalis *Macq.* Nancy ; Metz.

Ocyptera *Fabr.*

Brassicaria *Fabr.* Epinal (*Berher*).

Gymnosoma *Latr.*

rotundata *Meig.* Sur les fleurs du *Daucus Carotta.* Epinal.

Phasia *Latr.*

oblonga *Rob.* Commun. Nancy.

tæniata *Meig.* Nancy.

Elomyia *Rob.*

lateralis *Meig.* Nancy ; Epinal.

Alophora *Rob.*

subcoleoptrata *Rob.* Rare. Epinal.

Dexia *Latr.*

rustica *Fabr.* Commun. Nancy.

Sarcophaga *Latr.*

hæmorrhoa *Meig.* Nancy.

carnaria *L.* Très-commun. Nancy ; Epinal.

fuliginosa *Macq.* Nancy.

squamigera *Rob.* Nancy.

agricola *Rob.* Nancy.

Lucilia *Macq.*

sericata *Meig.* Rare. Nancy (*Mathieu*).

Cæsar *L.* Très-commun.
cadaverina *L.* Assez commun. Nancy ; Metz.
serena *Meig.* Nancy.

Calliphora *Macq.*

vomitoria *L.* Très-commun. C'est la mouche de la viande.
fulvibarbis *Rob.* Assez rare. Nancy (*Mathieu*).

Musca *L.*

domestica *L.* Très-commun partout.
bovina *Rob.* Très-commun. Se jette sur les narines, les yeux et les plaies des bestiaux.
corvina *Fabr.* Assez commun : lieux humides. Nancy.

Pollenia *Macq.*

fulvipalpis *Macq.* Très-rare. Nancy (*Mathieu*).
vespillo *Fabr.* Nancy.
lanio *Fabr.* Nancy.
atramentaria *Meig.* Commun. Nancy.

Curtonevra *Macq.*

maculata *Fabr.* Assez commun. Nancy.
meditabunda *Fabr.* Epinal.
pratorum *Meig.* Nancy.

Sepedon *Latr.*

palustris *Latr.* Assez commun : lieux aquatiques. Epinal.

Tetanocera *Latr.*

obliterata *Latr.* Nancy.
pratorum *Meig.* Bois. Nancy.
reticulata *Latr.* Assez commun. Epinal.

Loxocera *Fabr.*

Ichneumonea *Fabr.* Nancy ; Epinal.

Scatophaga *Latr.*

stercoraria *L.* Très-commun.
merdaria *Fabr.* Commun partout.

Dryomyza *Latr.*

flaveola *Fabr.* Assez commun. Nancy.

Otites *Latr.*

guttata *Meig.* Nancy, Lunéville.

Urophora *Rob.*

solstitialis *Latr.* Assez commun. Nancy ; Epinal.

Calobata *Fabr.*

cothurnata *Meig.* Commun.

Micropeza *Latr.*

filiformis *Latr.* Assez commun. Epinal.

Thyreophora *Latr.*

cynophila *Latr.* Très-rare. Epinal (*Berher*).

Sphærocera *Latr.*

curvipes *Latr.* Assez commun. Nancy ; Epinal.

Chlorops *Macq.*

lineola *Meig.* Commun. Epinal.

strigula *Meig.* Metz ; Epinal.

Ochthera *Latr.*

mantis *Latr.* Nancy ; Epinal.

Phora *Latr.*

pallipes *Latr.* Nancy ; Epinal.
aterrima *Latr.* Epinal.

FAM. 8. — PUPIPARES.

Hippobosca *L.*
Equi *L.* Parasite des Chevaux.

Ornithomyia *Latr.*

viridis *Latr.* Parasite des Oiseaux.

avicularia *Meig.* Parasite des Oiseaux.

Melophagus *Latr.*

ovinus *Latr.* Parasite dans la laine des Moutons.

Ordre 8. — Siphonaptères.

Pulex *L.*

irritans *L.* Parasite de l'Homme et surtout de la Femme.
Felis *Bouché.* Parasite du Chat domestique.
Canis *Curt.* Parasite du Chien domestique.
fasciatus *Latr.* Parasite du Rat et de la Souris.

Columbæ *Curt.* Parasite du Pigeon domestique.
Gallinæ *Schrank.* Parasite des Poules domestiques.

Nota. Beaucoup de nos animaux sauvages nourrissent aussi des représentants de ce genre ; mais ils n'ont pas été l'objet de recherches suffisantes en Lorraine.

Ordre 9. — Anoplures.

Pediculus *Leach.*

capitis *De Geer*. Vit dans les cheveux de l'Homme et surtout des enfants.
vestimenti *Nitzsch*. Vit sur le corps et sur les vêtements de l'Homme.

Phthirius *Leach.*

inguinalis *Rédi*. Parasite de l'Homme.

Hæmatopinus *Leach.*

piliferus *Denny*. Parasite du Chien domestique.
eurysternus *Denny*. Parasite du Bœuf et du Cheval.
stenopsis *Burm*. Parasite de la Chèvre.
tenuirostris *Burm*. Parasite du Cheval.
Asini *Rédi*. Parasite de l'Ane.
Suis *Leach*. Parasite du Cochon domestique.
Nota. De nouvelles recherches permettront sans doute d'ajouter des espèces à celles que nous indiquons.

Trichodectes *Nitzsch.*

crassus *Nitzsch*. Parasite sur le Blaireau (*Fournel*).

latus *Burm*. Parasite du Chien domestique.
subrostratus *Nitzsch*. Parasite du Chat domestique.
scalaris *Nitzsch*. Parasite du Bœuf.
sphærocephalus. *Nitzsch*. Parasite du Mouton (*Fournel*).
climax *Nitzsch*. Parasite de la Chèvre.
Equi *Denny*. Parasite du Cheval.

Gyropus *Nitzsch.*

gracilis *Nitzsch*. Parasite du Cobaye (*Fournel*).

Liotheum *Nitzsch.*

subæquale *Nitzsch*. Parasite du Corbeau (*Fournel*).
pallidum *Nitzsch*. Parasite du Coq domestique.
decemfasciatum *Lacord*. Parasite du Héron (*Fournel*).
phanerostigmaton *Nitzsch*. Parasite du Coucou (*Fournel*).
giganteum *Nitzsch*. Parasite sur le Busard (*Fournel*).
sulphureum *Nitzsch*. Parasite sur le Loriot (*Fournel*).

Philopterus *Nitzsch.*

ocellatus *Nitzsch*. Parasite sur le Corbeau et la Corneille (*Fournel*).

platyrhynchus *Nitzsch*. Parasite sur les Faucons (*Fournel*).

Garruli *Lacord*. Parasite sur le Geai (*Fournel*).

attenuatus *Nitzsch*. Parasite sur le Râle de Genêt (*Fournel*).

squalidus *Nitzsch*. Parasite sur le Canard domestique (*Fournel*).

baculus *Nitzsch*. Parasite sur les Pigeons et les Tourterelles (*Fournel*).

falcicornis *Nitzsch*. Parasite sur le Paon (*Fournel*).

stylifer *Nitzsch*. Parasite sur le Dindon (*Fournel*).

hologaster *Nitzsch*. Parasite du Coq et de la Poule.

Etc., etc.

Ordre 10. — Thysanoures.

Smynthurus *Latr.*

viridis *Templ*. Sous les Mousses, dans les jardins. Metz (*Fournel*).

signatus *Lacord*. Sous les pierres. Metz (*Fournel*).

Macrotoma *Bourl.*

plumbea *Bourl*. Commun sur les plantes et sur les arbres (*Fournel*).

Lepidocyrtus *Bourl.*

lignorum *Bourl*. Dans les vieux bois au Saulcy, près de Metz (*Fournel*).

Orchesella *Templ.*

villosa *Nic*. Commun sous les pierres (*Fournel*).

cincta *Templ*. Dans les bois, sous les feuilles (*Fournel*).

Degeeria *Nic.*

nivalis *Nic*. Sous la neige et les Mousses. Metz (*Fournel*).

Desoria *Agass. et Nic.*

viatica *Nic*. Sur la terre au bord des chemins (*Fournel*).

annulata *Nic*. Commun sous les pierres (*Fournel*).

Achorutes *Templ.*

aquaticus *Templ*. Commun sur les plantes aquatiques (*Fournel*).

Machilis *Latr.*

polypoda *L*. Sous les pierres. Metz, à la vallée de Monvaux (*Lasaulce*).

annulicornis *Latr*. Commun sous les pierres, dans les bois, au bord des eaux et aussi dans les maisons (*Fournel*).

Lepisma *L.*

saccharina *L.* Très-commun dans les maisons (*Fournel*).

annuliseta *Guér.* Metz (*Fournel*).
subvittata **Guér.** Metz (*Fournel*).
villata *Fabr.* Dans les maisons (*Fournel*).

CLASSE II. — MYRIAPODES.

Ordre 1 — Diplopodes.

Pollyxenus *Latr.*

lagurus *Latr.* Commun sous les écorces des vieux arbres.

Glomeris *Latr.*

limbata *Brandt.* Très-commun sous les pierres, dans toute la formation jurassique de la Lorraine.
Nota. Nous n'indiquons pas le *Gl. marmorea Oliv.* qui vit dans les mêmes lieux que le précédent, mais qui n'est, suivant mon collègue, M. P. Gervais, que le mâle du *Gl. limbata.*

Polydesmus *Latr.*

complanatus *Latr.* Sous les pierres et les feuilles mortes. Près de Nancy, sur le coteau de Malzéville, au-dessus de Laxou ; près de Metz, à Lessy et à Châtel (*Fournel*).

Strongylosoma *Brandt.*

pallipes *P. Gerv.* Rare : dans le voisinage des étangs et des marais (*Fournel*).

Iulus *L.*

sabulosus *L.* Assez commun sous les pierres et sous les herbes, aux bords de la Meurthe et de la Moselle.
terrestris *L.* Très-commun sous les pierres et sous les Mousses humides dans les bois.
albipes *Koch.* Rare : sous les pierres. Nancy, au-dessus de Laxou.
Muscorum *Lucas.* Peu commun : sous les Mousses, dans les bois. Nancy, aux Fonds de Toul.
Decaisneus *P. Gerv.* Fournel l'a observé dans les serres du jardin botanique de Metz.
lucifugus *P. Gerv.* Fournel l'a recueilli aussi dans les serres du jardin botanique de Metz. Je ne l'ai pas rencontré, malgré mes recherches, dans les serres du jardin botanique de Nancy, pas plus que le précédent.

Blaniulus *P. Gerv.*

guttulatus *P. Gerv.* Dans les jardins, où il attaque les fraises. Nancy, où il est commun; Metz (*Fournel*).

Polyzonium *Brandt.*

germanicum *Brandt.* Dans les troncs d'arbres pourris. Nancy, à la forêt de Haie. Il semble être très-rare.

Ordre 2. — Chilopodes.

Scutigera *Lam.*

coleoptrata *Lam.* Rare : sous les poutres et les vieilles planches dans les greniers. Metz (*Fournel*).

Lithobius *Leach.*

forcipatus *P. Gerv.* Très-commun sous les écorces et sous les pierres, dans les lieux humides.

Cryptops *Leach.*

hortensis *Leach.* Sous les pots à fleurs enfoncés en terre. Metz (*Fournel*).

Savignyi *Leach.* Commun dans les jardins et dans les bois, sous les feuilles mortes et sous les Mousses.

Geophilus *Leach.*

longicornis *Leach.* Très-commun dans les jardins, sous les pierres et dans la terre.

simplex *P. Gerv.* A été trouvé par Fournel, au Saulcy près de Metz, dans les débris végétaux rejetés par la Moselle.

carpophagus *Leach.* Commun dans les jardins, où il attaque les fruits et spécialement les abricots.

Gabrielis *P. Gerv.* A été observé à Metz par Fournel, dans le fumier des couches à melons, dans les ateliers de menuisiers et dans les chantiers de bois. Fournel l'a décrit sous le nom de *Scolopendra maxima*; mais tous les caractères qu'il indique concordent exactement avec ceux du *G. Gabrielis*.

CLASSE III. — ARACHNIDES.

Ordre 1. — Aranéides.

Oletera *Walck.*

atypa *Walck.* Très-rare. Fournel en a vu un individu pris aux environs de Metz. Il semble être très-rare.

Dysdera *Latr*.

erythrina *Latr*. Dans les champs aux environs de Metz (*Fournel*).

Segestria *Latr*.

perfida *Walck*. Assez commun dans les caves et dans les lieux humides.

senoculata *Walck*. Commun dans les cavités des vieux murs.

Scytodes *Latr*.

thoracica *Latr*. Dans les appartements. Metz (*Fournel*).

Lycosa *Latr*.

ruricola *Walck*. Dans les champs. Nancy.

vorax *Walck*. Dans les champs arides et sablonneux. Metz.

saccata *Walk*. Assez commun dans les jardins, les vignes, les bois.

allodroma *Walck*. Signalé dans la Faune de la Moselle de Fournel.

piratica *Walck*. Assez commun au bord des eaux et court à leur surface.

Dolomedes *Latr*.

fimbriatus *Walck*. Bords des étangs et des marais.

mirabilis *Walck*. Dans les bois. Nancy ; Metz.

Attus *Walck*.

scenicus *Walck*. Très-commun partout sur les murs et sur les vitres.

xanthogramma *Walck*. Dans les pierres et les rochers. Metz (*Fournel*).

frontalis *Walck*. Rare : sur les plantes et les troncs d'arbres. Metz (*Fournel*).

tardigradus *Walck. non Sav*. Assez commun dans les jardins, sur les troncs d'arbres et sur les murailles.

pomatius *Walck*. Dans les vergers et dans les bois. Nancy.

formicarius *Walck*. Sous les pierres et daus les arbres creux. Metz (*Fournel*).

Tomisus *Walck*.

rotundatus *Walck*. Commun sur les fleurs et spécialement sur les Rosiers.

fucatus *Walck*. Assez commun et souvent sous les feuilles des Lilas.

truncatus *Walck*. Dans les bois. Metz (*Fournel*).

cristatus *Walck*. Commun aux environs de Metz.

citreus *Walck*. Commun sur les fleurs des Ombellifères.

Diana *Walck*. Dans les haies et sur les fleurs dans les lieux humides.

floricolens *Walck*. Commun sur les fleurs.

Philodromus *Walck.*

tigrinus *Walck.* Très-commun sur les arbres et sur les murailles.

jejunus *Walck.* Avec le précédent, mais plus rare.

dispar *Walck.* Rare : fentes des vieilles cloisons de bois. Metz (*Fournel*).

pallidus *Walck.* Rare : vieilles murailles. Metz (*Fournel*).

aureolus *Walck.* Commun sur les arbustes et sur les feuilles sèches en automne.

oblongus *Walck.* Sur les arbres et sur les arbustes.

rhombiferens *Walck.* Sur les arbustes. Metz (*Fournel*).

Sparassus *Walck.*

smaragdulus *Walck.* Commun dans les bois.

ornatus *Walck.* Bois des environs de Nancy, où je l'ai pris plusieurs fois.

Clubiona *Latr.*

holosericea *Walck.* Commun dans les jardins, sous le mortier détaché, sous l'écorce des vieux arbres.

epimelas *Walck.* Bois. Metz (*Fournel*).

corticalis *Walck.* Sous l'écorce des vieux arbres, dans les bois et dans les jardins.

accentuata *Walck.* Commun sur l'herbe et fait son nid dans les feuilles desséchées des arbres.

rupicola *Walck.* Dans les trous des murs, où il fait sa toile. Metz (*Fournel*).

lapidicolens *Walck.* Commun partout, mais surtout dans les carrières.

nutrix *Walck.* Dans les lieux sablonneux entre les feuilles de l'*Eryngium campestre*. Bords de la Meurthe à Malzéville.

atrox *Walck.* Très-commun dans les caves, les appartements, les lieux obscurs.

ferox *Walck.* Dans les caves. Metz (*Fournel*).

Drassus *Walck.*

lucifugus *Walck.* Dans les caves et dans les souterrains. Nancy; Metz.

nocturnus *Walck.* Rare : dans les bois. Metz (*Fournel*).

fuscus *Walck.* Sur les murs et sur les arbres. Nancy, à la Croix-Gagnée.

ater *Walck.* Dans les bois, sous les pierres.

fulgens *Walck.* Sous les pierres et dans les herbes.

atropos *Walck.* Forêt de Haie, près de Nancy.

viridissimus *Walck.* Très-commun : dans les jardins, sur les arbustes.

Pholcus *Walck.*

phalangioïdes *Walck.* Commun dans

les maisons. Nancy ; Metz.

Tegenaria *Latr.*

domestica *Walck.* Très-commun dans les maisons.

civilis *Walck.* Dans les maisons, mais moins commun que le précédent.

agrestis *Walck.* Sous les pierres, dans les bois et dans les vignes.

campestris *Walck.* Vit au pied des arbres et dans les rochers. Pompey, près de Nancy.

Agelena *Walck.*

labyrinthica *Herrich.* Dans les bois. Nancy ; Metz.

Epeïra *Walck.*

diadema *Walck.* Très-commun dans les jardins, sur les murs.

cratera *Walck.* Vit sur l'herbe dans les bois. Nancy, Lunéville; Metz.

agalena *Walck.* Bois. Metz (*Fournel*).

triguttata *Walck.* Bois et jardins. Metz.

scalaris *Walck.* Dans les herbes au bord des eaux.

acalypha *Walck.* Commun dans les hautes herbes des prairies et des bois.

ceropegia *Walck.* Metz (*Fournel*).

diodia *Walck.* Le long des chemins dans les herbes. Metz.

quadrata *Walck.* Bois et lieux humides. Nancy ; Metz.

apoclisa *Walck.* Commun : bois humides.

callophylla *Walck.* Lieux habités, hangars, écuries. Nancy; Metz.

cucurbitina *Walck.* Commun : jardins, bois.

inclinata *Walck.* Champs et bois. Metz (*Fournel*).

antriada *Walck.* Lieux obscurs et soupiraux des caves. Nancy; Metz.

fusca *Walck.* Assez rare : dans les caves. Nancy.

tubulosa *Walck.* Dans les buissons et dans les blés. Nancy ; Metz.

angulata *Walck.* Dans les bois, où il se cache sous les feuilles. Environs de Metz (*Fournel*).

conica *Walck.* Bois et lieux ombragés. Metz (*Fournel*).

Tetragnatha *Latr.*

extensa *Latr.* Commun : bois et lieux humides.

Linyphia *Latr.*

montana *Walck.* Jardins et bois. Metz (*Fournel*).

pratensis *Walck.* Dans les herbes des prairies. Nancy.

tenebricosa *Walck.* Dans les caves. Nancy.

Theridion *Walck.*

lineatum *Walck.* Dans les herbes

des prairies et des bords des chemins. Metz (*Fournel*).

quadripunctatum *Walck.* Lieux som-
bres des habitations. Metz (*Fournel*).

Sisyphum *Walck.* Bois et voisinage
des habitations. Metz (*Fournel*).

nervosum *Walck.* Commun : bois
de Chênes.

triangulifer *Walck.* Dans les maisons. Nancy ; Metz.

saxatile *Walck.* Jardins et broussailles. Nancy à la Croix gagnée.

benignum *Walck.* Jardins et vignes,
sur les inflorescences des raisins.

Argus *Walck.*

graminicolis *Walck.* Prairies et vergers. Nancy.

Argyroneta *Latr.*

aquatica *Latr.* Dans les eaux tranquilles. Metz (*Fournel*).

Ordre 2. — Scorpionides.

Chelifer *Geoffr.*

cancroïdes *Latr.* Dans les maisons;
il se glisse dans les livres et dans
les herbiers.

scorpioïdes *Herm.* Sous les écorces
et sous les Lichens. Metz (*Fournel*).

ischnocheles *Herm.* Sous les Mousses et les pierres. Nancy, au
bois de Boudonville et à la côte
de Malzéville.

Ordre 3. — Phalangides.

Phalangium *L.*

cornutum *L.* Très-commun sur les
murs.

rotundum *Latr.* Bois, sur le tronc
des arbres.

bimaculatum *Fabr.* Rare. Metz
(*Fournel*).

quadridentatum *Fabr.* Commun dans
les champs, sous les pierres.
Nancy, Lunéville ; Metz.

cristatum *Oliv.* Dans les champs.
Metz (*Fournel*).

urnigerum *Herm.* Pris par Ham-
mer dans les Vosges au Grand
Donon.

Trogulus *Latr.*

tricarinatus *Walk. et Gerv.* Rare :
sous les pierres. Metz (*Fournel*).

Ordre 4. — Acarides.

Bdella *Latr.*

longicornis *Walck.* Commun sous les pierres et dans les Mousses.

Cheyletus *Latr.*

eruditus *Latr.* Commun dans les livres et dans les musées d'histoire naturelle.

Trombidium *Fabr.*

Tiliarum *Herm.* Sur la face inférieure des feuilles de Tilleul.

holosericeum *Herm.* Très-commun sur la terre. Nancy, Lunéville ; Metz.

fuliginosum *Herm.* Rare : au pied des murs. Nancy.

autumnale *Latr.* Commun en automne sur les Graminées. Fournel l'a observé à Metz ; il assure qu'il s'insinue dans la peau de l'homme et qu'il est connu, dans le pays Messin, sous le nom de *Rouget.*

Eylaïs *Latr.*

extendens *Dugès.* Metz (*Fournel*).

Hydrachna *Latr.*

geographica *Müll.* Dans les eaux stagnantes. Metz (*Fournel*).

Limnochares *Latr.*

holosericea *Koch.* Dans les eaux stagnantes. Metz (*Fournel*).

Gamasus *Latr.*

Coleoptratorum *Walck.* Commun sur le corps d'un grand nombre d'Insectes.

marginatus *Walck.* Sur les Bousiers. Metz (*Fournel*).

Uropoda *Latr.*

vegetans *Dugès.* Sous les pierres et sur les Coléoptères fouisseurs. Metz (*Fournel*).

Demanyssus *Walck.*

Pipistrellæ *Walck.* Parasite de la Pipistrelle, sur laquelle nous l'avons observé.

Avium *Walck.* Vit sur les petits Oiseaux qu'on élève en cage et se loge dans l'étui médullaire vide des baguettes de sureau.

Gallinæ *Walck.* Parasites des Poules.

Pteroptus *Walck.*

Vespertilionis *L. Duf.* Parasite des Chauve-souris. Je l'ai observé sur des Barbastelles prises dans les souterrains du fort Belle-Croix à Metz.

Argas *Latr.*

reflexus *Latr.* Parasite des Pigeons dont il suce le sang.

Ixodes *Fabr.*

Ricinus *Latr.* Se trouve dans les bois et se fixe par son suçoir sur la peau des Chiens, dont il suce le sang. Il se fixe aussi sur l'homme, principalement au cou.
Reduvius *Latr.* Parasite des Moutons, sur lesquels je l'ai plusieurs fois recueilli.

Oribata *Latr.*

geniculata *Latr.* Dans les Mousses. Metz (*Fournel*).

Tyroglyphus *Walck.*

siro *Latr.* Commun dans la croûte du vieux fromage de Gruyères.
longior *Walck.* Avec le précédent.
farinæ *Latr.* Commun sur la vieille farine.

Psoroptes *Walck.*

Equi *Walck.* Commun sur les Chevaux atteints de gale.

Chorioptes *Walck.*

Capræ *Walck.* Parasite des Chèvres domestiques.

Sarcoptes *Latr.*

scabiei *Latr.* Parasite de l'Homme.
Cati *Hering.* Parasite du Chat domestique.
Suis *Delaf. et Bourg.* Parasite du Cochon domestique.

CLASSE IV. — CRUSTACÉS.

SOUS-CLASSE I. — CRUSTACÉS MAXILLÉS.

Ordre 1. — Décapodes.

Astacus *Fabr.*

fluviatilis *Gesn.* Assez commun dans les ruisseaux et dans quelques-unes de nos rivières. Près de Nancy, dans le ruisseau de l'étang St-Jean ; dans la Sarre, la petite Rosselle, l'Orne ; mais surtout dans la Meuse et dans les ruisseaux tributaires de ce fleuve. Cette écrevisse est connue sous le nom de *Pied rouge*.

pallipes *Lereb.* (A. albipes *Godr*.). Dans les ruisseaux des environs de Gérardmer ; dans la rivière de Meuse, où il habite des cantons où ne se trouve pas l'es- pèce précédente. Dès 1840, M. Lucas, professeur au collége de Verdun avait distingué dans la Meuse ces deux espèces (Voyez les *Mémoires de la Société philomatique de Verdun*, t. I, p. 241).

Ordre 2. — Amphipodes.

Gammarus *Fabr.*

fluviatilis *M. Edw.* Dans la Moselle et dans la Meurthe.

pulex *Fabr.* Dans les mêmes rivières que le précédent.

Ordre 3. — Isopodes.

Asellus *Geoffr.*

vulgaris *Latr.* Commun dans les marais.

Oniscus *L.*

murarius *Cuv.* Très-commun : fentes des vieilles murailles, bois pourri, sous les pierres.

Philoscia *Latr.*

Muscorum *Latr.* Commun : lieux très-humides, sous les feuilles mortes et les pierres.

Porcellio *Latr.*

scaber *Latr.* Commun : fentes des vieilles murailles, sous les pierres.

lævis *Latr.* Assez rare : sous les pierres. Nancy ; Metz (*Fournel*).

Armadillidium *Brandt.*

vulgare *M. Edw.* Très-commun : sous les pierres.

pustulatum *M. Edw.* Commun : dans les caves.

saxicolum *Fournel.* Dans les anciennes carrières des environs de Metz.

Ordre 4. — Phyllopodes.

Apus *Schœff.*

cancriformis *Latr.* Assez rare : ruisseaux. Pont-à-Mousson (*Léré*); environs de Metz (*Fournel*).

productus *Latr.* Eaux stagnantes.

Assez commun dans les environs de Metz (*Fournel*).

Limnadia *Ad. Brongn.*

Hermanni *Ad. Brongn.* Peu commun : mares des prairies. Environs de Metz (*Fournel*).

Branchipus *Schœff.*

stagnalis *Latr.* Assez commun :

fossés, marais. Nancy, Lunéville ; Metz.
diaphanus *M. Edw.* Dans les mares, qui se forment après les grandes pluies dans les bois et dans les prairies. Commun aux environs de Metz.

Artemia *Leach.*

salina *Leach.* Marais salés. Dieuze et Marsal.

Ordre 5. — Daphnoïdes.

Daphnia *Müll.*

Pulex *Müll.* Commun : étangs.
brachiata *Desm.* Eaux stagnantes. Nancy.
rosea *M. Edw.* Commun : dans les

marais. Nancy, Toul ; Metz.

Polyphemus *Müll.*

Pediculus *Straus.* Très-commun : étangs, marais.

Ordre 6. — Cyproïdes.

Cypris *Müll.*

striata *Desm.* Eaux stagnantes. Nancy, Lunéville.

fusca *Straus.* Commun : eaux stagnantes.
marginata *Straus.* Commun : eaux stagnantes.

Ordre 7. — Copépodes.

Cyclopsina *M. Edw.*

castor *M. Edw.* Assez rare : étangs. Nancy, Lunéville ; Metz (*Fournel*).
staphylinus *M. Edw.* Très-commun : marais, étangs.

Cyclops *Müll.*

vulgaris *Leach.* Commun : fossés, marais.
Nota. Il existe sans doute en Lorraine d'autres espèces de ces petits Crustacées.

SOUS-CLASSE II. — CRUSTACÉS SUCEURS.

Ordre des Siphonostomes.

Argulus *Müll.*

foliaceus *Jur.* Je l'ai observé sur des Épinoches prises dans les mares de la prairie de Tomblaine, près de Nancy.

DIVISION 2. — VERS.

CLASSE I. — ANNÉLIDES.

Ordre 1. — Chétopodes.

Lumbricus *L.*

terrestris *L.* Commun dans l'humus.

Nous possédons, sans aucun doute, d'autres espèces de ce genre ; mais elles n'ont pas été suffisamment étudiées en Lorraine.

Chætogaster *Baër.*

Lymnæi *Baër.* Eaux douces. Nancy, dans les mares de la prairie de Tomblaine.

Blanonaïs *P. Gerv.*

vermicularis *P. Gerv.* Commun dans les marais, où on le trouve attaché aux feuilles des *Lemna.*

Opsonaïs *P. Gerv.*

obtusa *P. Gerv.* Assez rare : dans les ruisseaux. Nancy.
elinguis *P. Gerv.* Est indiqué à Metz par Fournel.

Stylinaïs *P. Gerv.*

proboscidea *P. Gerv.* Commun dans nos marais.

Uronaïs *P. Gerv.*

furcata *P. Gerv.* Marais. Nancy, dans les mares de la prairie de Tomblaine.
barbata *P. Gerv.* Commun : mares, fossés, surtout dans les bois.
digitata *P. Gerv.* Commun dans les alluvions humides de la Meurthe, et de la Moselle.

Ophidonaïs *P. Gerv.*

serpentina *P. Gerv.* Commun dans les eaux stagnantes. Nancy, Pont-à-Mousson, Lunéville; Metz; Epinal ; Verdun.

Ordre 2. — Hirudinés.

Hirudo *L.* (*partim*).

medicinalis *L.* La guerre d'extermination que Broussais et surtout ses disciples ont déclaré à cette Annélide, l'ont presque fait disparaître des marais de la Lorraine.

Ichthyobdella *Blainv.*

geometra *Blainv.* Je l'ai observé à Nancy, sur une Carpe.

Hæmopis *Savign.*

Sanguisuga *Sav.* Commun dans nos ruisseaux.

Aulastoma *Moquin.*

gulo *Moq.* Commun dans les marais. Nancy à Boudonville.

Trocheta *Dutroch.*

subviridis *Dutr.* Assez rare : lieux humides et canaux souterrains. Environs de Metz (*Fournel*).

Nephelis *Savign.*

octoculata *Sav.* Commun dans nos eaux douces.

Glossiphonia *Johns.*

sexoculata *Johns.* Commun dans nos eaux douces.

heteroclita *Johns.* (*Hirudo hyalina L.*). Commun dans nos eaux douces.

CLASSE II. — TURBELLARIÉS.

Ordre 1. — Planaries.

Planaria *Müll.*

fusca *Müll.* Attaché aux pierres submergées. Dans les eaux de la Meurthe à Nancy et dans celles
de la Moselle à Liverdun, où je l'ai plusieurs fois observé.

Il existe sans doute en Lorraine plusieurs autres espèces appartenant à ce groupe naturel.

Ordre 2. — Trématodes.

Distoma *Retzius*.

hepaticum *Rud.* Il a été trouvé à Nancy dans le foie d'un Bœu (*Collections de la Faculté des Sciences de Nancy*).

CLASSE III. — NÉMATOÏDES.

Ordre 1. — NémaToïdes vraies.

Angiostoma *Dujard.*

Limacis *Duj.* Commun dans la terre humide et dans le corps des Limaces et des Lombrics, surtout dans les bois.

Rhabditis *Dujard.*

aceti *Duj.* Vit dans le vinaigre de vin et ne se voit pas toujours dans le vinaigre du commerce.

terricola *Duj.* Vit au milieu des Oscillaires, des Mousses et dans l'intestin des Limaces. Nancy.

Tritici *Duj.* Vit dans le grain du *Triticum vulgare* et produit la maladie du blé connue sous le nom de *Nielle.* On le trouve surtout dans les blés du département de la Meuse.

glutinis *Duj.* On le voit quelquefois dans la colle de farine aigrie.

Sclerostoma *Blainv.*

equinum *Blainv.* Commun dans les intestins du Cheval.

Ascaris *L.*

lumbricoïdes *L.* Commun dans les intestins de l'Homme et surtout chez les enfants.

megalocephala *Cloq.* Commun dans les intestins du Cheval.

marginata *Rud.* Dans les intestins du Chien.

mystax *Zed.* Dans les intestins du Chat domestique.

Oxyurus *Rud.*

vermicularis *Brems.* Commun dans les gros intestins de l'Homme, surtout chez les enfants.

Filaria *L.*

Les collections de la *Faculté des Sciences* présentent plusieurs espèces indéterminées, trouvées à Nancy dans le corps de plusieurs espèces animales.

Nota. Un grand nombre d'autres espèces de cet ordre existent certainement à l'état de parasitisme, dans le corps des différents animaux qui se rencon-trent en Lorraine. J'ai dû me borner à celles dont l'existence chez nous a été constatée.

Ordre 2. — Gordiacés.

Gordius *L.*

aquaticus *L.* Commun dans la vase de nos marais et de nos ruisseaux. Il existe, dit-on, aussi dans le corps de plusieurs Insectes.

Mermis *Dujard.*

albicans *Sieb.* Je l'ai rencontré à Nancy sur la terre humide. Il vit aussi dans le corps des Hannetons.

Trichina *Owen.*

spiralis *Owen.* Vit dans les muscles de l'Homme. On l'a observé à Strasbourg et il est vraisemblable qu'il se rencontrera en Lorraine.

Ordre 3. — Acanthocéphalés.

Echinorhynchus *Müll.*

gigas *Gœze.* Commun dans les intestins du Porc et du Sanglier.

polymorphus *Phil.* Dans les intestins des Canards.

CLASSE IV. — CÈSTOIDES.

Ligula *Bloch.*

simplicissima *Rud.* Dans la cavité abdominale du Goujon et de l'Ablette, dans la Seille à Dieuze et dans la Meurthe à Nancy (*Collections de la Faculté des Sciences*).

Tœnia *L.*

Solium *L.* Dans les intestins de l'Homme. Les collections de la Faculté des Sciences possèdent quatre *Vers solitaires* rendus simultanément par un habitant de Nancy. A l'état de *Scolex* ou de Cysticerque (*Cysticercus cellulosæ Rud.*), il se trouve dans le Porc et constitue chez cet animal la maladie connue sous le nom de ladrerie.

serrata *Gœze.* Dans les intestins

du Chien (*Collections de la Faculté des Sciences*). A l'état de *Scolex* (*Cysticercus pisiformis Zed.*) on le trouve dans le mésentère des Lièvres et des Lapins.

cœnurus *Van Bened.* Il n'est malheureusement pas rare en Lorraine, mais on ne l'y a vu qu'à l'état de *Scolex* (*Cœnurus cerebralis Rud.*), à la surface du cerveau des jeunes Moutons. C'est lui qui produit chez ces animaux la maladie grave connue sous le nom de *Tournis.*

Echinococcus *Küchenm.*

A l'état de *Scolex* (*Echinococcus hominis Rud.*) il a été observé en Lorraine chez l'Homme (*Collections de la Faculté des Sciences*) et chez nos animaux domestiques.

Nota. Le nombre des espèces contenues dans ce catalogue s'augmentera certainement, si l'on étudie avec plus de soin chez nous cette classe d'Entozoaires.

EMBRANCHEMENT III. — MOLLUSQUES.

DIVISION 1. — MOLLUSQUES PROPREMENT DITS.

CLASSE I. — GASTÉROPODES.

Ordre 1. — Inoperculés pulmonés.

Arion *Fér.*

rufus *Moq.* Commun : vergers, bois, jardins. Varie beaucoup quant à sa coloration.

subfuscus *Fér.* Rare : lieux frais et ombragés. Metz (*Fournel*).

Limax *Fér.*

gagates *Drap.* Rare : bois. Nancy; Metz ; Epinal.

marginatus *Müll.* Fentes des rochers dans les bois montagneux, vieux murs. Montagnes des Vosges ; coteaux des environs de Metz et de Verdun. — Cette Limace a, dit-on, des habitudes nocturnes.

agrestis *L.* Trop commun : jardins, champs, où il détruit les jeunes plantes.

sylvaticus *Drap.* Commun : bois.

variegatus *Drap.* Rare : bois. Environs de Nancy.

maximus *L.* Assez commun : jardins, caves, bois.

tenellus *Müll.* Rare : lieux frais.

Mirecourt (*Gaulard*) ; Verdun (*Buvignier*).

Testacella *Cuv.*

haliotidea *Drap.* Dans les pépinières de Metz, où il a été sans doute introduit avec des plantes du midi et où il s'est naturalisé (*Joba*).

Vitrina *Drap.*

diaphana *Drap.* Rare : sous les Mousses humides, les bois pourris. Les Hautes Vosges jusqu'à 1,250 mètres d'altitude (*Puton*).

pellucida *Gœrtn.* Sous les Mousses et sous les pierres, dans les lieux humides des bois, sur toute la formation jurassique de la Lorraine, où il est assez commun.

annularis *Gray* (*V. subglobosa Mich.*). Rare : sous les Mousses, les haies. Environs de Verdun (*Buvignier*).

Succinea *Drap.*

putris *Jeffr.* (*S. amphibia Drap.*). Très-commun partout sur le bord des eaux.

Pfeifferi *Rossm.* Bords des eaux. Nancy ; Remiremont.

oblonga *Drap.* Peu commun : près des fontaines, lieux frais et humides. Fossés de la ville de Metz (*Fournel*) ; Remiremont et Dom-

paire (*Puton*), Bruyères (*Didier-Georges*) ; Verdun (*Buvignier*).

arenaria *Bouch.* Rare : sur les plantes au bord des eaux. Remiremont (*Puton*). La var. B. Baudonii (S. Baudonii *Drouet!*) se trouve aussi aux environs de Remiremont.

Zonites *Montf.*

fulvus *Moq.* Rare : sous les Mousses, les feuilles mortes, les pierres. Environs de Nancy ; fossés de la citadelle de Metz (*Fournel*) ; Verdun (*Buvignier*) ; Vosges (*Puton*).

nitidus *Moq.* Très-commun : jardins, haies, bois. La var. albine a été trouvée à Remiremont par Puton.

cellarius *Gray.* Rare : sous les pierres, les Mousses, dans les caves, les lieux humides. Remiremont (*Puton*).

nitidulus *Gray.* Commun : bois.

nitens *Moq.* Lieux humides des bois, surtout dans la chaîne des Vosges.

striatulus *Moq.* Rare : sous les feuilles mortes, dans les bois, à Remiremont et sur le massif du Hohneck dans les Vosges.

crystallinus *Leach.* Très-répandu : sous les feuilles mortes, les Mousses, les haies et aussi dans les alluvions des rivières après les inondations.

Helix *L*. (*partim*).

pygmæa *Drap*. Assez répandu en Lorraine : vieux murs et sous les Mousses dans les bois. Nancy, Liverdun, Toul, Pont-à-Mousson ; Metz ; Mirecourt et Neufchâteau, Remiremont ; Lempire près de Verdun.

rotundata *Müll*. Très-commun partout : haies, bois, vieux murs.

obvoluta *Müll*. Très-répandu : sous les Mousses et les feuilles mortes dans les bois. Il n'est très-commun que sur la formation jurassique.

personata *Lam*. Rare : Mousses, feuilles sèches des bois. Château de Châtillon près de Cirey (*docteur Lessaing*) ; le Donon et Remiremont (*Puton*), Liésey (*l'abbé Jacquel*).

depilata *Drap*. Rare : sous les feuilles mortes. Grands escarpements de Retournemer dans les Vosges (*Puton*).

arbustorum *L*. Assez répandu : au bord des eaux. Nancy aux fonds de Toul ; saussaies des bords de la Moselle à Metz, Saint-Avold. commun dans les Hautes Vosges ; Saint-Mihiel et Verdun.

lapicida *L*. Assez commun : bois montagneux. On trouve dans les Hautes Vosges une variété plus petite, aplatie en dessus, moins carénée, blonde ; c'est le *H. Le-*

coquii *Puton* ined.

pulchella *Müll*. Assez répandu, mais il n'est très-commun que sur la formation jurassique.

nemoralis *L*. Très-commun partout : haies, bois, vignes, jardins.

hortensis *Müll*. Très-commun partout, dans les mêmes lieux que le précédent.

aspersa *Müll*. A la Chartreuse de Bosserville, près de Nancy et dans des jardins d'anciens couvents à Metz, où il a été probablement introduit par les moines. Paraît indigène à Montfaucon et à Varennes en Argonne (*Buvignier*).

Pomatia *L*. Commun : vignes, haies, jardins, bois. J'ai rencontré la variété albine à Bruyères.

aculeata *Müll*. Très-rare : près des sources dans les bois du calcaire jurassique. Fonds de Toul près de Nancy ; vallée de Mance près de Metz (*Joba*) ; Mirecourt (*Gaulard*), Remiremont ; environs de Verdun (*Buvignier*).

rupestris *Stud*. Rare : sur les rochers du calcaire jurassique. Liffol-le-Grand (*Puton*) ; Montmédy (*Buvignier*).

fruticum *Drap*. Haies, buissons. Paraît être exclusif en Lorraine à la formation jurassique. Nancy, Toul, Pont-à-Mousson : coteaux qui dominent Metz, Hayange ; Mirecourt et Vittel (*Puton*) ; très-répandu dans le département de la Meuse.

incarnata *Müll.* Assez rare : coteaux du calcaire jurassique. Nancy, Messein, Liverdun, Toul; Lorry, près de Metz (*Holandre*); Verdun (*Buvignier*). Sur le granite, à Remiremont (*Puton*) et à Liéscy (*l'abbé Jacquel*). La variété albine a été trouvée dans les Hautes Vosges par Puton.

carthusiana *Drap.* Très-rare : bois montagneux. Fonds de Toul près de Nancy. La var. minor (*H. rufilabris Jeffr.*) à Nancy.

carthusianella *Drap.* Très-commun dans les haies autour de Nancy et de Metz.

glabella *Drap.* Rare : haies, vieux murs. Neufchâteau et Remiremont (*Puton*).

sericea *Drap.* Rare : lieux humides des bois. Massif central des Vosges, où il s'élève jusqu'à 1,150 mètres d'altitude; Verdun (*Buvignier*).

hispida *L.* Commun : bois, haies.

plebeia *Mich.* Vieux murs. Saint-Dié, Epinal, Remiremont (*Puton*); Verdun (*Buvignier*). La variété *lurida* se trouve dans la chaîne des Vosges.

villosa *Stud.* Rare : sous les feuilles dans les bois. Environs de Remiremont (*Puton*).

rugosiuscula *Mich.* Rare : pelouses sèches des coteaux calcaires.

Nancy, Liverdun, Dieulouard; Metz (*Fournel*); Mirecourt, Liffol-le-Grand et Neufchâteau (*Puton*); environs de Verdun (*Buvignier*).

costulata *Ziegl.* Rare : sur les vieux murs et sur les pierres. Metz.

fasciolata *Poir.* Rare : prairies, jardins, champs, sous les herbes. Nancy (*Mathieu*).

ericetorum *Müll.* Commun : haies, pelouses, jardins. Se rencontre plus spécialement sur le calcaire jurassique et sur le muschelkalk.

Bulimus *Stud.*

montanus *Drap.* Rare : bois montagneux, sous les Mousses et les feuilles mortes. Nancy à la forêt de Haie; Montoy-la-Montagne (*Fournel*), Longwy (*Joba*); Remiremont (*Puton*), Liescy (*l'abbé Jacquel*), Hohneck (*Muhlenbeck*); Haudainville et Damvillers dans la Meuse (*Buvignier*).

radiatus *Brug.* Rare : gazons secs. Dans le vallon qui conduit à la cascade du Nydeck dans les Basses Vosges (*Mathieu*).

obscurus *Drap.* Très-répandu en Lorraine : sous les haies, lés Mousses, les feuilles mortes. La variété albine a été recueillie dans les Hautes Vosges par Puton.

detritus *Desh*. Rare : bois, sous les feuilles mortes. Dabo sur le grès vosgien.

tridens *Brug*. Assez répandu, mais spécialement sur la formation jurassique : sous les Mousses et les pierres. Nancy; Metz; Mirecourt et Neufchâteau; Verdun.

Menkeanus *Moq*. (*Pupa Goodalii Mich.*). Très-rare : sous les Mousses dans les bois du calcaire jurassique. Au-dessus de Maron près de Nancy (*Soyer - Willemet*); Lorry, Châtel, Mance et Saint-Julien près de Metz (*Fournel et Joba*); Mirecourt (*Gaulard*); Verdun, Damvillers, Stenay (*Buvignier*).

subcylindricus *Moq*. (*Achatina lubrica Menk.*). Très-commun et très-répandu en Lorraine : lieux humides. Il s'élève dans les Vosges jusqu'à 800 mètres (*Puton*).

acicula *Brug*. (*Achatina acicula Lam.*). Très-commun, mais seulement dans la formation jurassique; il se retrouve dans les alluvions de la plaine après les inondations.

Clausilia *Drap*.

laminata *Turt*. (*Cl. bidens Drap.*). Peu répandu : sur les rochers, sous les pierres et les Mousses, principalement sur les coteaux du calcaire jurassique. Sur le granite à Liéscy dans les Vosges (*l'abbé Jacquel*).

parvula *Stud*. Très-commun partout : sous les pierres et les Mousses, sur les vieux murs et les rochers. S'élève dans les Vosges jusqu'à 700 mètres d'altitude (*Puton*).

gracilis *Pfeiff*. Rare. Remiremont (*Puton*); Verdun (*Buvignier*).

perversa *Desh*. (*Cl. rugosa Drap.*). Très-commun partout : sur les rochers et les vieux murs, sous les pierres et les Mousses.

nigricans *Moq*. Assez rare : sous les Mousses dans les bois. La variété *obtusa* sur la formation jurassique, près de Nancy aux fonds de Toul; environs de Metz (*Joba*); Mirecourt (*Gaulard*); Verdun, Damvillers, Stenay (*Buvignier*). Les variétés *pupoïdes* et *abietina* se rencontrent dans les Vosges, où elles montent jusqu'à 1,250 mètres d'altitude (*Puton*).

plicata *Drap*. Rare : sous les Mousses dans les bois. Sarrebourg (*Mathieu*); Remiremont, d'où il monte jusqu'à 700 mètres dans les montagnes voisines.

plicatula *Drap*. Très-répandu, mais peu commun : vieux murs, rochers, sous les Mousses. Monte dans les Vosges centrales à la même altitude que le précédent (*Puton*).

Rolphii *Gray*. Rare : dans les bois, sous les Mousses et les feuilles mortes. Liverdun, près de Nancy (*Mathieu*).

ventricosa *Drap*. Peu commun : sous l'écorce des vieux arbres, les Mousses, les haies. Nancy aux Fonds de Toul ; environs de Metz (*Fournel et Joba*); Dompaire, Mirecourt, Remiremont (*Puton*), Liésey (*l'abbé Jacquel*); Montmédy (*Buvignier*).

lineolota *Held*. Très-rare : sous les Mousses. Nancy, Liverdun (*Mathieu*); Metz (*Joba*); Dompaire (*Puton*).

Pupa *Lam.*

perversa *Pot. et Mich.* (*P. fragilis Drap.*). Au pied des vieux murs, sous les Mousses, l'écorce des vieux arbres et les Lichens. A Bosserville près de Nancy (*Mathieu*); Metz (*Joba*); Verdun (*Buvignier*); Remiremont d'où il s'élève dans les Vosges jusqu'à 700 mètres (*Puton*).

avenacea *Moq*. Commun, mais exclusivement, du moins en Lorraine, sur la formation jurassique : rochers et murs secs. Nancy, Liverdun, Pont-à-Mousson ; Metz (*Fournel et Joba*); Neufchâteau, Vitel et Mirecourt (*Puton*).

frumentum *Drap*. Très-rare : ro-

chers, vieux murs. Nancy (*Mathieu*); environs de Metz (*Joba*).

pyrenæaria *Boub*. Très-rare : sur les rochers et les plantes. Bois d'Haudonville dans la Meuse(*Collin*).

Secale *Drap*. Assez commun, mais semble exclusif, du moins en Lorraine, à la formation jurassique. Nancy; Metz; Mirecourt; Commercy et Verdun.

granum *Drap*. Rare : sous les haies, le gazon, les pierres. Nancy (*Mathieu*).

doliolum *Drap*. Rare : sous les haies. Nancy; Metz (*Joba*) ; Mirecourt (*Gaulard*); Verdun, Varennes, Damvillers, Montmédy (*Buvignier*).

cylindracea *Moq*. Rare : lieux humides des forêts. Nancy aux Fonds de Toul.

marginata *Drap*. Assez commun : lieux ombragés, sous les feuilles mortes et les Mousses, spécialement sur la formation jurassique et sur le muschelkalk.

Vertigo *Müll.*

Muscorum *Mich*. Assez commun, mais spécialement sur la formation jurassique : lieux humides des bois. Nancy; Metz ; Mirecourt ; Verdun.

columella *Moq*. (*Pupa inornata Mich.*). Très-rare. Mirecourt et dans les alluvions de la Meuse (*Gaulard*).

edentula *Stud*. Rare : sous les haies, les Mousses, les pierres. Nancy (*Soyer-Willemet*) ; Haudainville dans la Meuse (*Buvignier*) ; dans les Hautes Vosges sur le granite, jusqu'à 1,150 mètres d'altitude (*Puton*).

pygmæa *Fér.* Rare : lieux humides, sous les haies, les pierres, les herbes. Nancy, Toul ; Metz (*Joba*) ; Mirecourt ; Verdun (*Buvignier*) ; sur le granite dans les Vosges jusqu'à 500 mètres d'altitude (*Puton*). La variété *quadridentata* a été trouvée à Metz (*Moquin-Tandon*).

antivertigo *Mich.* Rare : lieux frais et ombragés. Nancy à la Belle-Fontaine ; Dieppes et Sousenazanne près de Verdun (*Buvignier*).

pusilla *Müll.* Très-rare : sous les feuilles mortes, les Mousses. Breux près de Montmédy (*Buvignier*).

Carychium *Müll.*

minimum *Müll.* Assez répandu. Bords de la Meurthe à Nancy, après les débordements ; bords de la Moselle et de la Seille à Metz (*Joba*), Hayange et Moyeuvre-la-Grande ; Remiremont (*Puton*) ; Verdun, St-Mihiel, Commercy (*Buvignier*).

Ordre 2. — Inoperculés pulmobranches.

Planorbis *Guett.*

nitidus *Müll.* Très-rare : marais. Prairie de Tomblaine près de Nancy ; Dompaire (*Puton*) ; Verdun (*Buvignier*).

fontanus *Flem.* Rare : eaux stagnantes. Prairie de Tomblaine près de Nancy ; fossés des fortifications de Metz (*Joba*) ; Mirecourt (*Gaulard*) ; Belleraye et Dieppes près de Verdun (*Buvignier*).

complanatus *Stud. non Drap.* Commun dans les marais de la région calcaire, eaux stagnantes. Nancy, Toul, Pont-à-Mousson ; Metz ; Verdun et Saint-Mihiel.

carinatus *Müll.* Commun dans les mêmes lieux que le précédent.

vortex *Müll.* Commun dans les marais de la région calcaire.

rotundatus *Poir.* Peu commun : marais de la région calcaire. Prairie de Tomblaine près de Nancy ; fossés des fortifications de Metz (*Fournel*) ; étangs de la Meuse (*Buvignier*).

spirorbis *Müll.* Assez rare : eaux vives des sources et des ruisseaux. Nancy (*Soyer-Willemet*); Mirecourt (*Gaulard*), Dompaire et dans les Hautes Vosges jusqu'à 1,050 mètres d'altitude (*Puton*); Montmédy (*Buvignier*).

nautileus *Moq.* Rare : rivières et marais. Prairie de Tomblaine et étang Saint-Jean près de Nancy ; Metz (*Joba*) ; Verdun, Dieppes et Clermont en Argonne (*Buvignier*).

albus *Müll.* Disséminé, mais assez rare : sur les plantes aquatiques au bord des eaux stagnantes. Nancy ; Metz (*Fournel*) ; Remiremont (*Puton*) ; Verdun et Varennes (*Buvignier*).

contortus *Müll.* Très-commun dans les marais de la région calcaire.

corneus *Poir.* Très-commun dans les mêmes lieux que le précédent.

Physa *Drap.*

fontinalis *Drap.* Rare : sources, fontaines. Nancy ; Metz ; Mirecourt et Remiremont.

Hypnorum *Drap.* Rare : sur les herbes au bord des eaux stagnantes. Nancy, au bord de la Meurthe près de Tomblaine (*Godron*) ; Moranville, Stenay et Beaufort dans la Meuse (*Buvignier*).

acuta *Drap.* Canal de la Marne au Rhin à Nancy (*Roubalet*).

Limnæa *Brug.*

glutinosa *Sow.* Rare : marais des terrains calcaires. Lagrange-aux-Ormes, près de Metz (*Joba*) ; Verdun (*Buvignier*).

auricularia *Drap.* Commun dans les marais de la région calcaire.

limosa *Moq.* Commun partout : sources, ruisseaux, rivières, marais. S'élève dans les Hautes Vosges jusqu'à 1,100 mètres, notamment au lac de Frankentahl, où se trouve la variété *glacialis* (*L. glacialis Dup.*).

peregra *Lam.* Rare : fontaines, rivières, étangs. Nancy (*Mathieu*) ; Saint-Avold (*Schramm*); Mirecourt (*Gaulard*), Girecourt (*Mougeot*), Remiremont (*Puton*); Verdun et Etrayes près de Damvillers dans la Meuse (*Buvignier*). La variété *thermalis* a été trouvée par Puton à Chaudefontaine près de Remiremont (*L. thermalis Put. non Boub.*).

stagnalis *Lam.* Très-commun dans les marais et les étangs de la formation jurassique.

truncatula *Beck.* (*L. minuta Drap.*). Très-commun partout : fossés, ruisseaux. Il s'élève dans les Hautes Vosges jusqu'à 1,150 mètres.

palustris *Drap.* Commun dans les marais de la région calcaire. La variété *vogesiaca* (*L. vogesiaca Put.*) se trouve à Remiremont et à la prairie de Tomblaine près de Nancy.

glabra *Gray*. Rare : eaux stagnantes. Metz (*Joba*).

Ancylus *Geoffr.*

fluviatilis *Müll*. Commun partout,

même dans les sources les plus élevées des Hautes Vosges.

lacustris *Müll*. Rare : ruisseaux, marais. Fossés des fortifications de Metz (*Fournel*), Jouy-aux-Arches ; Verdun, Dieppes et Clermont en Argonne (*Buvignier*).

Ordre 3. — Operculés pulmonés.

Cyclostoma *Moq.*

elegans *Drap*. Très-commun, principalement sur les pelouses sèches de la formation jurassique.

septemspirale *Moq*. (*C. maculatum Drap.*). Rare : lieux humides, sous les pierres et les Mousses. Dans le département de la Meurthe (*Potiez et Michaux*), Nancy (*Roubalet*) ; au vallon de Mance près de Metz (*Joba*) ; Mirecourt (*Gaulard*). Plus commun dans le département de la Meuse.

Acme *Hartm.*

lineata *Hartm*. (*Carychium lineatum Fér.*). Très-rare : lieux humides des bois. Nancy aux Fonds de Toul ; Douaumont et Sommedieue près de Verdun (*Buvignier*).

fusca *Beck*. Très-rare : sous les Mousses humides, les feuilles mortes, les pierres. Nancy (*Roubalet*) ; il a été observé au commencement de ce siècle dans le département de la Meuse par Potiez et Michaud.

Ordre 4. — Operculés branchifères.

Bythinia *Gray.*

vitrea *Moq*. (*Cyclostoma vitreum Drap.*). Très-rare. Dans les alluvions de la Meuse (*Gaulard*).

abbreviata *Dup*. (*Paludina abbreviata Mich.*). Sources et petits ruisseaux des Hautes Vosges

jusqu'à 1,200 mètres d'altitude.

viridis *Dup*. (*Paludina viridis Hartm.*). Rare : sources d'eaux vives, ruisseaux. Villers-les-Nancy ; vallons de Mance et de Gorze près de Metz (*Fournel et Joba*) ; Mirecourt et Dompaire (*Puton*) ; Sommedieue, Maujouy et Chattencourt dans le département de la Meuse (*Buvignier*).

tentaculata *Stein.* (*Paludina impura Brard.*). Commun dans les marais et les ruisseaux de la région calcaire.

Paludina *Lam.*

vivipara *Lam.* Marais, canaux. Beaufort près de Stenay (*Buvignier*). Cette espèce était complétement inconnue dans le reste de la Lorraine, avant l'établissement du canal de la Marne au Rhin. Depuis quelques années elle est devenue assez commune à Nancy dans cette voie navigable.

Valvata *Lam.*

piscinalis *Fér.* Commun dans les eaux stagnantes de toute la région calcaire.

minuta *Drap.* Rare : sources. Verdun et Dieppes (*Buvignier*).

cristata *Müll.* Rare : eaux tranquilles. Metz (*Fournel*) ; Belleray dans la Meuse.

Nerita *Drap.*

fluviatilis *Lam.* Commun dans les rivières.

CLASSE II. — ACÉPHALES.

Ordre des bivalves lamellibranches.

Anodonta *Lam.*

cygnea *Drap.* Rare : rivières, étangs. Nancy.

cellensis *Pfeiff.* Assez commun : rivières et étangs. Dans la Meurthe à Nancy et dans la Moselle à Frouard (*Mathieu*) ; à Jouy-aux-Arches près de Metz (*Joba*).

anatina *Lam.* Assez commun dans les rivières et spécialement dans la Meurthe, la Moselle, la Seille, le Madon, le Durbion et la Meuse.

Rayii *Dup.* Dans la Moselle à Frouard (*Mathieu*).

elongata *Hol.* Assez rare. Dans la Meurthe à Nancy ; dans la Moselle et dans la Seille à Metz (*Holandre*).

variabilis *Drap.* Dans la Moselle à Frouard (*Mathieu*).

ponderosa *Pfeiff.* Rare. Ruisseau de la Cheneau à Metz et environs de Thionville (*Fournel*).

Rossmæssleriana *Dup.* Dans la Moselle à Frouard (*Mathieu*) et à Metz (*Joba*).

Dupuyi *Ray et Drouet.* Rare : dans les eaux. Frascati près de Metz (*de Saulcy*).

Unio *Philipps.*

margaritifer *Rossm.* Dans la Vologne et le Neuné (Vosges). Cette espèce fournit des perles, dont les Ducs de Lorraine s'étaient réservé la pêche.

rhomboïdeus *Moq.* (*U. littoralis Cuv.*). Très-rare. Dans la rivière d'Aire à Varennes (*Buvignier*).

ater *Nilss.* Dans le ruisseau de Mandrezy, à Saulcy-sur-Meurthe et dans la Meurthe à la Voivre près de Saint-Dié (*Puton*).

batavus *Nilss.* Assez commun. Dans la Meurthe, la Moselle, le Vair, le Durbion, la Meuse.

pictorum *Phil.* Assez commun dans toutes nos rivières.

tumidus *Phil.* Assez commun dans la Meurthe, la Seille et la Moselle. •

rostratus *Nilss.* Commun dans la Meurthe, la Moselle, l'Orne.

Pisidium *Pfeiff.*

Henslowanum *Jen.* Rare : fossés, ruisseaux. Val-d'Ajol dans les Vosges (*Puton*).

amnicum *Jen.* Rare : rivières et ruisseaux. Dans la Moselle à Metz (*Joba*) et dans la Rosselle près de Saint-Avold (*Schramm*); Mirecourt ; Verdun.

Cazertanum *Bourg.* Rare : sources, ruisseaux. Remiremont (*Puton*).

pulchellum *Jen.* Rare : sources et ruisseaux. Remiremont (*Puton*).

pusillum *Jen.* Commun partout, dans les sources, les fontaines. La *var. alligatum Baud.* au lac de Lispach (*Puton*).

nitidum *Jen.* Rare : fossés, mares. Remiremont et Hautes Vosges (*Puton*).

Cyclas *Pfeiff.*

cornea *Lam. non Drap.* Commun dans les cours d'eau de la région calcaire.

Scaldiana *Norm.* Dans les eaux de la Meurthe à Nancy (*Mathieu*).

rivicola *Leach.* Rare. Nancy, dans le canal de la Marne au Rhin (*Roubalet*); dans la Moselle près de Metz (*Desoudin*).

lacustris *Drap.* Rare : étangs et ruisseaux. Nancy; fossés des fortifications de Metz ; Remiremont ; Verdun.

calyculata *Drap.* Rare. Etang St-Jean près de Nancy ; aux Genivaux près de Metz et Montoy-la-Montagne (*Fournel*); Verdun (*Buvignier*).

Dreissena *Van-Ben.*

polymorpha *Van-Ben.* Espèce originaire de la Mer Noire, s'accommodant de l'eau douce, comme de l'eau salée, s'attachant à la quille des bateaux par un byssus et qui a été ainsi transportée par la navigation en Belgique, en Hollande, en Angleterre, en France. Elle a paru dans le canal de la Marne au Rhin, près de Nancy, en 1854, et s'y est multipliée depuis, à ce point qu'elle y est plus commune que nos espèces indigènes. On la trouve aujourd'hui dans la Meurthe et dans la Moselle jusqu'à Metz. (Consulter sur ce fait une notice que nous avons publiée au sujet de ce Mollusque dans les *Mémoires de l'Académie de Stanislas* pour 1855, p. 285).

DIVISION 2. — MOLLUSCOIDES.

Ordre des Bryozoaires.

Alcyonella *Lam.*

stagnorum *Lamour.* Commun dans les marais, sur les plantes aquatiques.

Cristatella *Cuv.*

vagans *Schweigg.* Assez commun dans les eaux stagnantes. Nancy.

Plumatella *Bosc.*

cristata *Schweigg.* Dans les eaux stagnantes. Nancy.

repens *Bosc.* Dans les eaux sous les feuilles de Nénuphars et de Potamots. Nancy.

EMBRANCHEMENT IV. — ZOOPHYTES.

CLASSE I. — POLYPES.

Hydra *L.*

viridis *Blainv.* Eaux stagnantes, sous les *Lemna*. Malzéville près de Nancy, où ce Polype a été trouvé par Braconnot.

CLASSE II. — SPONGIAIRES.

Spongilla *Lam.*

racemosa *Dutr.* (*Ephydatia fluviatilis Lamour.*). Eaux stagnantes. Nancy, dans le canal de la Marne au Rhin, Dieuze à l'étang de Lindres (*docteur Ancelon*); Hayange, dans l'étang dit de la Platinerie.

pulvinata *Lam.* Au fond des eaux. Dans la Vezouze à Lunéville (*Lebrun*).

RÉCAPITULATION

DU NOMBRE DES GENRES ET DES ESPÈCES.

	NOMBRE des GENRES.	NOMBRE des ESPÈCES.
VERTÉBRÉS.		
Mammifères....................	21	48
Oiseaux.......................	105	264
Reptiles	4	8
Amphibiens....................	6	12
Poissons......................	21	45
ANNELÉS.		
Insectes — Coléoptères.......	704	3129
Orthoptères.......	14	25
Névroptères.......	26	50
Hyménoptères.....	85	215
Lépidoptères......	378	1310
Hémiptères.......	111	251
Diptères..........	95	195
Siphonaptères.....	1	6
Anoplures........	7	33
Thysanoures......	9	16
Myriapodes....................	11	20
Arachnides....................	41	125
Crustacés.....................	17	30
Annelides.....................	14	18
Turbellariés...................	2	2
Nematoïdes....................	10	16
Cestoïdes.....................	3	5
MOLLUSQUES.		
Gastéropodes..................	22	122
Acéphales.....................	5	28
Bryozoaires...................	3	4
ZOOPHYTES.		
Polypes.......................	1	1
Spongiaires...................	1	2
	1717	5980

ERRATA.

Page 23, 2ᵉ col. lig. 6, Sphidiens, *lisez :* Ophidiens.
 51 Phœopora, *lisez :* Phlœopora.
 53 Boletobius, *lisez :* Bolitobius.
 95 Eburia, *lisez :* Eubria.
 124 Tracodes, *lisez :* Trachodes.
 130 Bostrychus, *lisez :* Bostrichus.
 133 Leiopus, *lisez :* Liopus.
 146 hyppodamia, *lisez :* hippodamia.
 156 Xylocapa, *lisez :* Xylocopa.
 176 et 214. Le genre Psyche a été par inadvertence scindé en deux groupes placés l'un dans la famille des Bombycides, l'autre dans celle des Tinéides ; il faut les combiner.
 202 Agrotera, *lisez :* Agrostera.
 230 Pentrolus, *lisez :* Centrotus.
 236 Sysphus, *lisez :* Syrphus.
 243 Tomisus, *lisez :* Thomisus.
 246 Pholcus, *lisez :* Phlocus.
 254 Planaries, *lisez :* Planariés.

TABLE DES GENRES.

A

Abdera...... ... 106
Abræus 73
Abramis 26
Abraxas....... 196
Abrostola...... 188
Acalles 125
Acalyptus 123
Acanthia...... 228
Acanthoderus .. 153
Acanthosoma .. 224
Accentor...... 13
Acerina. 25
Achenium 58
Acherontia 171
Achorutes..... 242
Acidalia....... 194
Acidota 62
Acilius 43
Acme........ 265
Acocephalus ... 231
Acompsia 218
Acontia ......, 188
Acritus 73
Acrognathus... 62
Acronycta..... 179
Adela 215
Adelocera..... 92
Adexius 117
Adimonia 142
Adrastus...... 95
Æchmia....... 219
Ædia........ 203
Aëtophorus 31
Ægialia....... 87
Ægosoma..... 131
Ælia 224
Æschna 152

Agabus....... 43
Agapanthia.... 134
Agaricochara... 51
Agathidium.... 70
Agelastica..... 142
Agelena 247
Aglena 231
Aglenus 78
Aglia 176
Aglossa 201
Agrilus....... 90
Agrion 152
Agriopis 186
Agriotes...... 93
Agrophila..... 188
Agrostera...... 202
Agrotis....... 182
Agyrtes 69
Alauda 11
Alausa 27
Alcedo........ 15
Alcyonella 268
Aleochara..... 48
Aleurodes..... 232
Alexia 149
Alophora 238
Alophus 116
Alucita 219
Alydus 225
Alysia 161
Alytes........ 24
Amalus....... 122
Amara 56
Amblystomus .. 32
Ammœcius 87
Ammophila.... 159
Amphicyllis ... 69
Amphidasys ... 192
Amphipyra 189

Amphotis 75
Anacampis 218
Anæsthetis 153
Anaïtis........ 200
Anarta 188
Anas......... 21
Anaspis 108
Anax 152
Anchocelis .. . 184
Anchomenus .. 54
Ancylochira.... 90
Ancylus 265
Andrena 156
Aneurus...... 228
Angerona 190
Angiostoma ... 255
Anguis 23
Anisodactylus . 37
Anisoplia..... 88
Anisopteryx... 196
Anisotoma.... 69
Anobium..... 101
Anodonta..... 266
Anomala...... 89
Anommatus ... 81
Anoncodes. ... 110
Anopheles..... 232
Anophia...... 189
Anoplius...... 160
Anoplodera... 136
Anoplus...... 123
Anser........ 21
Ansipenser. ... 28
Anthaxia..... 90
Antherophagus. 79
Anthidium.... 157
Anthicus...... 107
Anthobium.... 63
Anthocopa 157

Anthocharis ... 164
Anthocomus... 98
Anthocoris.... 226
Anthonomus... 121
Anthophagus... 62
Anthophora.... 155
Anthrax....... 235
Anthrenus..... 83
Anthribus..... 111
Anthus 11
Anticlea 198
Antithesia 208
Apamea....... 181
Apate 102
Apatura....... 168
Aphanisticus... 91
Aphanus...... 229
Aphelocheira... 229
Aphis 231
Aphodius...... 86
Aphophora.... 230
Apion 112
Apis 155
Aplecta....... 186
Apoderus..... 111
Apristus 52
Apteropeda.... 145
Apus 251
Aquila 5
Aradus 228
Arctia 174
Ardea........ 17
Arenaria..... 19
Argas 250
Arge 168
Argus........ 248
Argulus....... 253
Argynnis...... 167
Argyresthia ... 220
Argyrolepia.... 213
Argyroneta.... 248
Argyrotoxa.... 208
Arion 257
Arma 223
Armadillidium.. 251
Arocatus..... 226
Aromia....... 131
Arpedium..... 63
Artemia....... 252
Arvicola...... 4

Ascaris....... 255
Asclera....... 109
Asellus....... 251
Asemum...... 132
Asida 103
Asilus 235
Asiraca....... 230
Aspidiphorus... 102
Aspilates...... 196
Aspis......... 208
Astacus....... 250
Asteroscopus .. 177
Asthena 193
Astrapæus..... 55
Astur 6
Astynomus 133
Atemeles...... 48
Athous 92
Atomaria...... 80
Atropos....... 151
Attagenus..... 82
Attelabus 111
Attus 245
Aulastoma.... 234
Aulonium...... 78
Autalia 46
Axylia........ 180

B

Badister 33
Bagous 127
Balaninus 122
Bankia....... 188
Baptolinus..... 58
Barbus 25
Baridius 124
Barynotus..... 116
Bassus........ 160
Batrisus 65
Bdella........ 249
Bembex 159
Bembidium.... 39
Beosus 226
Berosus....... 44
Berytus....... 225
Betarmon 93
Bibio......... 233
Biston........ 191
Blaniulus...... 244

Blanonaïs 253
Blaps......... 103
Blatta 150
Blechrus...... 32
Bledius....... 61
Blephos....... 188
Boarmia 192
Boletobia...... 193
Bolitobius 53
Bolitochara.... 47
Bolitophagus... 103
Bombus....... 155
Bombycilla 10
Bombylius..... 235
Bombyx 175
Bostrichus..... 130
Botys 202
Brachinus..... 31
Brachypelta.... 223
Brachonyx.... 121
Brachyderes ... 114
Brachypterus... 74
Brachytarsus... 110
Bracon 161
Bradybatus.... 121
Bradycellus.... 38
Branchipus.... 252
Brontes....... 78
Broscus....... 34
Bruchus 110
Bryaxis....... 65
Bryophila 179
Bufo......... 24
Bulimus 260
Buprestis 89
Butalis........ 218
Buteo 6
Byrrhus....... 83
Bythinia 265
Bythinus..... 65
Bythoscopus ... 231
Byturus....... 99

C.

Cabera 194
Calamodyta.... 14
Calamoherpe... 14
Calathus 34
Calicodoma.... 156

Calicurgus	159	Cerigo	181	Cidaria	199
Callicera	236	Cerocoma	109	Cilix	176
Callicerus	49	Ceropales	160	Cimbex	163
Callidium	131	Cerophytum	91	Cimex	224
Callimorpha	174	Certhia	14	Cinclus	12
Calliphora	239	Cervus	5	Cionus	127
Calliptamus	151	Cerylon	78	Circaætus	5
Callistus	33	Cetonia	89	Circus	6
Calobata	239	Ceuthorhynchus	125	Cirrœdia	185
Calocampa	187	Chætarthria	45	Cis	102
Calodera	49	Chætogaster	253	Cistela	105
Calophasia	187	Chalcis	161	Clambus	70
Calopteryx	152	Charadrius	16	Clausilia	261
Calosoma	30	Charæas	181	Claviger	66
Campoplex	160	Chariclea	187	Cledeobia	201
Camptogramna	199	Charopus	98	Cleonus	115
Campylus	92	Cheilosia	237	Cleora	192
Canis	3	Cheimatobia	196	Clerus	99
Cannabina	8	Cheimonophila	214	Clivina	31
Cantacader	228	Chelifer	248	Cloantha	187
Cantharis	96	Chelonia	174	Clostera	178
Caprimulgus	11	Chelostoma	157	Clubiona	246
Carabus	30	Chennium	65	Clythra	138
Caradrina	182	Chermes	232	Clytus	132
Cardiophorus	94	Chesias	200	Cnemidotus	41
Carduelis	8	Cheyletus	249	Cneorhinus	114
Carpocapsa	211	Chilo	203	Cnephasia	209
Carpophilus	74	Chilocorus	147	Cobitis	26
Cartallum	132	Chilopora	49	Coccidula	148
Carychium	263	Chironomus	252	Coccinella	146
Cassida	146	Chlænius	33	Coccotraustes	8
Cataclysta	202	Chlorophanus	115	Coccus	232
Catephia	189	Chlorops	240	Coccyx	211
Catocala	189	Chlorospiza	8	Cochylis	213
Catops	67	Chondrostoma	26	Cœliodes	124
Catoptria	212	Choleva	67	Cœlioxis	157
Cemonus	158	Choragus	111	Colenis	69
Centrotus	230	Chorioptes	250	Coleophora	221
Cephalemya	237	Chrysanthia	109	Colias	164
Cephalisphcira	217	Chrysia	218	Colletes	156
Cephennium	66	Chrysis	160	Collix	197
Cephus	162	Chrysobothrys	90	Colobicus	78
Cerambyx	131	Chrysochus	138	Colon	68
Cerastes	184	Chrysomela	140	Coluber	23
Ceratocolus	159	Chrysomyia	234	Columba	15
Ceratopogon	233	Chrysopila	235	Colydium	78
Cerceris	158	Chrysops	233	Colymbetes	42
Cercus	74	Cicada	250	Colymbus	22
Cercyon	46	Cicindela	29	Comazus	70
Ceria	235	Ciconia	17	Coniatus	118

Conops	237	Cucullia	187	Diachromus	57
Conosoma	53	Cuculus	7	Dianthæcia	185
Copris	85	Cursorius	16	Dianous	59
Coprophilus	62	Culex	232	Diaperis	104
Coptosoma	223	Curtonevra	239	Diasemia	202
Coracias	13	Cybister	43	Dibolia	145
Coræbus	90	Cychramus	76	Dichelia	207
Cordulia	152	Cychrus	50	Dichrorampha	212
Coremia	199	Cyclas	267	Dicranura	177
Corcomelas	225	Cyclonotum	46	Dictyonota	227
Coreus	225	Cyclops	252	Dictyoptera	96
Corisa	229	Cyclopsina	252	Dictyopterix	207
Corticaria	81	Cyclostoma	265	Dicycla	185
Corvus	10	Cydnus	225	Diloba	178
Corycia	195	Cygnus	21	Dilophus	233
Corylophus	149	Cymathophora	178	Diluta	208
Corymbites	92	Cymindis	35	Dinarda	48
Corynetes	99	Cymus	226	Dinopsis	52
Coryssomerus	122	Cynips	162	Dioctria	234
Cosmia	185	Cyphon	95	Diodyrhyncus	112
Cosmopteryx	218	Cyprinus	25	Diphtera	179
Cossonus	128	Cypris	252	Dircæa	106
Cossus	176	Cypselus	11	Distoma	255
Cottus	25	Cyrtusa	69	Ditoma	78
Coturnix	16	Cytilus	85	Diurnea	214
Coxelus	77			Dolerus	165
Crabro	159	**D**		Dolichosoma	98
Crambus	203			Dolichus	54
Crassa	219	Daphnia	252	Dolomedes	245
Creophilus	55	Dascillus	95	Dolopius	93
Criocephalus	152	Dasycampa	184	Donacia	156
Crioceris	157	Dasycera	217	Dorcadion	153
Cristatella	268	Dasycerus	81	Dorcatoma	101
Crocallis	191	Dasydia	192	Dorcus	85
Cryphalus	130	Dasypoda	156	Doros	237
Cryptarcha	76	Dasypogon	235	Drapetes	91
Crypticus	105	Dasytes	98	Drassus	246
Cryptobium	58	Decticus	150	Dreissena	267
Cryptocephalus	138	Degeeria	242	Drilus	96
Cryptohypnus	94	Deilephila	170	Dromius	52
Cryptophagus	79	Deleaster	62	Dryomyza	239
Cryptopleurum	46	Delplax	230	Dryophilus	101
Cryptorhincus	124	Demanyssus	249	Dryophthorus	128
Cryptops	244	Demetrias	31	Drypta	31
Crypturgus	130	Dendroctonus	129	Dypterygia	181
Crypturus	161	Dendrophilus	72	Dyschirius	31
Cryptus	161	Depressaria	217	Dysdera	245
Cteniopus	105	Dermestes	82	Dytiscus	43
Ctenistes	63	Desoria	242		
Ctenophora	233	Dexia	238		

TABLE DES GENRES. 275

E

Ebæus........ 98
Ebulea 202
Echinococcus .. 257
Echinomyia.... 238
Echinorhyncus . 256
Elachista 220
Elaphrus...... 29
Elater........ 94
Eledona....... 103
Ellescus 121
Ellopia 191
Elmis 84
Elomyia 238
Emberiza 9
Emmelesia..... 197
Empis........ 235
Emus 55
Emydia....... 173
Encephalus.... 51
Endomychus... 149
Endotricha 202
Endromis 176
Engis 146
Eunearthron... 103
Eunomos...... 191
Ennychia...... 201
Enoplops...... 225
Enoplopus..... 104
Epeïra........ 247
Epeolus....... 157
Ephemera..... 152
Ephestia 205
Ephialtes...... 160
Ephippium..... 254
Ephippiphora... 211
Ephistemus.... 80
Ephyra 195
Epilachna 148
Epigraphia 214
Epione 190
Epunda....... 186
Epuræa....... 74
Erastria....... 188
Erebia........ 168
Erinaceus 2
Eriopsela...... 209
Eriopus....... 188
Erirhinus...... 120

Eristalis...... 236
Erithacus 13
Eros 96
Esox......... 27
Euæsthetus.... 59
Eubolia....... 199
Eubria........ 95
Eucera 156
Euchelia ....*. 173
Euclidia...... 190
Eucnemis 91
Eudorea 204
Endopisa...... 212
Eumenes...... 158
Eumolpus 138
Eupelix....... 251
Euperia....... 185
Eupisteria..... 195
Eupithecia..... 197
Euplectus 65
Euplexia...... 186
Euplocamus ... 214
Euridema 224
Eurigaster..... 223
Eurycera...... 228
Eurymene..... 191
Euryporus..... 54
Eurythyrea 90
Euryusa 47
Eusomus...... 114
Eustrophus 106
Euthia........ 66
Evacanthus.... 251
Evagetes...... 159
Evania........ 161
Exocentus..... 133
Exochomus.... 147
Eylaïs........ 249

F.

Falagria 47
Falco......... 6
Felis........ 3
Fidonia....... 195
Filaria........ 255
Fœnus........ 161
Forficula...... 150
Formica 154
Fringilla...... 8

Fugia 217
Fulica........ 19
Fuligula...... 21

G..

Galleruca 142
Galleria....... 205
Gallinula 19
Gamasus...... 249
Gammarus..... 251
Gargara....... 250
Garrulus...... 10
Gasterosteus ... 25
Gastrophysa ... 141
Geometra 193
Geophilus..... 244
Georyssus..... 84
Geotrupes..... 87
Gerris........ 229
Gibbium 101
Globiceps 227
Glomeris...... 243
Glossiphonia... 254
Gluphysia..... 178
Glyphipterix... 219
Gnathoncus.... 73
Gnophos...... 192
Gnorinus 89
Gobio........ 25
Gomphus 152
Gonioctena 141
Gonocerus..... 225
Gonoptera..... 189
Gonypes...... 235
Gordius....... 256
Gortyna....... 180
Gorytes....... 158
Gracilia....... 152
Gracillaria..... 221
Gracillaroïdes.. 221
Grammesia..... 182
Grammoptera.. 156
Grapholitha.... 210
Graphosoma... 223
Gronops...... 118
Grus......... 17
Gryllotalpa.... 150
Gryllus........ 150
Grypidius 121

Guenea	218	Heriades	157	Hylesinus	129
Gymnetron	127	Herminia	200	Hylobius	117
Gymnopleurus	85	Hesperia	170	Hylotoma	163
Gymnosoma	238	Hetærius	72	Hylotrupes	152
Gymnusa	52	Heterocerus	83	Hylurgus	129
Gyrinus	44	Heterogaster	226	Hypena	200
Gyrophæna	51	Heterothops	54	Hypenodes	200
Gyropus	241	Heterotoma	227	Hyperaspis	148
		Hexatoma	233	Hypercallia	217
H.		Himantopus	19	Hyphydrus	41
		Himera	191	Hypnophila	145
Habrocerus	52	Hippobosca	240	Hypocyptus	52
Hadena	186	Hippodamia	146	Hypoderma	237
Hadrotoma	82	Hippolaïs	14	Hypophœus	104
Hæmatopota	233	Hiria	183	Hyria	193
Hæmatopinus	241	Hirsuta	220		
Hæmatopus	16	Hirudo	254	**I**	
Hæmonia	157	Hirundo	10		
Hæmopis	254	Hispa	143	Ibis	17
Halia	195	Hister	72	Ichneumon	161
Halias	206	Holoparamecus	81	Ichthyobdella	254
Haliætus	5	Homalisus	96	Ilarus	183
Halictus	156	Homaloplia	88	Ilybius	42
Haliplus	40	Homalota	50	Ilyobates	49
Haltica	142	Homœusa	47	Ilythia	204
Halyzia	147	Hoplia	88	Incurvaria	215
Haplocnemus	98	Hoplisus	158	Iodis	193
Haploderus	62	Hoplocephala	104	Ips	76
Haploglossa	48	Hoporina	184	Ischnodes	94
Harpactor	228	Hybernia	196	Ischnoglossa	47
Harpalus	37	Hydaticus	43	Issus	230
Harpipteryx	217	Hydnobius	69	Iulus	243
Harpya	177	Hydra	263	Ixodes	250
Hecatera	185	Hydrachna	249		
Hedobia	100	Hydræcia	180	**J**	
Heliodes	188	Hydræna	45		
Heliophobus	181	Hydrelia	188	Jalla	225
Heliothela	201	Hydrobius	44	Jassus	231
Heliothis	188	Hydrocampa	202		
Helix	259	Hydrochus	45	**K**	
Helochares	44	Hydrocyphon	95		
Helodes	95	Hydrometra	229	Kakerlac	150
Helophilus	236	Hydronomus	121		
Helophorus	45	Hydrophilus	44	**L**	
Helops	104	Hydroporus	41		
Hemerobius	153	Hydrous	44	Laccobius	44
Hemithea	193	Hygronoma	51	Laccophilus	42
Hendecatomus	102	Hyla	23	Lacerta	22
Hepialus	176	Hylastes	129	Lacon	92
Herbula	201	Hylecætus	100	Læmophlæus	78

Lagria	106	
Lamia	133	
Lamprinus	53	
Lamprorhiza	96	
Lampros	217	
Lamprosoma	138	
Lampyris	96	
Langelandia	81	
Lanius	11	
Laphria	234	
Larentia	196	
Laricobius	100	
Larinus	120	
Larus	20	
Lasiocampa	175	
Lathridius	81	
Lathridmæum	63	
Lathrobium	58	
Lebia	32	
Ledra	231	
Leistotrophus	55	
Leistus	30	
Lema	137	
Lemmatophila	214	
Lepidocyrtus	242	
Lepisma	243	
Leptacinus	57	
Leptia	209	
Leptinus	67	
Leptis	235	
Leptogramma	207	
Leptura	136	
Leptusa	47	
Lepus	4	
Lepyronia	236	
Lepyrus	116	
Lestes	152	
Lesteva	62	
Leucania	180	
Leuciscus	26	
Leucoparyphus	52	
Leucophasia	164	
Leucopis	161	
Libellula	151	
Licinus	33	
Ligdia	196	
Ligula	256	
Lignyodes	121	
Limacodes	176	
Limax	257	

Limenitis	167	
Limnadia	252	
Limnebius	45	
Limnephila	154	
Limnichus	83	
Limnius	84	
Limnobia	233	
Limnochares	249	
Limobius	118	
Limonius	93	
Limosa	18	
Lina	141	
Linaria	9	
Linyphia	247	
Liodes	69	
Liophlœus	116	
Liopus	133	
Liosomus	117	
Liotheum	241	
Liparis	174	
Lissodema	105	
Lissonota	160	
Lita	219	
Litargus	82	
Lithobius	244	
Lithocharis	59	
Lithocolletis	221	
Lithosia	173	
Lithodactylus	123	
Lixus	119	
Lobesia	213	
Lobophora	198	
Locusta	151	
Locustella	14	
Lomaspilis	196	
Lomechusa	48	
Longitarsus	144	
Lophyrus	162	
Loricera	29	
Lota	28	
Lotria	205	
Loxia	8	
Loxocera	239	
Lucanus	85	
Lucilia	238	
Ludius	92	
Lumbricus	233	
Luperina	181	
Luperus	142	
Lutra	3	

Lycæna	165	
Lycoperdina	149	
Lycosa	245	
Lyctus	102	
Lyda	162	
Lygæus	226	
Lymexylon	100	
Lymnæa	264	
Lyprus	127	
Lytta	109	

M

Macaria	195	
Machetes	18	
Machilis	242	
Macrocera	156	
Macroglossa	170	
Macronychus	85	
Macrospis	231	
Macrotoma	242	
Madopa	200	
Magdalinus	120	
Malachius	97	
Malacosoma	142	
Mallota	236	
Malthinus	97	
Malthodes	97	
Mamestra	181	
Mania	189	
Mantis	150	
Mecinus	128	
Megachile	156	
Megalomus	153	
Megapenthes	94	
Megarthrus	64	
Megasternum	46	
Megatoma	82	
Melandrya	106	
Melanippe	198	
Melanotus	94	
Melasis	91	
Melanthia	198	
Melecta	157	
Meles	2	
Melia	205	
Meligethes	75	
Melitæa	167	
Melodes	209	
Meloe	108	

Melolontha	88	Myelophila	205	Nymphalis	167
Melophagus....	240	Mylabris......	109	Nyssia.......	191
Mermis.......	256	Myllæna......	52		
Mergus.......	22	Myopa.......	237	**O**	
Merops.......	15	Myoxus.......	4		
Mesocælopus...	101	Myrmecoxenus .	149	Oberea.......	154
Mesogona.....	185	Myrmedonia ...	48	Obrium.......	152
Mesosa.......	153	Myrmeleon....	155	Ocalea	47
Mesostenus....	161	Myrmica	154	Ochina.......	101
Metabletus	52	Mystacida.....	154	Ochthebius....	45
Metallites	113	Myzoxylus.....	232	Ochthera......	240
Metastemma...	228			Oceoemnus ...	103
Metopia.......	238	**N**		Ocyptera......	258
Metoponcus....	57			Ocypus.......	55
Metrocampa ...	190	Nabis	228	Odacantha	51
Miana	182	Nacerdes......	109	Odonestis.....	175
Micraspis	147	Naclia.......	173	Odontæus.....	87
Micropalpus ...	238	Nanophyes	128	Odontia	201
Micropeplus ...	64	Naucoris......	229	Odontomyia ...	254
Micropeza.....	239	Nebria.......	50	Odontopera....	191
Micropteryx ...	216	Necrophilus....	68	Odynerus	158
Microzoum	103	Necrophorus...	68	Œcophora	219
Milesia	256	Necydalis	133	Œdemera.....	109
Milvus.......	6	Neïdes	225	Œdicnemus ...	16
Minoa.......	193	Nematus	165	Œdipoda	151
Minyops	116	Nemeobius....	166	Œnophira....	207
Miris........	226	Nemeophila ...	174	Œstrus.......	258
Miselia	186	Nemobius.....	159	Ogcodes......	255
Mniophila (S.) .	143	Nemoræa	258	Oletera.......	244
Mniophila (B).	192	Nemotelus.....	254	Olibrus.......	74
Molytes......	117	Nemura.......	155	Oligomerus....	101
Monanthia.....	228	Nepa........	229	Oligota.......	51
Monochammus .	153	Nephelis......	254	Oligotricha....	155
Mononychus ...	123	Nerita.......	266	Oinodia.......	211
Monotoma.....	79	Neuria	181	Oisthopus.....	55
Mordella......	107	Nitidula	73	Olophrum.....	65
Mordellistena ..	108	Noctua	185	Omalium......	65
Mormidea.....	224	Nola........	206	Omias........	118
Morychus.....	85	Nomada	157	Omophlus....	103
Motocilla......	12	Nonagria......	180	Omophron	29
Muræna	28	Nosodendron ..	85	Omosita	75
Mus........	4	Noterus.......	42	Oncocephalus..	223
Musca.......	239	Notiophilus....	29	Oncocera	204
Muscicapa.....	11	Notodonta.....	177	Oniscus	251
Mustela.......	2	Notonecta.....	229	Onticellus	86
Mutilla	160	Notoxus	107	Onthophagus ..	85
Mycetæa.....	149	Nucifraga.....	10	Onthophilus ...	73
Mycetochares ..	103	Nudaria	174	Oodes........	53
Mycetophagus..	82	Numenius.....	17	Opadia.......	212
Mycetoporus...	55	Numeria......	193	Opatrum......	103

Ophidonaïs	253	Pæderus	59	Phalaropus	19
Ophiodes	190	Pædisca	210	Phaneroptera	150
Opilus	99	Palpula	216	Phasia	258
Oporabia	196	Paludina	266	Phibalocera	217
Opostega	220	Panagæus	53	Phibalapteryx	199
Opsonaïs	253	Pandion	5	Phigalia	191
Orchesella	242	Panorpa	153	Philanthus	158
Orchesia	106	Papilio	163	Philhydrus	44
Orchestes	123	Papsus	227	Phyllopneuste	14
Orectochilus	44	Paragus	237	Philodromus	246
Orgya	174	Paramecosoma	80	Philonthus	56
Orgyra	173	Paraponyx	202	Philopterus	241
Oribata	250	Parasia	216	Philoscia	251
Oriolus	12	Pardia	208	Phlocus	246
Orneodes	222	Parnassius	164	Phlœobium	64
Ornithomyia	240	Parnus	84	Phlœocharis	64
Ornix	220	Paromalus	72	Phlœodes	210
Orobitis	123	Parus	9	Phlœophagus	128
Orochares	65	Passer	8	Phlœophtorus	129
Orsodacna	136	Pastor	10	Phlœopora	51
Orthoperus	149	Patrobus	54	Phogophora	186
Orthopleura	99	Pediacus	79	Pholcus	246
Orthosia	184	Pediculus	241	Phora	240
Orthosteira	228	Pedinus	103	Phorodesma	193
Orthotænia	209	Pediopsis	231	Phosphænus	96
Orycies	89	Pelecanus	20	Phoxopteryx	210
Oryssus	162	Pellonia	194	Phratora	141
Osmia	156	Pelobius	41	Phryganea	155
Osmoderma	89	Pelopæus	159	Phrysotoxum	236
Osmylus	155	Peltis	77	Phtirius	241
Othius	58	Pempelia	204	Phycis	204
Otiorhyncus	119	Pentaphyllus	104	Phygas	215
Otis	16	Pentatoma	224	Phyllobius	118
Otites	259	Penthimia	231	Phyllobrotica	142
Oxybelus	159	Penthina	208	Phyllomorpha	225
Oxycera	234	Pepilla	203	Phyllonthocheila	228
Oxypoda	49	Perca	24	Phyllopertha	88
Oxyporus	61	Perdix	16	Phymata	227
Oxytelus	61	Pericallia	191	Phyparochromus	226
Oxythirea	89	Perileptus	39	Physa	264
Oxyurus	255	Peritelus	119	Phytobius	123
		Perla	155	Phytocoris	227
P		Pernis	6	Phytœcia	134
		Peronea	207	Phytometra	190
Pachetra	181	Petrocincla	13	Phytonomus	117
Pachybrachys	139	Petromyzon	28	Pica	10
Pachycnemia	196	Phædon	141	Picromerus	223
Pachygaster	234	Phalacrocorax	20	Picus	7
Pachymerus	226	Phalacrus	73	Pieris	164
Pachyta	135	Phalangium	248	Piestosoma	228

Pionea	202	Poophagus	126	Pyralis	201
Pipunculus	237	Porcellio	251	Pyrausta	201
Pirates	228	Potamophilus	84	Pyrochroa	107
Pisidium	267	Prasocuris	141	Pyrodes	212
Pissodes	120	Pria	75	Pyrrhocoris	226
Pixius	250	Prionus	131	Pyrrhula	8
Plagiodera	141	Procris	173	Pytho	105
Planaria	254	Procrutes	50		
Planorbis	263	Prognatha	64	**Q.**	
Platycerus	85	Pronomæa	51		
Platydema	104	Prosopis	158	Quedius	54
Platyderus	35	Proteinus	64		
Platygaster	226	Psammodius	87	**R.**	
Platynaspis	148	Psammæcus	98		
Platypteryx	177	Psarus	236	Rallus	19
Platypus	130	Psecadia	205	Rana	23
Platyrhinus	111	Pselaphus	65	Ranatra	229
Platysoma	72	Psen	158	Raphidia	153
Platystethus	61	Pseudophia	190	Raphigaster	224
Platytes	204	Pseudophlæus	225	Recurvirostra	19
Plecotus	2	Pseudoterpna	193	Reduvius	228
Plectroscelis	145	Psithyrus	157	Regulus	10
Plegaderus	73	Psocus	151	Retinia	211
Plinthus	117	Psodos	192	Rhabditis	255
Ploa	229	Psoroptes	250	Rhagium	135
Plodia	205	Psyche	176 et 214	Rhagonycha	97
Plœaria	229	Psychoïdes	215	Rhamnusium	135
Plumatella	268	Psychomia	151	Rhamphus	114
Plusia	188	Psylia	231	Rhingia	236
Pocadius	76	Psylliodes	145	Rhinocyllus	120
Podiceps	22	Ptenidium	70	Rhinolophus	1
Podops	225	Pterogon	170	Rhinomacer	112
Pœcilonola	89	Pteromalus	161	Rhinoncus	126
Pogonocherus	133	Pterophorus	222	Rhinosimus	106
Pogouus	54	Pteroptus	249	Rhipiphorus	108
Polia	186	Pterostichus	35	Rhizobius	148
Polistes	155	Pteryx	71	Rhizopertha	102
Pollenia	239	Ptilinus	101	Rhizophagus	77
Pollyxenus	243	Ptilium	71	Rhizotrogus	88
Polydesmus	243	Ptilodontis	177	Rhodeus	26
Polydrosus	117	Ptinella	71	Rhodocera	164
Polygraphus	129	Ptinus	100	Rhodopæa	204
Polyommatus	16	Ptycholoma	208	Rhopalodontus	102
Polyopsia	134	Ptyelus	230	Rhopalus	225
Polyphemus	252	Pulex	240	Rhynchites	111
Polyphylla	88	Pupa	262	Rhyncolus	128
Polystichus	31	Purpuricenus	131	Rhysphus	233
Polyzonium	244	Putorius	3	Rhyssemus	87
Pompilus	159	Pygœra	178	Rivula	200
Ponera	154	Pygolampis	229	Rosalia	151

Röslertammia..	218	Sehirus.......	225	Spondylis.....	131
Rumia........	190	Selenia.......	191	Spongilla.....	268
Rusina........	182	Selenodes....	209	Stachynia.....	257
		Selidosema....	195	Staphylinus....	55
S.		Semasia.......	211	Stenelmis.....	84
		Semblis......	155	Stenocephalus..	225
Salamandra....	24	Sepedon......	239	Stenolophus...	58
Salda........	229	Serica........	88	Stenopterus....	133
Salmo........	27	Sericoderus....	149	Stenopteryx....	203
Salpingus.....	105	Sericoris......	209	Stenoria......	109
Saperda......	134	Sericosomus...	93	Stenostola.....	134
Saprinus......	72	Serropalpus....	106	Stenus........	59
Sapyga.......	160	Sesia........	171	Stenusa.......	47
Sarcophaga....	258	Setina........	173	Stercorarius...	19
Sargus........	234	Sibynes.......	122	Sterna........	20
Sarrothripa....	206	Sideria........	208	Steropes......	170
Sarrotrium....	77	Sigalphus.....	161	Stichoglossa...	47
Sarcoptes.....	250	Silpha........	68	Stigmonota....	212
Saturnia......	176	Silusa........	47	Stilicus........	58
Satyrus.......	169	Silvanus......	79	Stomis........	35
Saxicola......	13	Simplocaria....	83	Strangalia.....	135
Scaphidema....	104	Simulium.....	233	Stratiomys.....	234
Scaphidium....	71	Sinodendron...	85	Strenia.......	195
Scaphisoma....	71	Sisyphus......	85	Strix.........	6
Scaphium.....	71	Sisyra........	153	Strongylosoma.	243
Scapthose.....	253	Sitta.........	14	Strophosomus..	114
Scatophaga....	239	Sitones.......	115	Sturnus.......	10
Scenopinus....	237	Sitophylus.....	128	Stylinaïs......	253
Schœnobius....	203	Smerinthus....	171	Styphlus......	124
Sciaphila......	209	Smicronyx....	122	Succinea......	257
Sciaphilus.....	114	Smiera.......	161	Sula.........	20
Sciocoris......	224	Smynthurus...	242	Sunius........	59
Scirtes.......	95	Solenius......	159	Sus..........	4
Sciurus.......	3	Someteria.....	21	Symbiotes.....	149
Scleropterus...	125	Sophronia.....	200	Synaptus......	93
Sclerostoma...	255	Sorex........	2	Syncalypta....	83
Scolia........	160	Soronia.......	75	Synchita......	78
Scolopax......	18	Sparassus.....	246	Synia.........	180
Scolytus......	129	Specodes......	158	Syntomopus...	189
Scopæus......	59	Spermophagus.	110	Syntomis.....	173
Scopelosoma...	184	Sphæridium....	46	Syrichthus.....	170
Scopula.......	203	Sphærites.....	69	Syritta........	236
Scoria........	195	Sphærocera....	240	Siromastes....	225
Scotosia.......	199	Sphæroderma..	145	Sylvia........	13
Scraptia.......	107	Sphærophoria..	237	Syrphus.......	236
Scutigera......	244	Sphenophorus..	128		
Scydmænus....	66	Sphinx.......	171	**T.**	
Scymnus......	148	Sphodrus......	34		
Scytodes......	245	Spilodes......	203	Tabanus......	233
Segestria......	245	Spilonota.....	208	Tachinus......	52

Tachyporus....	52	Thyreopus	159	Trox.........	88
Tachypus.....	40	Thyris........	171	Trypoxylon ...	159
Tachys.......	39	Tichoderma ...	15	Turdus.......	12
Tachyusa......	49	Tillus	99	Tychius	122
Tænia	256	Timandra	194	Tychus.......	65
Tæniocampa ...	183	Timarcha	159	Typhæa	82
Talpa	2	Tinca........	25	Typhocyba	251
Tanagra.......	200	Tinagra.......	219	Tyroglyphus...	250
Tanymecus....	115	Tinea	215		
Tanypus	255	Tingis........	227	**U**	
Tanysphyrus...	117	Tiphia	160		
Taphria.......	34	Tipula........	255	Uloma	104
Tapinotus.....	127	Tiresias.......	85	Ulopa	230
Tegenaria.....	247	Tischeria	220	Unio	267
Telephorus....	96	Tortrix	206	Upupa........	15
Telmatophilus..	98	Totanus	18	Urapteryx. ...	190
Tenebrio......	104	Toxocampa....	189	Urocerus......	162
Tenthredo.....	162	Toxotus	155	Urodon.......	110
Tephrina......	195	Trachodes.....	124	Uronaïs	253
Tephrosia.....	192	Trachyphlœus..	118	Urophora	259
Teras	207	Trachys.......	91	Uropoda	249
Teredus.......	78	Trechus	59	Ursus	2
Teretrius......	73	Triarthron.....	69		
Testacella.....	238	Tribolium.	104	**V**	
Tetanocera....	259	Tricephora	230		
Tethea........	181	Tricheris......	213	Valgus	89
Tetragnatha ...	247	Trichina	256	Valvata.......	266
Tetrao........	15	Trichius......	89	Vanellus......	17
Tetratoma.....	106	Trichodectes ..	241	Vanessa	168
Tetrix........	151	Trichodes	99	Velia.........	229
Tetropium.....	152	Trichonyx.....	65	Venilia	190
Tettigonia.....	230	Trichopteryx ..	71	Venusia	194
Thalassiodroma.	20	Trimium......	65	Verlusia	225
Thalycra......	75	Triuga	18	Vertigo.......	267
Thanaos	170	Triphæna	185	Vespa........	155
Tharops	91	Triphyllus....	82	Vespertilio	1
Thecla........	164	Triplax	146	Vipera.	25
Thera	198	Tritoma	146	Vitrina	257
Therapha	225	Tritomegas....	224	Volucella	256
Theridium.....	247	Triton........	24	Vulpes	5
Thevera.......	255	Trocheta......	254	Vultur	5
Thiasophila....	47	Troglodytes ...	14		
Thinodromus...	62	Troglops	98	**X**	
Thomisus.....	245	Trogoderma ...	83		
Threnodes.....	201	Trogophlœus ..	62	Xanthia	184
Throscus......	91	Trogosita	77	Xantholinus ...	57
Thyatyra......	178	Trogulus	248	Xanthosetia ...	215
Thymallus	27	Trombidium ...	249	Xipidium	151
Thymallus.....	27	Tropideres	110	Xiphydria	162
Thyreophora...	240	Tropiphorus...	116	Xyletinus	101

Xylina 187
Xylobius 91
Xylocampa 187
Xylocopa 156
Xylographus ... 102
Xylomyges 181
Xylopertha 102
Xylophasia 180
Xylophilus 107

Xylopoda 214
Xyloterus 130

Y

Ypouomeuta ... 205
Ypsipetes 198
Ypsolopha 216
Yunx 7

Z

Zabrus 37
Zeugophora ... 137
Zeuzera 176
Zicrona 223
Zonites 258
Zophomyia 238
Zygæna 172

FIN.

OUVRAGES DE L'AUTEUR :

DE L'ESPÈCE ET DES RACES DANS LES ÊTRES ORGANISÉS ET SPÉCIALE-
MENT DE L'UNITÉ DE L'ESPÈCE HUMAINE, par D. A. GODRON ; 1859,
2 vol. in-8°.

FLORE DE FRANCE, par GRENIER et GODRON ; 1847-1856, 6 vol.
in-8° en 5 tomes.

FLORE DE LORRAINE, par D. A. GODRON ; seconde édition, 1857,
2 vol. in-12.

FLORULA JUVENALIS, ou énumération des plantes étrangères qui
croissent naturellement au Port Juvénal, près de Montpellier ;
par D. A. GODRON, 1854, in-8° de 115 pages.

ÉTUDE ETHNOLOGIQUE SUR LES ORIGINES DES POPULATIONS LORRAINES,
par D. A. GODRON ; 1862, in-8°.

GÉOGRAPHIE BOTANIQUE DE LA LORRAINE, par D. A. GODRON ; 1862,
1 vol. in-12.

RECHERCHES EXPÉRIMENTALES SUR L'HYBRIDITÉ DANS LE RÈGNE VÉ-
GÉTAL, par D. A. GODRON ; 1863, in-8°.